अंकीय इलेक्ट्रॉनिक्स

लेखक

डॉ. मेनका यादव

सहायक प्राध्यापक,
मालवीय राष्ट्रीय प्रौद्योगिकी संस्थान (एमएनआईटी),
जयपुर, राजस्थान

अनुवादक

डॉ. अस्मिता ए. मोघे

प्राध्यापक, सूचना प्रौद्योगिकी विभाग
यू.आई.टी. राजीव गाँधी प्रौद्योगिकी विश्वविद्यालय, भोपाल,
एअरपोर्ट बाईपास रोड, गांधीनगर, भोपाल–462033

भाषा समीक्षक

डॉ. प्रतिमा मन्हास

सह प्रध्यापक (इलेक्ट्रॉनिक्स एवं कम्युनिकेशन)
मानव रचना इंटरनेशनल इंस्टीट्यूट ऑफ रिसर्च एंड स्टडीज़,
फरीदाबाद–121004, (हरियाणा)

KHANNA BOOK PUBLISHING CO. (P) Ltd.
4C/4344, Ansari Road, Darya Ganj,
New Delhi, India

All India Council for Technical Education
Nelson Mandela Marg, Vasant Kunj,
New Delhi, India

Dear Readers,

To prevent the piracy, this book is secured with HIGH SECURITY HOLOGRAM on the front title cover. In case you don't find the hologram on the front cover title, please write us to at contact@khannabooks.com or whatsapp us at +91-99109 09320 and avail special gift voucher for yourself.

Specimen of Hologram on front Cover title:

Moreover, there is a SPECIAL DISCOUNT COUPON for you with EVERY HOLOGRAM.

How to avail this SPECIAL DISCOUNT:

Step 1: Scratch the hologram

Step 2: Under the scratch area, your "coupon code" is available

Step 3: Logon to www.khannabooks.com

Step 4: Use your "coupon code" in the shopping cart and get your copy at a special discount

Step 5: Enjoy your reading!

ISBN: 978-93-5538-406-5

Book Code: DIP711HI

अंकीय इलेक्ट्रॉनिक्स

मेनका यादव

First Edition: 2026

Originally Published by:
All India Council for Technical Education, Ministry of Education, GOI

Exclusively Published & Distributed by:
Khanna Book Publishing Co. (P) Ltd.
4C/4344, Ansari Road, Daryaganj,
New Delhi (INDIA)

Visit us at: **www.khannabooks.com**
Write us at: **contact@khannabooks.com**

To view complete list of books,
Please scan the QR Code: KPH

Printed in Bharat.

प्रो. टी. जी. सीताराम
अध्यक्ष
Prof. T. G. Sitharam
Chairman

सत्यमेव जयते

आज़ादी का अमृत महोत्सव

अखिल भारतीय तकनीकी शिक्षा परिषद्
(भारत सरकार का एक सांविधिक निकाय)
(शिक्षा मंत्रालय, भारत सरकार)
नेल्सन मंडेला मार्ग, वसंत कुंज, नई दिल्ली–110070
दूरभाष : 011–26131498
ई–मेल : chairman@aicte-india.org

ALL INDIA COUNCIL FOR TECHNICAL EDUCATION
(A STATUTORY BODY OF THE GOVT. OF INDIA)
(Ministry of Education, Govt. of India)
Nelson Mandela Marg, Vasant Kunj, New Delhi-110070
Phone : 011-26131498
E-mail : chairman@aicte-india.org

FOREWORD

Engineers are the backbone of any modern society. They are the ones responsible for the marvels as well as the improved quality of life across the world. Engineers have driven humanity towards greater heights in a more evolved and unprecedented manner.

The All India Council for Technical Education (AICTE), have spared no efforts towards the strengthening of the technical education in the country. AICTE is always committed towards promoting quality Technical Education to make India a modern developed nation emphasizing on the overall welfare of mankind.

An array of initiatives has been taken by AICTE in last decade which have been accelerated now by the National Education Policy (NEP) 2020. The implementation of NEP under the visionary leadership of Hon'ble Prime Minister of India envisages the provision for education in regional languages to all, thereby ensuring that every graduate becomes competent enough and is in a position to contribute towards the national growth and development through innovation & entrepreneurship.

One of the spheres where AICTE had been relentlessly working since past couple of years is providing high quality original technical contents at Under Graduate & Diploma level prepared and translated by eminent educators in various Indian languages to its aspirants. For students pursuing 2nd year of their Engineering education, AICTE has identified 87 books, which shall be translated into 12 Indian languages - Hindi, Tamil, Gujarati, Odia, Bengali, Kannada, Urdu, Punjabi, Telugu, Marathi, Assamese & Malayalam. In addition to the English medium, books in different Indian Languages are going to support the students to understand the concepts in their respective mother tongue.

On behalf of AICTE, I express sincere gratitude to all distinguished authors, reviewers and translators from the renowned institutions of high repute for their admirable contribution in a record span of time.

AICTE is confident that these outcomes based original contents shall help aspirants to master the subject with comprehension and greater ease.

T. G. Sitharam

(Prof. T. G. Sitharam)

लेखक-अभिस्वीकृति

लेखक एआईसीटीई के अधिकारियों के आभारी हैं, विशेष रूप से प्रो. टी. जी सीताराम; उपाध्यक्ष डॉ. अभय जेरे; प्रो. राजीव कुमार, सदस्य-सचिव; और डॉ. सुनील लूथरा, निदेशक, प्रशिक्षण और शिक्षण ब्यूरो, ***अंकीय इलेक्ट्रॉनिक्स*** पर पुस्तकों को प्रकाशित करने की उनकी योजना के लिए। हम पुस्तक के समीक्षकों के बहुमूल्य योगदान को ईमानदारी से स्वीकार करते हैं। प्रियदर्सन परिदा, सह प्राध्यापक , इलेक्ट्रॉनिक्स और संचार अभियांत्रिकी विभाग, अभियांत्रिकी और प्रौद्योगिकी स्कूल, जीआईईटी विश्वविद्यालय, गुनुपुर, रायगडा 765022, ओरिसा, इसे छात्रों के अनुकूल बनाने के लिए और इसे कलात्मक पद्धति से अच्छा आकार देने के लिए।

मैं अपने पीएचडी के विद्वानों सुश्री शालिनी चौधरी, एम. बसुधा दीवान और श्री . देवेन्द्र पाल सिंह को धन्यवाद देती हूं जिन्होंने इस पुस्तक को अपने अंतिम आकार में लाने में मेरी मदद की।

यह पुस्तक एआईसीटीई के सदस्यों, विशेषज्ञों और लेखकों के विभिन्न सुझावों का परिणाम है जिन्होंने अपनी राय साझा की और हमारे देश में अभियांत्रिकी शिक्षा को और विकसित करने के बारे में सोचा। अभिस्वीकृति इस क्षेत्र के योगदानकर्ता और विभिन्न कर्मियों को है, जिनकी प्रकाशित पुस्तकें, समीक्षा लेख, पत्र, चित्र , फुटनोट, संदर्भ और अन्य मूल्यवान जानकारी ने पुस्तक लिखते समय हमें समृद्ध किया।

डॉ. मेनका यादव

अनुवादक - अभिस्वीकृति

अखिल भारतीय तकनीकी शिक्षा परिषद् नई दिल्ली की इंजीनियरिंग की द्वितीय वर्ष की पुस्तकों को अंग्रेजी भाषा से हिंदी भाषा मे अनुवाद करने के लिए मुझे एआईसीटीई एवं राजीव गाँधी प्रौद्योगिकी विश्वविद्यालय भोपाल द्वारा अनुवादक के रूप मे यह अवसर प्रदान किया गया इसके लिए मैं एआईसीटीई की अनुवाद परियोजना के सभी अधिकारीगण, विश्वविद्यालय के कुलपति प्रो. सुनील कुमार एवं अनुवाद परियोजना के हिंदी भाषा के समन्वयक डॉ. शशिरंजन अकेला (राजीव गाँधी प्रौद्योगिकी विश्वविद्यालय भोपाल) का हृदय से आभार व्यक्त करती हूँ| समन्वयक एवं अनुवाद टीम के सतत संवाद एवं समन्वय के कारण यह कार्य समय पर पूर्ण हो पाया है |

इस पुस्तक के अनुवाद की बहुत अच्छी प्रकार से और विचारपूर्वक समीक्षा करने के लिए मैं श्रीमती प्रतिमा मन्हास को धन्यवाद ज्ञापित करती हूँ| पुस्तक के सुधार के लिए उनका योगदान अत्यधिक उल्लेखनीय है |

मै उड़ान प्रोजेक्ट टीम (https://www.udaanproject.org/) की भी सराहना करती हूँ, जिसका नेतृत्व आई.आई.टी. बोम्बे के प्रो.गणेश रामकृष्णन कर रहे है, जिन्होंने पोस्ट एडिटिंग प्लेटफोर्म सहित अपना इनोवेटिव एंड-टू-एंड मशीन ट्रांसलेशन फ्रेमवर्क प्रदान किया है | प्रोजेक्ट उड़ान टीम के सदस्यों सुश्री प्रणिता हरपाले एवं सुश्री अनुजा दुमाडा ने अनुवाद करने में बहुत मदद की है |

अनुवाद कार्य हेतु प्रत्यक्ष एवं अप्रत्यक्ष रूप से मार्गदर्शन एवं सहयोग करने वाले सभी सहयोगियों का भी हृदय से आभार व्यक्त करती हूँ|

मुझे प्रदान की गई पुस्तक का अंग्रेजी भाषा से हिंदी भाषा मे अनुवाद करते समय उसकी गुणवत्ता एवं पठनीय बनाने के लिए मेरी और से पूर्ण प्रयास किया गया है जिसमे मेरे साथ समीक्षक की भी महत्वपूर्ण भूमिका रही है | यदि अनुवाद कार्य मे त्रुटिवश कुछ अपूर्णता रह गई हो तो अनुवादक के रूप मे मेरा आग्रह रहेगा कि आप सभी पुस्तक के अगले संस्करण हेतु अपने सुझाव एआईसीटीई को अवश्य प्रेषित करें |

सादर

डॉ. अस्मिता ए. मोघे

(अनुवादक)

प्रस्तावना

"*अंकीय इलेक्ट्रॉनिक्स*" नामक पुस्तक अभियांत्रिकी छात्रों के लिए अंकीय इलेक्ट्रॉनिक्स पाठ्यक्रम के हमारे शिक्षण के समृद्ध अनुभव का एक परिणाम है। इस पुस्तक को लिखने का आरंभ, डिप्लोमा छात्रों को अंकीय इलेक्ट्रॉनिक्स की अवधारणाओं , उसके मूल सिद्धांतों से अवगत करने के साथ साथ उन्हें विषय की जानकारी प्राप्त करने में सक्षम बनाने के लिए किया गे है। व्यापक कवरेज के साथ साथ आवश्यक पूरक जानकारी प्रदान करने के उद्देश्य से, हमने पुस्तक में एआईसीटीई द्वारा अनुशंसित विषयों को बहुत व्यवस्थित और यथाक्रम समाविष्ट किया है। सबसे सरल संभव तरीके से विषय की मूल अवधारणाओं को स्पष्ट करने के प्रयास किए गए हैं।

मूल प्रति की तैयारी की प्रक्रिया में , हमने विभिन्न मानक पाठ्य पुस्तकों पर विचार किया और तदनुसार हमने विभिन्न अनुभागों को विकसित किया है जैसे- महत्वपूर्ण प्रश्न , हल किए गए और पूरक प्रश्न । विभिन्न अनुभागों को तैयार करते समय परिभाषाओं और नियमों पर भी जोर दिया गया है और मूल सिद्धांतों के त्वरित दोहराव के लिए सूत्रों के व्यापक सारांश पर भी जोर दिया गया है। इस पुस्तक में सभी प्रकार की मध्यम और उन्नत स्तर की समस्याओं को समाविष्ट किया गया है और इन्हें बहुत ही तार्किक और व्यवस्थित पद्धति से प्रस्तुत किया गया है। इन समस्याओं के स्तरों का परीक्षण कई वर्षों से विभिन्न प्रकार के छात्रों के लिए किया जा रहा है।

जैसा कि आवश्यक है, चित्रों और उदाहरणों के अतिरिक्त, हमने संबंधित विषयों की उचित समझ के लिए प्रत्येक इकाई में कई हल की गई समस्याओं के साथ पुस्तक को समृद्ध किया है। यह ध्यान रखना महत्वपूर्ण है कि हमने प्रासंगिक प्रयोगशाला "प्रायोगिक" को समाविष्ट किया है। इसके अतिरिक्त, "अधिक जानें " शीर्षक के तहत उपयोगकर्ताओं के लिए कुछ आवश्यक जानकारी के अतिरिक्त हमने परिशिष्ट और संलग्नक अनुभाग में कुछ आवश्यक मूलभूत जानकारी को स्पष्ट किया है।

जहाँ तक वर्तमान पुस्तक का संबंध है, "अंकीय इलेक्ट्रॉनिक्स", अंकीय इलेक्ट्रॉनिक्स अवधारणाओं और विभिन्न संयोजनात्मक , अनुक्रमिक तर्क परिपथों , स्मृति और डेटा परिवर्तकों के लिए इसके अनुप्रयोगों में एक पूर्ण आधार प्रदान करने के लिए है। यह पुस्तक 21वीं शताब्दी और आगे की अभियांत्रिकी चुनौतियों से निबटने और संबंधित प्रश्नों को संबोधित करने के लिए अंकीय इलेक्ट्रॉनिक्स के ज्ञान को लागू करने के लिए डिप्लोमा छात्रों को तैयार करेगी। विषय सामग्री को रचनात्मक तरीके से प्रस्तुत किया गया है ताकि डिप्लोमा छात्र प्रौद्योगिकी के बहुत ही अग्रभाग पर विभिन्न क्षेत्रों या राष्ट्रीय प्रयोगशालाओं में काम करने के लिए तैयार हों।

हम पूरी आशा करते हैं कि यह पुस्तक छात्रों को अंकीय इलेक्ट्रॉनिक्स के मूल सिद्धांतों के पीछे के विचारों को सीखने और चर्चा करने के लिए प्रेरित करेगी और निश्चित रूप से विषय की ठोस नींव के विकास में योगदान देगी। हम उन सभी लाभदायक टिप्पणियों और सुझावों के लिए आभारी होंगे जो पुस्तक के भविष्य के संस्करणों में सुधार में योगदान देंगे। इस पुस्तक को शिक्षकों और छात्रों के हाथों में देकर हमें बहुत खुशी हो रही है। पुस्तक में समाविष्ट विभिन्न पहलुओं पर काम करने में वास्तव में बहुत खुशी हुई।

डॉ . मेनका यादव

परिणाम आधारित शिक्षा

(Outcome Based Education)

परिणाम आधारित शिक्षा के कार्यान्वयन के लिए पहली आवश्यकता परिणाम आधारित पाठ्यक्रम को विकसित करना और शिक्षा प्रणाली में परिणाम आधारित मूल्यांकन को समाविष्ट करना है। परिणाम आधारित आकलनों के माध्यम से जाने से मूल्यांकनकर्ता यह मूल्यांकन करने में सक्षम होगा कि क्या छात्रों ने उल्लिखित मानक, विशिष्ट और मापने योग्य परिणामों को प्राप्त किया है या नहीं। परिणाम आधारित शिक्षा के उचित समावेश के साथ किसी भी स्तर पर हार माने बिना सभी शिक्षार्थियों के लिए न्यूनतम मानक प्राप्त करने के लिए एक निश्चित प्रतिबद्धता होगी। परिणाम आधारित शिक्षा की सहायता से चलने वाले कार्यक्रम के अंत में, छात्र निम्नलिखित आउटकम तक पहुंचने में सक्षम होगा:

डिप्लोमा पाठ्यक्रम के लिए प्रोग्राम आउटकम (PO):

PO-1. **मूल और संकाय विशिष्ट ज्ञान:** अभियांत्रिकी समस्याओं को हल करने के लिए मूल गणित, विज्ञान और अभियांत्रिकी के मूल सिद्धांतों और अभियांत्रिकी विशेषज्ञता के ज्ञान का उपयोग करना ।

PO-2. **समस्या विश्लेषण:** कोड की गई मानक पद्धतियों का उपयोग करके अच्छी प्रकार से परिभाषित अभियांत्रिकी समस्याओं की पहचान और विश्लेषण करना।

PO-3. **समाधान का अभिकल्प/विकासः** सुपरिभाषित तकनीकी समस्याओं के लिए समाधान का अभिकल्प और विनिर्दिष्ट आवश्यकताओं को पूरा करने के लिए प्रणालियों के घटकों या प्रक्रमों के अभिकल्प में सहायता करना।

PO-4. **अभियांत्रिकी उपकरण, प्रयोग और परीक्षण:** मानक परीक्षण और मापन के संचालन के लिए आधुनिक अभियांत्रिकी उपकरण और उपयुक्त तकनीक का उपयोग करना ।

PO-5. **समाज, स्थिरता और पर्यावरण के लिए अभियांत्रिकी पद्धतियाँ:** समाज, स्थिरता, पर्यावरण और नैतिक प्रथाओं के संदर्भ में उपयुक्त प्रौद्योगिकी का उपयोग करना ।

PO-6. **परियोजना प्रबंधनः**अभियांत्रिकी प्रबंधन सिद्धांतों का , एक व्यक्तिगत रूप से एक टीम सदस्य की तरह या मुखिया के रूप में परियोजनाओं का प्रबंधन एवं सुपरिभाषित अभियांत्रिकी गतिविधियों का प्रभावी रूप से संचार करना ।

PO-7. **आजीवन शिक्षाः** व्यक्तिगत आवश्यकताओं का विश्लेषण करने की क्षमता और तकनीकी परिवर्तनों के संदर्भ में अद्यतन करने की क्षमता।

प्रोग्रेम स्पेसीफिक आउटकम (PSO)

पीएसओ ऐसे कथन हैं जो बताते हैं कि कार्यक्रम से स्नातक होने पर संकाय के एक विशेष क्षेत्र में छात्रों को क्या पता होना अपेक्षित है और क्या करने में सक्षम होंगे।

PSO1: एकीकृत इलेक्ट्रॉनिक परिपथों और प्रणालियों का अभिकल्प और विश्लेषण करने की क्षमता।

PSO2: विभिन्न प्रोग्रामिंग भाषाओं और सॉफ्टवेयर के संपर्क में आना।

PSO3: संचार प्रणालियों की विभिन्न इकाइयों को समझने और अभिकल्प करने की क्षमता।

कोर्स आउटकम (CO)

छात्र कर पाएँगे :

CO 1. संख्या प्रणाली को समझना

CO 2. बूलियन तर्क अभिव्यक्तियों की व्याख्या

CO 3. संयोजनात्मक तर्क परिपथों का अभिकल्पन

CO 4. अनुक्रमिक तर्क परिपथों को समझना

CO 5. प्रौद्योगिकी, आकार और संचालन पर आधारित स्मृति उपकरणों की तुलना करना

CO 6. डेटा रूपांतरण को समझना

CO और PO का सहसंबंध

कोर्स आउटकम	प्रोग्राम आउटकम (PO) के साथ कोर्स आउटकम (CO)का अपेक्षित मानचित्रण (1- कमजोर सहसंबंध 2- मध्यम सहसंबंध 3- मजबूत सहसंबंध)						
	PO-1	PO-2	PO-3	PO-4	PO-5	PO-6	PO-7
CO-1	3	1	-	-	-	1	1
CO-2	3	2	2	1	1	1	2
CO-3	3	3	3	2	1	2	2
CO 4	3	3	3	1	2	2	2
CO 5	2	2	1	-	2	-	2
CO 6	3	2	2	2	3	3.	3 .

शिक्षकों के लिए दिशानिर्देश

आउटकम आधारित शिक्षा (OBE) को लागू करने के लिए छात्रों के ज्ञान स्तर और कौशल समुच्चय को बढ़ाया जाना चाहिए। शिक्षकों को ओबीई के उचित कार्यान्वयन की प्रमुख जिम्मेदारी लेनी चाहिए। ओबीई प्रणाली में शिक्षकों के लिए कुछ दायित्व (जो सीमित नहीं हैं) इस प्रकार हो सकते हैं:

- उचित बाधाओं के भीतर, उन्हें सभी छात्रों के सर्वोत्तम लाभ के लिए समय में हेरफेर करना चाहिए।
- उन्हें छात्रों का मूल्यांकन केवल कुछ परिभाषित मानदंडों पर करना चाहिए, बिना किसी अन्य संभावित अयोग्यता पर विचार किए।
- उन्हें छात्रों के संस्थान छोड़ने से पहले, उनकी सीखने की क्षमता को एक निश्चित स्तर तक बढ़ाने का प्रयत्न करना चाहिए।
- उन्हें यह सुनिश्चित करने का प्रयत्न करना चाहिए कि सभी छात्रों को उनकी शिक्षा समाप्त करने के बाद गुणवत्ता ज्ञान के साथ साथ दक्षता से सुसज्जित किया जाए।
- उन्हें हमेशा छात्रों को अपनी अंतिम निष्पादन क्षमताओं को विकसित करने के लिए प्रोत्साहित करना चाहिए।
- उन्हें नए दृष्टिकोण को समेकित करने के लिए समूहकार्य और टीम कार्य को सुविधाजनक और प्रोत्साहित करना चाहिए।
- उन्हें मूल्यांकन के प्रत्येक भाग में ब्लूम के वर्गीकरण का अनुसरण करना चाहिए।

ब्लूम का वर्गीकरण

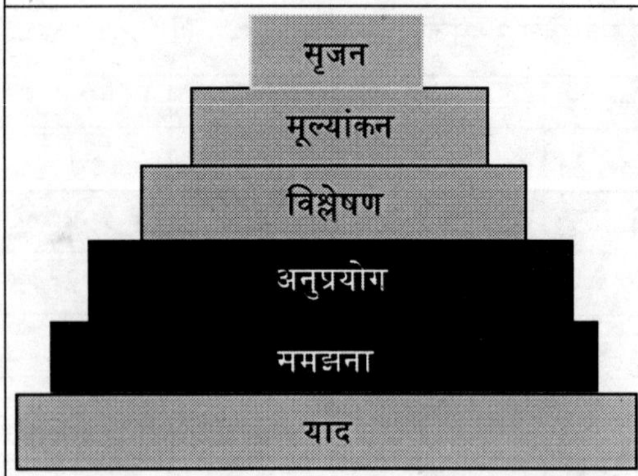

स्तर	शिक्षक को देखना चाहिए	छात्र कर पाएगा	मूल्यांकन का संभावित तरीका
	छात्रों की रचनात्मक क्षमता	अभिकल्प या सृजन	मिनी प्रोजेक्ट
	छात्रों की सिद्ध करने की क्षमता	बहस या बचाव	नियत कार्य
	छात्रों की अंतर ज्ञात करने की क्षमता	अंतर करना या पृथक करना	प्रोजेक्ट / प्रयोगशाला पद्धति
	छात्रों की जानकारी का उपयोग करने की क्षमता	संचालन या दिखाना	तकनीकी प्रस्तुतीकरण/प्रदर्शन
	छात्रों की विचारों को समझाने की क्षमता	समझाना या वर्गीकरण	प्रस्तुतीकरण /संगोष्ठी
	छात्रों की याद रखने की क्षमता	परिभाषित या स्मरण	प्रश्नोत्तरी

विद्यार्थियों के लिए दिशानिर्देश

छात्रों को ओबीई को लागू करने के लिए समान ज़िम्मेदारी लेनी चाहिए। ओबीई प्रणाली में छात्रों के लिए कुछ दायित्व (केवल निम्न तक ही सीमित नहीं) इस प्रकार हैं:

- छात्रों को प्रत्येक पाठ्यक्रम में इकाई प्रारंभ होने से पहले प्रत्येक इकाई परिणाम (UO) से अच्छी तरह से परिचित होना चाहिए।
- छात्रों को पाठ्यक्रम प्रारंभ होने से पहले प्रत्येक कोर्स आउटकम (CO) से अच्छी तरह से परिचित होना चाहिए।
- छात्रों को कार्यक्रम प्रारंभ होने से पहले प्रत्येक प्रोग्राम आउटकम (PO) से अच्छी तरह से परिचित होना चाहिए।
- छात्रों को उचित चिंतन और कार्रवाई के साथ आलोचनात्मक और उचित रूप से सोचना चाहिए।
- छात्रों के सीखने को व्यावहारिक और वास्तविक जीवन परिणामों के साथ जोड़ा जाना चाहिए।
- छात्रों को ओबीई के प्रत्येक स्तर पर अपनी क्षमता के बारे में अच्छी तरह से पता होना चाहिए।

संक्षेपण

संक्षेपण	**पूर्ण रूप**
CO	कोर्स आउटकम
LSB	एल एस बी (सबसे कम महत्वपूर्ण बिट)
MSB	एम् एस बी (सबसे महत्वपूर्ण बिट)
DIP	ड्यूल इन पैकेज
PSD	पी एस डी(शक्ति(power) स्पेक्ट्रमी घनत्व)
SR	सेट रिसेट
संक्षेपण	पूर्ण रूप
SNR	एस एन आर (शोर मार्जिन)
SOP	(सॉप) योग पद
POS	(पॉस) गुणनफल पद
NM	शोर मार्जिन
HA	अर्ध योजक
HS	अर्ध व्यवकलक
FA	पूर्ण योजक
FS	पूर्ण व्यवकलक
K map	के- मानचित्र
MUX	मक्स (बहुसंकेतक)
DEMUX	डीमक्स (विबहुसंकेतक)
RAM	रैम (यद्रिच्छिक अभिगम स्मृति)
DRAM	डी रैम (गतिक रैम)
SRAM	एस रैम (स्थैतिक रैम)
DDR-RAM	डीडी आर रैम (द्रि डेटा दर रैम)
DDR-SDRAM	डीडी आर –एस डी रैम (द्रि डेटा दर तुल्यकालिक रैम)
ROM	रॉम (केवल पठनीय स्मृति)
PROM	प्रॉम (प्रोग्राम योग्य रॉम)
EPROM	ईप्रॉम (मिटाने योग्य प्रॉम)
EEPROM	ईईप्रॉम (विद्युत् से मिटाने योग्य प्रॉम)
FET	फेट (क्षेत्र प्रभाव ट्रांज़िस्टर)
MOSFET	मॉसफेट (धातु ऑक्साइड अर्धचालक(semiconductor) क्षेत्र प्रभाव ट्रांज़िस्टर)
CMOS	सीमॉस (पूरक धातु ऑक्साइड अर्धचालकक्षेत्र प्रभाव ट्रांज़िस्टर)

संक्षेपण	**पूर्ण रूप**
PS	वर्त्तमान अवस्था
NS	अगली अवस्था
MOD	मॉड (मापांक)
SISO	क्रमिक निवेश क्रमिक निर्गत
PISO	सामानांतर निवेश क्रमिक निर्गत
SIPO	क्रमिक निवेश सामानांतर निर्गत
PIPO	सामानांतर निवेश सामानांतर निर्गत
ADC	ए डी सी (अनुरूप से अंकीय परिवर्तक)
DAC	डी ए सी (अंकीग से अनुरूप परिवर्तक)
SAR	उत्तरोत्तर सन्निकटन रजिस्टर
Gnd	ग्राउंड या भू
S/H	सैंपल और होल्ड
FSR	ऍफ़ एस आर (पूर्ण पैमाना सीमा)
INL	आई एन एल (एकीकृत अरैखिकता)
DNL	डी एन एल (विभेदक अरैखिकता)
IC	आईसी (एकीकृत परिपथ)
WLP	वेफर स्तर के पैकेजिंग
CPU	सी पी यू (केंद्रीय प्रक्रमक इकाई)
FF	फ्लिप फ्लॉप

प्रतीक

प्रतीक(symbol)	वर्णन(description)
$\oplus$	XOR द्विआधारी प्रचालन
t_{su}	सेटअप समय
t_h	होल्ड समय
t_r	उत्थान समय
t_f	गिरावट का समय
V_{LSB}	सबसे कम महत्वपूर्ण बिट वोल्टेज
v_{ref}	संदर्भ वोल्टेज
C_H	होल्ड संधारित्र
Q_e	क्वांटाइज़ेशन त्रुटि
Δ	चरण अमाप
v_{in}	निवेश वोल्टेज
v_{out}	निर्गत वोल्टेज

चित्रों की सूची

इकाई 3

इकाई 4

इकाई 5

तालिकाओं की सूची

अनुक्रमणिका

1 संख्या प्रणालियाँ और बूलियन बीजगणित

इकाई विशेष

इस इकाई के माध्यम से हमने निम्नलिखित पहलुओं पर चर्चा की है:

- अंकीय(digital) विरुद्ध(versus) अनुरूप (analogue)
- संख्या प्रणालियों का परिचय
- दशमलव (decimal) संख्या प्रणाली
- द्विआधारी (binary) संख्या प्रणाली
- अष्टाधारी (octal) संख्या प्रणाली
- षट्दशमलव (Hexadecimal)संख्या प्रणाली
- '1' और '2' के पूरक ('1' and'2's complement)का प्रतिनिधित्व
- बूलियन चर नियम और बूलियन बीजगणित के नियम
- कार्नो मानचित्र और बूलियन अभिव्यक्तियों के सरलीकरण में इनका उपयोग ।

आगे जिज्ञासा और रचनात्मकता उत्पन्न करने के साथ साथ समस्या का हल ढूँढने की क्षमता में सुधार के लिए यहाँ विषयों के व्यावहारिक अनुप्रयोगों पर चर्चा की गई है। इसके अलावा, इस इकाई में बड़ी संख्या में वैकल्पिक प्रश्न देने के साथ साथ लघु एवं दीर्घ उत्तरीय प्रश्न जो कि दो श्रेणियों(ब्लूम के वर्गीकरण के निम्न और उच्च क्रम) में चिन्हित हैं, कई संख्यात्मक समस्याओं पर आधारित नियत कार्य , संदर्भों की सूची और पठनीय सुझाव दिए गए हैं ताकि कोई भी उनके द्वारा अभ्यास कर सके। यह ध्यान रखना महत्वपूर्ण है कि अपने पसंद के विभिन्न विषयों के संदर्भ में अधिक जानकारी प्राप्त करने के लिए विभिन्न अनुभागों में कुछ क्यूआर कोड प्रदान किए गए हैं जिन्हें संबंधित सहायक ज्ञान के लिए स्कैन किया जा सकता है।

संबंधित प्रायोगिक कार्य के बाद, विषय वास्तु के आधार पर, "अधिक जानकारी" अनुभाग (section) दिया गया है। इस अनुभाग को सावधानी पूर्वक बनाया गया है ताकि इस भाग में प्रदान की गई पूरक जानकारी पुस्तक के उपयोगकर्ताओं के लिए लाभदायक हो। यह अनुभाग मुख्य रूप से प्रारंभिक गतिविधियों , कुछ रोचक तथ्यों के उदाहरण, सादृश्य, विषय के विकास का इतिहास, जो संबंधित विषयों के विकास से लेकर वर्तमान समय तक की समय सीमा, हमारे दैनिक वास्तविक जीवन के लिए विषय

वस्तु के अनुप्रयोग या/और विभिन्न पहलुओं पर औद्योगिक अनुप्रयोगों, पर्यावरण स्थिरता से संबंधित मामलों सामाजिक और नैतिक मुद्दे जो भी लागू हों, और अंत में इकाई के जिज्ञासा उत्पन्न करने वाले विषयों पर प्रकाश डालता है ।

औचित्य : संख्या प्रणाली पर यह मौलिक इकाई विभिन्न संख्या प्रणालियों के बारे में प्रारंभिक ज्ञान प्राप्त करने और एक संख्या प्रणाली से दूसरी संख्या प्रणाली में रूपांतरण(conversion) करने में छात्रों की मदद करती है। इनमें कई संख्यात्मक निरूपण(representation) योजनाएं और संख्यात्मक और वर्णमाला डेटा के द्विआधारी निरूपण समाविष्ट हैं। यह इकाई विभिन्न संख्या प्रणालियों के बीच रूपांतरण के बारे में विस्तृत विवरण देती है। द्विआधारी अंकगणित जैसे कि योग, व्यवकलन पर चर्चा की गई है।

यह अध्याय बूलियन बीजगणित, बूलियन सिद्धांतों और इसके विभिन्न अभिकल्पों पर भी प्रकाश डालता है, और बूलियन बीजगणित(Boolean algebra) और कार्नौ मानचित्र न्यूनीकरण की तकनीकों का उपयोग करके तर्क फलनों(logic functions) के न्यूनीकरण (minimization) पर भी चर्चा करता है।

पूर्व आवश्यकताएं

अंकीय संकेतों की मूल समझ ।

इकाई के आउटकम

इस इकाई के आउटकम की सूची इस प्रकार है:

U1-O1 : अंकीय और अनुरूप के बीच मूल अंतर बताना ।

U1-O2 : द्विआधारी , अष्टाधारी, दशमलव और षट्दशमलव संख्या प्रणालियों का वर्णन करना ।

U1-O3 : संख्या प्रणालियों के रूपांतरण को समझाना ।

U1-O4 : बूलियन बीजगणित के मूल नियमों और सिद्धान्तों का वर्णन करना ।

U1-O5 : कार्नो मैप के द्वारा बूलियन समीकरण के सरलीकरण का वर्णन करना ।

इकाई आउटकम	कोर्स के आउटकम से वांछित मानचित्रण (1-दुर्बल सहसंबंध, 2-मध्यम सहसंबंध 3-मज़बूत सहसंबंध)					
	CO- 1	CO-2	CO-3	CO-4	CO-5	CO-6
U1-O1	3	3			-	-
U1-O2	3	-			-	-
U1-O3	3	2	3		-	-
U1-O4	-	3	3	2	-	-
U1-O5	-	2	3	2	-	-

"ज़रुरत में काम आने वाला दोस्त ही सच्चा दोस्त होता है और ज्ञान आपका सबसे अच्छा दोस्त है"।

डॉ. मेनका यदव

1.1 अनुरूप विरुद्ध अंकीय

1.1.1 अनुरूप (Analog) संकेत

कई प्रणालियों ने सूचना वहन करने वाले संकेतों का उत्पादन किया जो मान और समय दोनों के संदर्भ में निरंतर होते हैं। जैसे जैसे अंकीय संकेत अधिक प्रचलित हो चले हैं, अनुरूप संकेतों का कम से कम उपयोग किया जा रहा है। सरल शब्दों में, अनुरूप संकेत ऐसे संकेत हैं जो स्वाभाविक रूप से उत्पन्न होते हैं या स्वाभाविक होते हैं।

1.1.2 अंकीय (Digital) संकेत

अंकीय संकेत, अनुरूप संकेतों के विपरीत, मान और समय दोनों में असतत होते हैं। ये संकेत, जो विभिन्न वोल्टेज स्तरों से बने होते हैं, द्विआधारी पूर्णांकों द्वारा दर्शाए जाते हैं। चित्र 1.1 अनुरूप और अंकीय संकेतों को दर्शाता है।

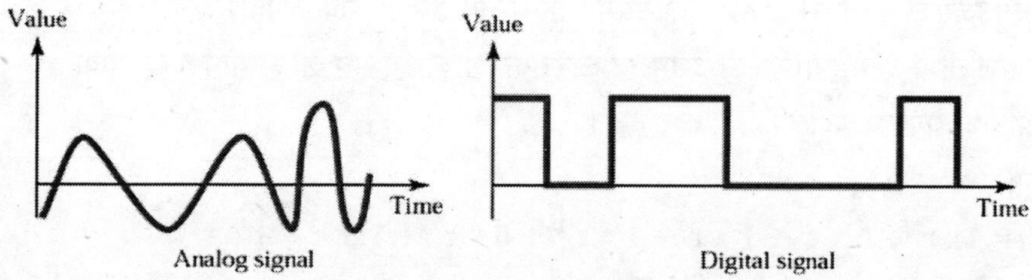

चित्र 1.1 अनुरूप विरुद्ध अंकीय संकेत

1.1.3 अनुरूप विरुद्ध अंकीय संकेत

अनुरूप संकेत	अंकीय संकेत
सतत संकेत	असतत संकेत
साइन तरंग द्वारा दर्शाया जाता है	स्क्वायर तरंग द्वारा दर्शाया जाता है
मान में सतत होते हैं	मान में असतत होते हैं
ध्वनि तरंगों को अभिलेखित (रिकॉर्ड)करते हैं	द्विआधारी तरंग में परिवर्तित करते हैं
सिर्फ अनुरूप उपकरणों में उपयोग होता है	अंकीय उपकरणों जैसे कंप्यूटर, मोबाइल इत्यादी में उपयोगी है

1.1.4 अनुरूप परिपथों (analog circuits) की तुलना में अंकीय परिपथों (digital circuits) के लाभ

i. अंकीय परिपथ की सटीकता उत्कृष्ट है।
ii. अंकीय रूप से कोड किये संकेत को अनुरूप प्रणालियों की अपेक्षा शोर संबंधित (noise-signal) संकेत के क्षरण के बिना पहुँचाया जा सकता है।
iii. अंकीय परिपथ घटक सस्ते और सरल होने के कारण एक चिप पर कई घटकों को बनाने के लिए उपयोगी हैं ।
iv. अंकीय संकेत लंबी दूरी तक गुणवत्ता को बनाए रखने में अनुरूप संकेतों से अधिक अच्छे हैं।
v. अनुरूप संचार की तुलना में, अंकीय संकेतों में प्रति सेकंड अधिक जानकारी हो सकती है।
vi. अनुरूप परिपथों की तुलना में, अंकीय परिपथों का निर्माण करना सस्ता और असान है।
vii. अंकीय संकेत अनुरूप संकेतों की तुलना में अधिक तेज़ होते हैं।
viii. एक अंकीय परिपथ का हार्डवेयर कार्यान्वयन अनुरूप की तुलना में अधिक अनुकूल होता है।

1.2 संख्या प्रणालियाँ (Number Systems)

ऐसी संख्या प्रणाली जिसका आधार(base) 'r' है उसमे '0' से लेकर 'r-1' तक के विभिन्न अंक होंगे। किसी भी संख्या प्रणाली में दी गई संख्या को दशमलव के बराबर नीचे दिए सूत्र का उपयोग करके पाया जा सकता है। अधिक जानकारी के लिए QR कोड देखें।

उदाहरण के लिए:

$$(101.1011)_r = 1 x r^2 + 0 x r^1 + 1 x r^0 + 1 x r^{-1-} + 0 x r^{-2} + 1 x r^{-3} + 1 x r^{-4}$$

संख्या प्रणाली के बारे में अधिक जानकारी के लिए स्कैन करें ।

r = आधार(base) या त्रिज्या।

यहाँ दशमलव बिंदु के बाईं ओर से संख्या के प्रत्येक अंक का r^i से गुणा किया जाता है जहाँ संख्या दशमलव से 'i' स्थिति पर (0,1,2,3 से प्रारंभ होती है) स्थित होती है । अंश भाग को r^{-i} द्वारा गुणा किया जाता है, जहाँ 'i' दशमलव बिंदु से अंकों की स्थिति दर्शाता है (1,2,3 से प्रारंभ होता है)। विभिन्न आवश्यक संख्या प्रणालियों और प्रतीकों (अंकों) को निम्नलिखित तालिका में सूचीबद्ध किया गया है।

1.2.1 दशमलव संख्या प्रणाली

दशमलव संख्या प्रणाली में आधार(base) (r)-10 का निरूपण किया जाता है। हमारी दैनिक गणनाओं में संख्याओं की इस संख्या प्रणाली का उपयोग व्यापक है। आधार 10, इस संख्या प्रणाली का एक और नाम है, जिसमें 10 अंक होते हैं जैसे कि 0, 1,2,3,4,5,6,7,8, और 9 । दशमलव संख्या प्रणाली में, प्रत्येक अंक का एक स्थान होता है और यह पिछले अंक की तुलना में 10 गुना अधिक महत्वपूर्ण होता है। दशमलव संख्या प्रणाली के कुछ उदाहरण नीचे दिए गए हैं –

आधार(base)	विभिन्न अंक(digits)
द्विआधारी	0,1
4	0,1,2,3
6.	0,1,2,3,5
8-अष्टाधारी	0,1,2,3,4,5,6,7
10-दशमलव	0,1,2,34,5,6,7,8,9.
12.	0,1,2,3,4,5,6,7,8,9, A, B,
16-षट्दशमलव	0,..., 9, A, B, C, D, E, F,

$(92)_{10} = 9x10^1 + 2x10^0$

$(200)_{10} = 2x10^2 + 0x10^1 + 0x10^0$

$(212.367)_{10} = 2\times10^2 + 1x10^1 + 2\times10^0 + 3x10^{-1} + 6\ x10^{-2} + 7x10^{-3})$

1.2.2 द्विआधारी संख्या प्रणाली

एक संख्या जो आधार(base) 2 या द्विआधारी प्रणाली में लिखी जाती है, उसे द्विआधारी संख्या प्रणाली के नाम से जाता है। यह विभिन्न संख्यात्मक मान का प्रतिनिधित्व करने के लिए 1 और 0 जैसे प्रतीकों का उपयोग करती है। आधार(Radix) के रूप में 2 का उपयोग करने वाले स्थितीय संकेतन को आधार -2 प्रणाली के रूप में जाना जाता है।

उदाहरण-$(1011.1)_2 = 1x2^3 + 0x2^2 + 1x2^1 + 1x2^0 + 1x\ 2^{-1} = (11.5)_{10}$

- **द्विआधारी संख्या प्रणाली के लाभ:**

कंप्यूटर प्रणालियों में उपयोग के लिए, द्विआधारी संख्या प्रणाली ने स्पष्ट रूप से पिछली संख्या प्रणालियों से अच्छा प्रदर्शन किया। इस संख्या प्रणाली के द्वारा सभी प्रकार के डेटा को केवल 0 और 1 के माध्यम से व्यक्त करने की क्षमता, यह इसका एक बड़ा लाभ था। इसके अतिरिक्त, हार्डवेयर कार्यान्वयन के लिए उपयोग किए जाने वाले सरल विद्युत उपकरणों का संचालन दो स्पष्ट रूप से अलग अलग प्रकार में शीघ्र एवं प्रभावी ढंग से पूरा किया जा सकता है। जब यह डेटा को 0 और 1 के रूप में दर्शाया जाता है, तब जोड़ना, घटाना, गुणा, विभाजन आदि जैसे आवश्यक गणितीय संचालनों को निष्पादित करने वाले परिपथ सरल हो जाते हैं।

1.2.3 अष्टाधारी संख्या प्रणाली

अष्टाधारी संख्या प्रणाली में आठ अलग अलग अंक समाविष्ट होते हैं क्योंकि इसका रेडिक्स 8 होता है। इसमें आठ स्वतंत्र अंक होते हैं जीसे 0, 1, 2, 4,5,6 एवं 7 | इस संख्या प्रणाली में, विभिन्न अंकों के लिए स्थानीय मान 8^0,8^1,8^2 इत्यादि पूर्णांक भाग के लिए होते हैं , और 8^{-1},8^{-2},8^{-3} इत्यादि आंशिक भाग के लिए होते हैं ।

उदाहरण $(1011.1)_8 = 1x8^3 + 0x8^2 + 1x8^1 + 1x8^0 + 1x8^{-1-} = (521.125)_{10}$

1.2.4 षट्दशमलव संख्या प्रणाली

षट्दशमलव संख्या प्रणाली के 16 मूल अंक,0 से 9 और A से F तक हैं जो रेडिक्स- 16 संख्या प्रणाली है, । पूर्णांक भाग के लिए, षट्दशमलव संख्याएँ 16^0, फिर 16^1, फिर 16^2, फिर 16^3, और इसी प्रकार अंश भाग के लिए 16^{-1} से प्रारंभ होती हैं ।

उदाहरण- $(1011.1)_{16} = 1x16^3 + 0x16^2 +1x16^1 +1x16^0 +1x16^{-1} = (4113.0625)_{10}$

1.3 द्विअधारी में संख्या का निरूपण

संख्याओं को द्विआधारी या किसी अन्य संख्या प्रणाली में दो पद्धतियों से दर्शाया जा सकता है।

A) चिन्हित परिमाण

B) पूरक (complement) निरूपण

पूरक निरूपण को आगे दो भागों में विभाजित किया गया है।

- कम किया हुआ आधार या r-1 का पूरक
- रेडिक्स या r का पूरक

1.3.1 चिन्हित बिट (Sign-bit) परिमाण

"MSB" चिन्हित बिट का प्रतिनिधित्व करता है, जहाँ "0" + चिन्ह को दर्शाता है और " 1 " एक ऋण चिन्ह को दर्शाता है। परिमाण, शेष बिटों के द्वारा दर्शाया जाता है।

उदाहरण के लिए

$(00101011)_2 = +(43)_{10}$

$(10101011)_2 = -(43)_{10}$

1.3.2 '1' के पूरक का प्रतिनिधित्व

किसी भी द्विआधारी संख्या के 1 के पूरक को प्राप्त करने के लिए द्विआधारी संख्या में '0' को '1' से और '1' को "0" से बदलें ।

उदाहरण 1.1	
101110 का 1 का पूरक निकालें । **समाधान:** 1 का पूरक 01010001 होगा।	
उदाहरण 1.2	
10001.001 का 1 का पूरक निकालें । **समाधान:** 1 का पूरक 01110.110 होगा।	

1.3.2.1 चिन्हित द्विअधारी संख्याओं के लिए '1' का पूरक

धनात्मक द्विआधारी संख्याओं को वैसे ही दर्शाया जाता है जैसी संख्या है, (कोई परिवर्तन नहीं)। ऋणात्मक द्विआधारी संख्या को उसके 1 के पूरक के द्वारा दर्शाया जाता ।

उदाहरण 1.3.
-5 और + 5 का "1" के पूरक रूप में निरूपण

समाधान:

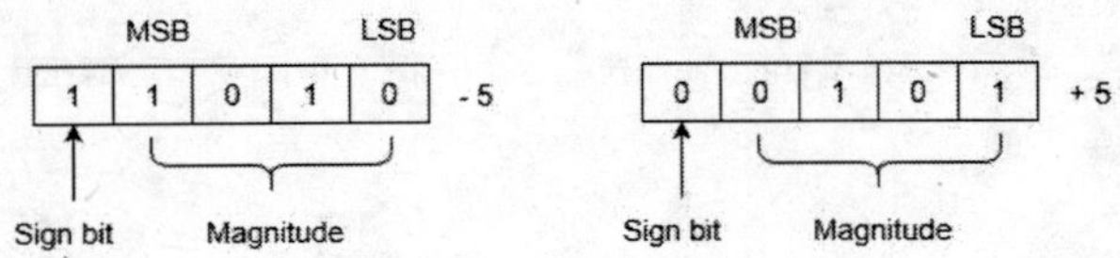

दोष: इस प्रणाली में, 0 में दो वैकल्पिक निरूपण होते हैं:

-0 (1 1111)

+ 0 (0 0000)

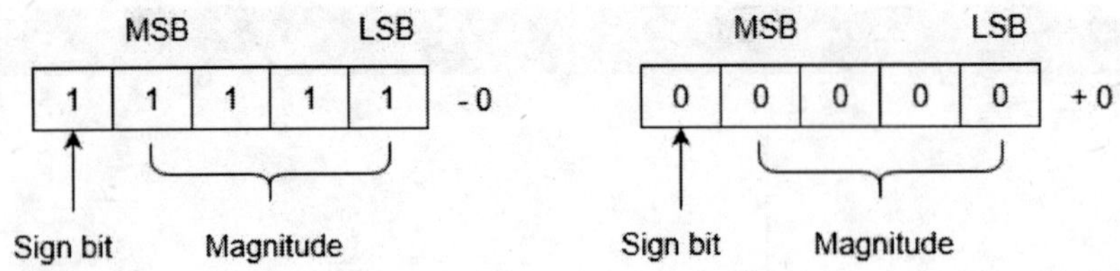

1.3.3 '2' के पूरक का निरूपण

द्विआधारी पूर्णांक के 2 के पूरक को प्राप्त करने के लिए 1 का पूरक लेते हैं और उसके LSB में 1 को जोड़ते हैं। या दूसरे शब्दों में, 1 का पूरक निकालकर उसके LSB में 1 को जोड़ा जाता है।

उदाहरण 1.4.

10101110 का 2 का पूरक निकालें।

समाधान:

दी गई संख्या (number) = 10101110

1 का पूरक = 01010001

01010001

+ 1

= 01010010

उदाहरण 1.5.

10001.001 का 2 का पूरक निकालें।

समाधान:

दी गई संख्या(number) = 10001.001

1 का पूरक(complement) = 01110.110

01110.110

+ 1

= 01110.111

1.3.3.1 चिन्हित द्विअधारी संख्या निरूपण के लिए 2 का पूरक

धनात्मक द्विआधारी संख्याओं को उसी रूप में दर्शाया जाता है (कोई परिवर्तन नहीं) जबकि ऋणात्मक संख्या को 2 के पूरक द्वारा दर्शाया जाता है ।

उदाहरण 1.6.

-5 और + 5 का '2' के पूरक रूप में निरूपण।

समाधान:

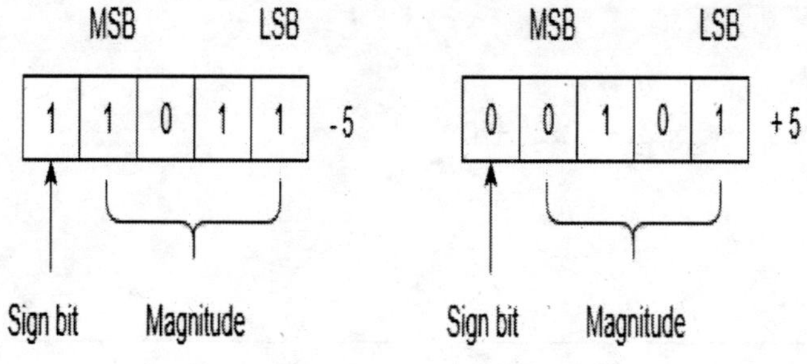

- इस प्रणाली का लाभ यह है कि इसमें -0 और +0 के लिए , 0 का केवल एक ही निरूपण है । '2' के पूरक रूप में, शून्य (0) को सदा धनात्मक रूप में (चिन्हित बिट 0 है) देखा जाता है । इसलिए यह एक एकल प्रतिनिधित्व है।

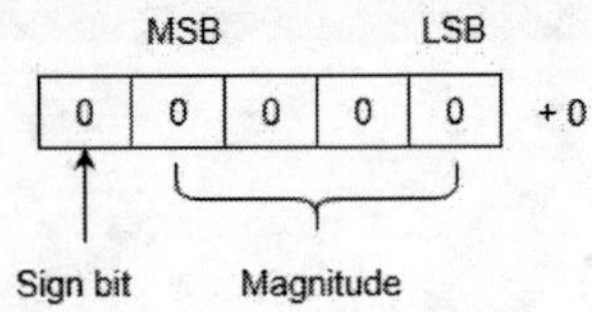

1.4 संख्या प्रणाली रूपांतरण

संख्या प्रणाली रूपांतरण की आवश्यकता इसलिए होती है क्योंकि, मनुष्य हमेशा दशमलव संख्या प्रणालियों के साथ अधिक सहज होते हैं। अतः ,हमारे लिए किसी भी अन्य संख्या प्रणालियों को समझना कठिन है। लेकिन दूसरी ओर, प्रक्रमक (कंप्यूटर प्रोसेसर) द्विअधारी संख्या प्रणाली को आसानी से समझ सकते हैं लेकिन दशमलव संख्या प्रणाली को नहीं समझ सकते हैं। इसलिए, संख्या प्रणाली मनुष्य और प्रक्रमकों के बीच एक स्पष्ट अंतरपृष्ठ बना रही है।

1.4.1 द्विआधारी से दशमलव रूपांतरण

- पूर्णांक को रूपांतरित करने के नियम

  i. प्रत्येक द्विआधारी अंक का स्थितीय मान ज्ञात होना चाहिए। दाईं ओर से बाईं ओर, प्रत्येक अंक को $2^0, 2^1, 2^2, 2^3, 2^4$, आदि से गुणा करें।

  ii. संबंधित दशमलव संख्या प्राप्त करने के लिए इन सभी संख्याओं को एक साथ जोड़ें ।

उदाहरण 1.7

$(1011010)_2$ का समतुल्य दशमलव संख्या में रूपांतरण करें।

समाधानः

$(1011010)_2 = 1 \text{ x } 2^6 + 0 \text{ x } 2^5 + 1 \text{ x } 2^4 + 1 \text{ x } 2^3 + 0 \text{ x } 2^2 + 1\text{x}2^1 + 0 \text{ x } 2^0$

$=64 + 0 + 16 + 8 + 0 + 2 + 0$

$=90$

इसलिए , $(1011010)_2 = (90)_{10}$

- अंश (fraction) को परिवर्तित करने के नियम

  i. द्विआधारी अंश संख्या के प्रत्येक अंक को यदि बाईं ओर से प्रारंभ कर 2^{-1}, 2^{-2} , 2^{-3}, 2^{-4} इत्यादि से गुणा करके , आपको प्रत्येक अंक का स्थितीय मान मिल सकता है।

  ii. उपरोक्त सभी संख्याओं को जोड़कर , द्विआधारी अंश संख्याओं की समतुल्य दशमलव संख्याएँ प्राप्त की जा सकती हैं ।

उदाहरण 1.8

$(0.1101)_2$ को इसकी समतुल्य दशमलव संख्या में परिवर्तित करें।

समाधान:

$(0.1101)_2$

$=1x2^{-1} +1x2^{-2} +0x2^{-3} +1x2^{-4}$

$= 0.5 + 0.25 + 0 - 0.0625$

$= 0.8125$

इसलिए, $(0.1101)_2 = (0.8125)_{10}$

उदाहरण 1.9

$(1111111.0101)_2$ को समतुल्य दशमलव संख्या में परिवर्तित करें ।

समाधान:

(i) पूर्णांक भाग को लेने पर

$(1111111)_2$

$= 1x2^6 + 1x2^5 + 1x2^4 + 1x2^3 + 1x2^2 + 1x2^1 + 1x2^0$

$= 64 + 32 + 16 + 8 + 4 + 2 + 1$

$= 90$

ii. अंश भाग को लेने पर

$(0.0101)_2$

$= 0x2^{-1} + 1x2^{-2} + 0x2^{-3} + 1x2^{-4}$

$= 0 + 0.25 + 0 + 0.0625$

$= 0.3125$

इसलिए, $(11111.0101)_2 = (90.3125)_{10}$

1.4.2 अष्टाधारी से दशमलव रूपांतरण

- पूर्णांक को परिवर्तित करने के नियम
  i. प्रत्येक अष्टाधारी अंक का स्थितीय मूल्य ज्ञात होना चाहिए। दाईं ओर से बाईं ओर, प्रत्येक अंक को $8^0, 8^1, 8^2, 8^3, 8^4$ आदि से गुणा करें।
  ii. संबंधित दशमलव संख्या प्राप्त करने के लिए इन सभी संख्याओं को एक साथ जोड़ें।

उदाहरण 1.10

$(16512)_8$ का समतुल्य दशमलव संख्या में रूपांतरण करें।

समाधान:

$(16512)_8$

$=1x8^4 + 6x8^3 + 5x8^2 + 1x8^1 + 2x8^0$

$= 7498$

अतः $(16512)_8 = (7498)_{10}$

- अंश भाग को परिवर्तित करने के नियम
  i. द्विआधारी अंश संख्या के प्रत्येक अंक को बाईं ओर से प्रारंभ कर $8^{-1}, 8^{-2}, 8^{-3}, 8^{-4}$ आदि से गुणा करके, आपको प्रत्येक अंक का स्थितीय मान मिल सकता है।
  ii. आंशिक द्विआधारी संख्या की समतुल्य दशमलव संख्या प्राप्त करने के लिए उपरोक्त सभी संख्याओं को जोड़ें।

उदाहरण 1.11

$(0.145)_8$ का समतुल्य दशमलव संख्या में रूपांतरण करें।

समाधान:

$=1x8^{-1} + 4x8^{-2} + 5x8^{-3}$

$=0.125 + 0.0588 + 0.0098$

$=0.1936$

इसलिए, $(0.145)_8 = (0.1936)_{10}$

1.4.3 षट्दशमलव से दशमलव रूपांतरण

- पूर्णांक को परिवर्तित करने के नियम

    i. प्रत्येक षट्दशमलव अंकों के स्थितीय मान ज्ञात होना चाहिए। दाईं ओर से बाईं ओर, प्रत्येक अंक को $16^0, 16^1, 16^2, 16^3, 16^4$, आदि से गुणा करें।

    ii. इन सभी संख्याओं को एक साथ जोड़कर समतुल्य दशमलव संख्या प्राप्त करें ।

उदाहरण 1.12

$(13D1A)_{16}$ का समतुल्य दशमलव संख्या में रूपांतरण करें ।

समाधान:

$(13D1A)_{16}$

$=1x16^4 + 3x16^3 + 13x16^2 + 1x16^1 + 10x16^0$

$=65536 + 12288 + 3328 + 16 + 10$

$=81178$

अतः $(13D1A)_{16} = (81178)_{10}$

- अंश को परिवर्तित करने के नियम

    i. द्विआधारी अंश संख्या के बाईं ओर से प्रारंभ कर, प्रत्येक अंक को 16^{-1}, 16^{-2}, 16^{-3}, 16^{-4} आदि से गुणा करके, आपको प्रत्येक अंक का स्थितीय मूल्य प्राप्त हो सकता है।

    ii. इन सभी संख्याओं को एक साथ जोड़कर द्विआधारी अंश संख्या की समतुल्य दशमलव संख्या प्राप्त करें ।

उदाहरण 1.13

$(0.2A5)_{16}$ का समतुल्य दशमलव संख्या में रूपांतरण करें ।

समाधान:

$(0.2A5)_{16}$

$= 2x16^{-1} + 10x16^{-2} + 5x16^{-3}$

$= 0.125 + 0.0391 + 0.0012 = 0.1653$

इसलिए, $(0.2A5)_{16} = (0.1653)_{10}$

उदाहरण 1.14

$(1351A.2A5)_{16}$का समतुल्य दशमलवसंख्या में रूपांतरण करें

समाधान:

(i) पूर्णांक भाग को लेने पर

$(1351A)_{16}$

$=1x16^4 +3x16^3 +5x16^2 + 1x16^1 +10x16^0$

$=65536 +1228 +1280 +16 +10 = 79130$

ii. अंश भाग को लेने पर

$(0.2A5)_{16}$

$= 2x16^{-1} + 10x16^{-2} + 5x16^{-3}$

$= 0.125 + 0.0391 + 0.0012 = 0.1653$

इसलिए, $(1351A.2A5)_{16} = (79130.1653)_{10}$

1.4.4 दशमलव से द्विआधारी रूपांतरण

- पूर्णांक को परिवर्तित करने के नियम
  - i. दशमलव संख्या को द्विआधारी संख्या के आधार (2) से विभाजित कर, शेष की गणना करें।
  - ii. परिणाम को फिर से 2 से विभाजित करें, शेष को नोट करें, और इस प्रक्रिया को तब तक दोहराएं जब तक कि परिणाम 0 न हो जाए ।
  - iii. शेष, जो कि प्रदान की गई दशमलव संख्या का द्विआधारी समतुल्य है, अब विपरीत क्रम में लिखा जाना चाहिए।

उदाहरण 1.15

$(27)_{10}$ का समतुल्य द्विआधारी संख्या में रूपांतरण।

समाधान:

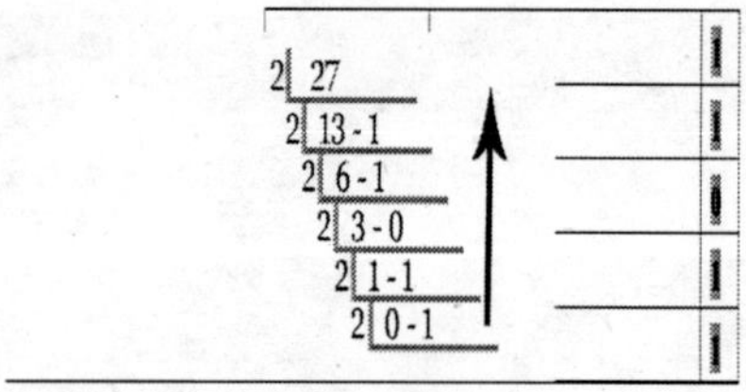

इसलिए, $(27)_{10} = (11011)_2$

- अंश भाग को परिवर्तित करने के नियम
  - i. अंश भाग को दो से गुणा करने के बाद प्राप्त होने वाले पूर्णांक को लिखें। अन्यथा, 0 लिखें। .
  - ii. एक बार फिर, पूर्व चरण से प्राप्त किए गए परिणाम के अंश भाग को गुणा करें, पूर्णांक भाग को लिखें, और इस प्रक्रिया को तब तक दोहराएं जब तक कि परिणाम का अंश भाग शून्य नहीं होता है (यदि यह दोहराता है तो न्यूनतम 4 से 5 बार)।
  - iii. अब, उसी क्रम में अपने पूर्णांकों या शून्यों को सूचीबद्ध करें जैसे कि आपको प्राप्त हुए हैं ।

उदहारण 1.16

$(0.45)_{10}$का समतुल्य द्विआधारी संख्या में रूपांतरण

समाधान:

गुणा	परिणाम	पूर्णांक भाग	अंश भाग
0.45 × 2	0.90	0	.90
0.90 × 2	1.80	1	.80
0.80 × 2	1.60	1	.60
0.60 × 2	1.20	1	.20
0.20 × 2	0.04	0	.04

इसलिए, $(0.45)_{10} = (0.0110)_2$

1.4.5 दशमलव से आष्टाधारी रूपांतरण

- पूर्णांक को परिवर्तित करने के नियम:

  i. दशमलव संख्या को आष्टाधारी संख्या के आधार (8) से विभाजित करके शेष की गणना करें।

  ii. परिणाम को फिर से 8 से विभाजित करें, शेष को नोट करें, और इस प्रक्रिया को तब तक दोहराएं जब तक कि परिणाम 0 न हो।

  iii. जो शेष है, वह प्रदान की गई दशमलव संख्या का अष्टाधारी समतुल्य है, उसे अब विपरीत क्रम में लिखा जाना चाहिए।

उदाहरण 1.17

$(127.375)_{10}$ का समतुल्य द्विआधारी संख्या में रूपांतरण।

समाधान:

```
2 | 127
  2 | 63 - 1
    2 | 31 - 1
      2 | 15 - 1
        2 | 7 - 1
          2 | 3 - 1
            2 | 1 - 1
              2 | 0 - 1
```

गुणा	परिणाम	पूर्णांक भाग	अंश भाग
0.375 x 2	0.75	0	.75
0.750 x 2	1.50	1	.50
0.50 x 2	1.00	1	.00

इसलिए $(127.375)_{10} = (1111111.011)_2$

उदाहरण 1.18

$(158)_{10}$ को समतुल्य अष्टाधारी संख्या में रूपांतरित करें

समाधान:

8 | 158
8 | 19 - 6
8 | 2 - 3
8 | 0 - 2

इसलिए $(158)_{10} = (236)_8$

- अंश संख्या के लिए नियम:

 i. अंश भाग को 8 से गुणा करने के बाद प्राप्त होने वाले पूर्णांक को लिखें। अन्यथा, 0 लिखें ।

 ii. एक बार फिर, पहले चरण से प्राप्त किए गए परिणाम के अंश भाग को गुणा करें, पूर्णांक भाग को लिखें, और इस प्रक्रिया को तब तक दोहराएं जब तक कि परिणाम का अंश शून्य नहीं होता है (यदि यह दोहराता है तो न्यूनतम 4 से 5 बार)।

 iii. अब, अपने पूर्णांकों या शून्यों को उसी क्रम में सूचीबद्ध करें जैसे कि आपको प्राप्त हुए हैं ।

उदाहरण 1.19

$(0.45)_{10}$ का समतुल्य अष्टाधारी संख्या में रूपांतरण करें ।

समाधान:

गुणा	परिणाम	पूर्णांक भाग	अंश भाग
0.45 x 8	3.60	3	.60
0.60 x 8	4.80	4	.80
0.80 x 8	6.40	6	.40
0.40 x 8	3.20	3	.20
0.20 x 8	1.60	1	.60

इसलिए $(0.45)_{10} = (0.34631..)_8$

उदाहरण 1.20

$(123.45)_{10}$ का समतुल्य अष्टाधारी संख्या में रूपांतरण करें ।

समाधान:

8 | 123
8 | 15 - 3
8 | 1 - 7
8 | 0 - 1

:-

गुणा	परिणाम	पूर्णांक भाग	अंश भाग
0.45 x 8	3.60	3	.60
0.60 x 8	4.80	4	.80
0.80 x 8	6.40	6	.40
0.40 x 8	3.20	3	.20
0.20 x 8	1.60	1	.60

इसलिए, $(123.45)_{10} = (173.\ 34631)_{8}$.

1.4.6 दशमलव से षट्दशमलव रूपांतरण

- पूर्णांक को परिवर्तित करने के नियम:
  i. दशमलव संख्या को षट्दशमलव संख्या के आधार(16) से विभाजित करके शेष की गणना करें।
  ii. परिणाम को फिर से 16 से विभाजित करें,शेष भाग को लिखें , और इस प्रक्रिया को तब तक दोहराएं जब तक कि परिणाम 0 न हो जाए ।
  iii. जो शेष है, वो प्रदान की गई दशमलवसंख्या का षट्दशमलव समतुल्य है। इसे अब विपरीत क्रम में लिखा जाना चाहिए।

उदाहरण 1.21

$(450)_{10}$ का समतुल्य षट्दशमलव संख्या में रूपांतरण करें ।

समाधान:

16 | 450
16 | 28 - 2
16 | 1 - 12(C)
16 | 0 - 1

इसलिए, $(450)_{10} = (1C2)_{16}$

- अंश को परिवर्तित करने के लिए नियम:
  i. अंश भाग को 16 से गुणा करने के बाद प्राप्त होने वाले पूर्णांक को लिखिए, अन्यथा, 0 लिखें। .
  ii. एक बार फिर, पहले चरण से प्राप्त किए गए परिणाम के अंश भाग को गुणा करें, पूर्णांक भाग को लिखें, और इस प्रक्रिया को तब तक दोहराएं जब तक कि परिणाम का अंश शून्य नहीं होता है (यदि यह दोहराता है तो न्यूनतम 4 से 5 बार)।
  iii. अब, अपने पूर्णांकों या शून्यों को उसी क्रम में सूचीबद्ध करें जैसे कि आपको प्राप्त हुए है।

1.4.7 द्विअधारी से अष्टाधारी रूपांतरण

- पूर्णांक को परिवर्तित करने के नियम
  - i. दाईं ओर से बाईं ओर 3-3 बिट इकट्ठे लें और यदि बाईं ओर 3 बिट को समाविष्ट करने के लिए बिट उपलब्ध नहीं हों तो शून्य लेकर भर देते हैं।
  - ii. प्रत्येक 3 बिट को उनके समतुल्य अष्टाधारी मान द्वारा प्रतिस्थापित करें।

उदाहरण 1.22

$(0.78125)_{10}$ का समतुल्य षट्दशमलव संख्या में रूपांतरण करें ।

समाधान:

गुणा	परिणाम	पूर्णांक भाग	अंश भाग
0.78125 x 16	12.50	12(C)	.50
0.50 x 16	8.00	8	.00

इसलिए, $(0.78125)_{10} = (C8)_{16}$

उदाहरण 1.23

$(125.85)_{10}$ का समतुल्य षट्दशमलव संख्या में रूपांतरण करें।

समाधान:

16 | 125
16 | 7 - 13(D)
16 | 0 - 7

गुणा	परिणाम	पूर्णांक भाग	अंश भाग
0.85 x 16	13.60	13(D)	.60
0.60 x 16	9.60	9	.60
0.60 x 16	9.60	9	.60

$(125.85)_{10} = (D99)_{16}$

उदाहरण 1.24

$(1110101011)_2$ को समतुल्य अष्टाधारी संख्या में रूपांतरित करें।

समाधान:

$$\underbrace{001}_{1}\ \underbrace{110}_{6}\ \underbrace{101}_{5}\ \underbrace{011}_{3}$$

इसलिए, $(1110101011)_2 = (1653)_8$

- अंश संख्या के लिए नियम:
  i. बाईं ओर से दाईं ओर प्रत्येक 3 बिट लें और यदि 3 बिटों को समाविष्ट करने के लिए दाईं ओर बिट उपलब्ध नहीं हो, तो उसके स्थान पर शून्य से भर सकते हैं ।
  ii. प्रत्येक 3 बिट को उनके समतुल्य अष्टाधारी मान द्वारा प्रतिस्थापित करें।

उदाहरण 1.25

$(0.10001000111)_2$ को समतुल्य अष्टाधारी संख्या में रूपांतरित करें ।

समाधान:

$$\underbrace{.100}_{4}\ \underbrace{010}_{2}\ \underbrace{001}_{1}\ \underbrace{110}_{6}$$

इसलिए, $(0.10001000111)_2 = (0.4216)_8$

उदाहरण 1.26

$(10010111.11001)_2$ का समतुल्य अष्टाधारी संख्या में रूपांतरण करें।

समाधान:

$$\underbrace{010}_{2}\ \underbrace{010}_{2}\ \underbrace{111}_{7}\ \underbrace{.110}_{.6}\ \underbrace{010}_{2}$$

इसलिए, $(10010111.11001)_2 = (227.62)_8$.

1.4.8 अष्टाधारी से द्विआधारी रूपांतरण

- पूर्णांक के लिए नियम
  i. प्रत्येक अष्टाधारी अंक को उसके तीन बिट की समतुल्य द्विआधारी संख्या के साथ प्रतिस्थापित किया जाना चाहिए।
  ii. अष्टाधारी संख्या के अंकों के क्रम में ही उन्हें एक के बाद एक लिखें।

उदाहरण 1.27

$(723)_8$ का समतुल्य द्विआधारी संख्या में रूपांतरण करें ।

समाधान:

7 → 111, 2 → 010, 3 → 011

इसलिए, $(723)_8 = (111010011)_2$.

- अंश संख्या के लिए नियम
  - i. प्रत्येक अष्टाधारी अंक को अपने तीन बिट की समतुल्य द्विआधारी संख्या के साथ प्रतिस्थापित किया जाना चाहिए।
  - ii. उन्हें एक के बाद एक अष्टाधारी अंकों के क्रम अनुसार ही लिखें ।

उदाहरण 1.28

$(0.043)_8$ का समतुल्य द्विआधारी संख्या में रूपांतरण करें ।

समाधान:

.0 → .000, 4 → 100, 3 → 011

इसलिए, $(0.043)_8 = (0.000100011)_2$

1.4.9 षट्दशमलव से अष्टाधारी रूपांतरण

- पूर्णांक को परिवर्तित करने के नियम:
  - i. प्रत्येक षट्दशमलव अंक के द्विआधारी समतुल्य को लिखें और इसके बगल में इसके संबंधित षट्दशमलव क्रम(order) को भी लिखें ।
  - ii. यदि बाईं ओर 3 बिट से युक्त एक अंक उपलब्ध नहीं है, तो दाईं ओर से बाईं ओर प्रत्येक 3 बिट लेकर शून्य से भरते हैं।
  - iii. प्रत्येक 3 बिट को इसके अष्टाधारी समतुल्य के साथ प्रतिस्थापित किया जाना चाहिए।
- अंश को परिवर्तित करने के लिए नियम:
  - i. प्रत्येक षट्दशमलव अंक के द्विआधारी समतुल्य को लिखें और इसके बगल में इसके संबंधित षट्दशमलव क्रम को लिखें ।
  - ii. यदि तीसरा बिट बनाने के लिए दाईं ओर कोई अंक उपलब्ध नहीं है, तो अंतराल को बाईं ओर से दाईं ओर जाते हुए शून्यों से भरें ।
  - iii. प्रत्येक 3 बिट को उसके समतुल्य अष्टाधारी मान के साथ प्रतिस्थापित किया जाना चाहिए।

उदाहरण 1.29

$(E5F)_{16}$ का समतुल्य अष्टाधारी संख्या में रूपांतरण करें'।

समाधान:

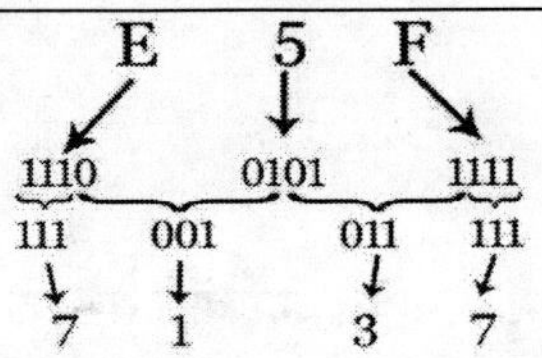

इसलिए, $(E5F)_{16} = (7137)_8$

उदाहरण 1.30

$(0.7C9)_{16}$ का समतुल्य अष्टाधारी संख्या में रूपांतरण करें ।

समाधानः

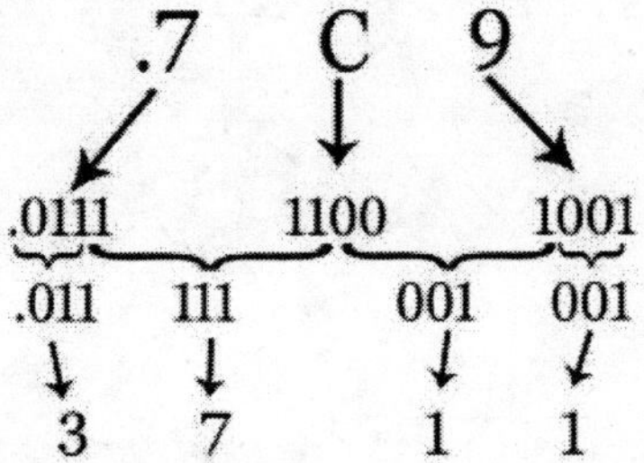

इसलिए, $(0.7C9)_{16} = (0.3711)_8$

उदाहरण 1.31

$(A4B\ .\ 59E)_{16}$से समतुल्य अष्टाधारी संख्या में रूपांतरित करें ।

समाधानः

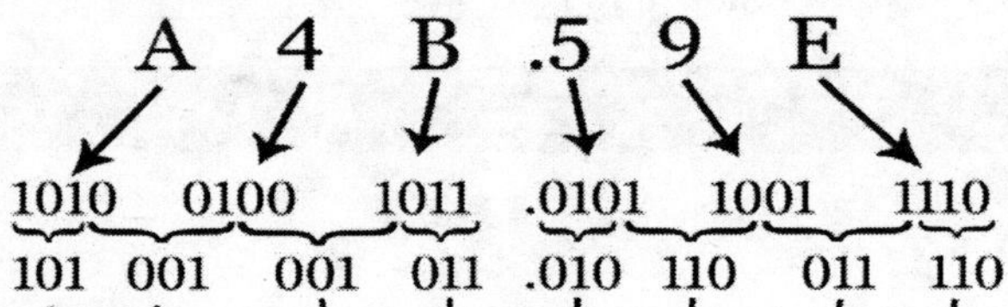

इसलिए, $(A4B.59E)_{16} = (5113.2636)_8$.

1.4.10 अष्टाधारी से षट्दशमलव रूपांतरण

- पूर्णांक को परिवर्तित करने के नियम:
  i. प्रत्येक अष्टाधारी अंक के समतुल्य द्विआधारी मान को लिखें , फिर इसके बगल में सम्बंधित अष्टाधारी क्रम को लिखें।
  ii. यदि 4 बिट के समूह बनाने के लिए बाईं ओर एक अंक उपलब्ध नहीं है, तो बाईं ओर से दाईं ओर प्रत्येक 4 बिट लेकर शून्य से भरना होगा।
  iii. प्रत्येक 4 बिटों को उसके संबंधित षट्दशमलव मान के साथ प्रतिस्थापित किया जाना चाहिए।

उदाहरण 1.32

$(374)_8$ का समतुल्य समतुल्य षट्दशमलव संख्या में रूपांतरण करें ।

समाधान :

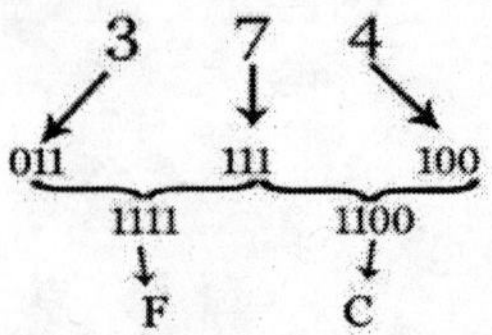

इसलिए $(374)_8 = (FC)_{16}$

- अंश को परिवर्तित करने के लिए नियम:
  i. प्रत्येक अष्टाधारी अंक को उसके समतुल्य द्विआधारी मान से प्रतिस्थापित करें, फिर परिणामों को अगल बगल में अष्टाधारी क्रम में लिखें।
  ii. यदि 4 बिट के समूह बनाने के लिए दाईं ओर एक अंक उपलब्ध नहीं है, तो बाईं ओर से दाईं ओर 4 बिट लेते हैं और शून्य से भरते हैं।
  iii. प्रत्येक 4 बिटों को उनके समतुल्य षट्दशमलव मान के साथ प्रतिस्थापित किया जाना चाहिए।

उदाहरण 1.33

$(0.504)_8$ को समतुल्य षट्दशमलव संख्या में रूपांतरित करें।

समाधान:

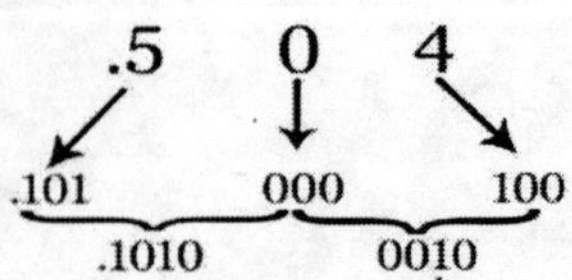

इसलिए, $(0.504)_8 = (0.A2)_{16}$

उदाहरण 1.34

$(343.405)_8$ को समतुल्य षट्दशमलव संख्या में परिवर्तित करें ।

समाधान:

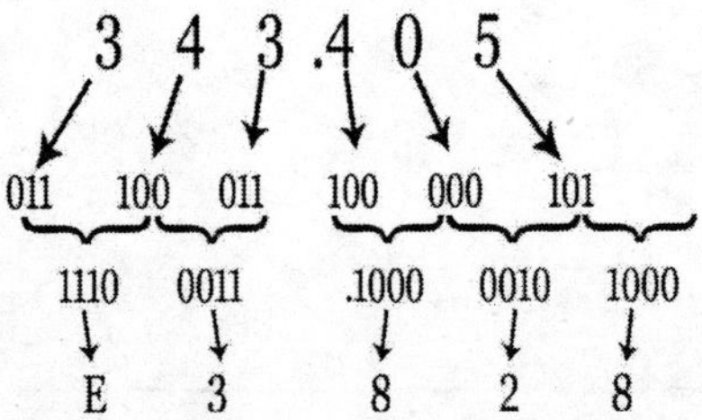

इसलिए, $(343.405)_8 = (E3.828)_{16}$

1.4.11 द्विआधारी से षड्दशमलव रूपांतरण

- पूर्णांक को परिवर्तित करने के नियम:
    i. एल एस बी (LSB) से एम् एस बी (MSB) को जाते हुए यदि 4 बिट के समूह को बनाने के लिए बाईं ओर अंक उपलब्ध नहीं है तो तो हमें 4 बिट का समूह बनाने के लिए शून्य से भरना होगा।

    ii. प्रत्येक 4 बिटों को उनके समतुल्य षट्दशमलव मान के साथ प्रतिस्थापित किया जाना चाहिए।
- अंश परिवर्तित करने के लिए नियम:
    i. एम एस बी से एल एस बी तक प्रत्येक 4 बिट के समूह लेते हैं और यदि 4 बिट के समूह बनाने के लिए एक अंक उपलब्ध नहीं है तो शून्य से भरते हैं।

    ii. प्रत्येक 4 बिटों को उसके समतुल्य षट्दशमलव मान के साथ प्रतिस्थापित किया जाना चाहिए।

उदाहरण 1.35

$(10111100111)_2$ का समतुल्य षट्दशमलव संख्या में रूपांतरण करें ।

समाधान:

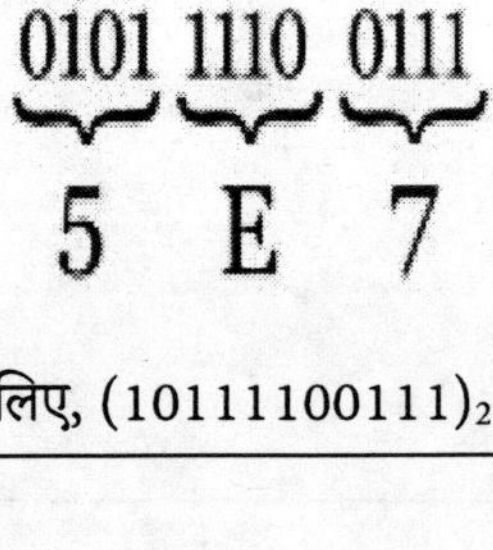

इसलिए, $(10111100111)_2 = (5E7)_{16}$

उदाहरण 1.36

$(0.11001101001)_2$ का समतुल्य षट्दशमलव संख्या में रूपांतरण करें ।

समाधान:

.1100 1101 0010

C D 2

इसलिए, $(0.11001101001)_2 = (0.CD2)_{16}$

उदाहरण 1.37

$(10100110.10101)_2$ का समतुल्य षट्दशमलव संख्या में रूपांतरण करें ।

समाधान:

1010 0110.1010 1000

A 6 A 9

इसलिए, $(10100110.10101)_2 = (A6.A9)_{16}$

1.4.12 षड्दशमलव से द्विआधारी रूपांतरण

- पूर्णांक को परिवर्तित करने के नियम:
  - i. प्रत्येक षट्दशमलव अंक को चार बिट द्विआधारी समतुल्य के साथ प्रतिस्थापित किया जाना चाहिए।
  - ii. षट्दशमलव संख्याओं के समान क्रम में, उन्हें एक के बाद एक लिखें ।

उदाहरण 1.38

$(2B8)_{16}$ का समतुल्य द्विआधारी संख्या में रूपांतरण करें ।

समाधान:

2 B 8

0010 1011 1000

इसलिए, $(2B8)_{16} = (001010111000)_2$.

- अंश को परिवर्तित करने के लिए नियम:
  i. प्रत्येक षट्दशमलव अंक को चार बिट द्विआधारी समतुल्य के साथ प्रतिस्थापित किया जाना चाहिए।
  ii. षट्दशमलव संख्याओं के समान क्रम में, उन्हें एक के बाद एक लिखें ।

उदाहरण 1.39

$(0.28C)_{16}$ को समत्तुल्य द्विआधारी संख्या में रूपांतरित करें ।

समाधान:

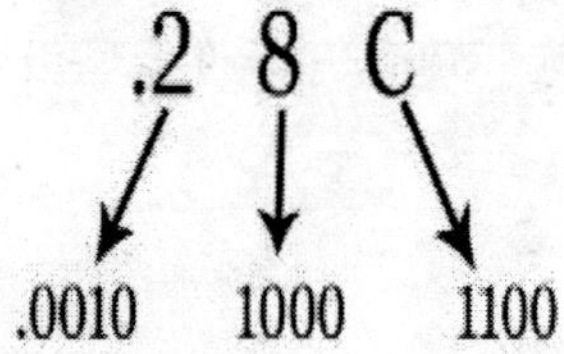

इसलिए, $(0.28C)_{16} = (0.001010001100)_2$

उदाहरण 1.40

$(CD4.28C)_{16}$ का समतुल्य द्विआधारी संख्या में रूपांतरण ।

समाधान:

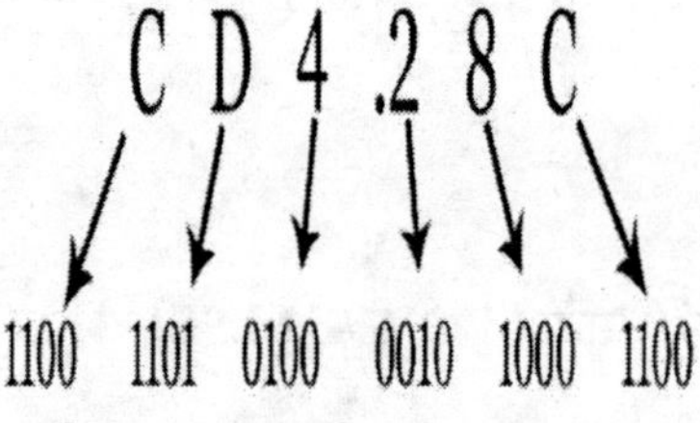

इसलिए, $(CD4.28C)_{16} = (110011010100001010001100)_2$.

1.5 बूलियन बीजगणित (Booleanalgebra)

बीजगणित की श्रेणी में आने वाला बूलियन बीजगणित,वास्तविक और झूठे सत्य मानों का प्रतिनिधित्व करने के लिए चरों का उपयोग करता है जिन्हें प्रायः 1 और 0 जैसी संख्याओं द्वारा दर्शाया जाता है। इसका उपयोग अंकीय द्वार या परिपथों को सरल बनाने और परीक्षण करने के लिए किया जाता है। इसे तार्किक(logical) बीजगणित या द्विआधारी बीजगणित के रूप में भी जाना जाता है। इसने अंकीय इलेक्ट्रॉनिक्स की प्रगति में बहुत महत्वपूर्ण भूमिका निभाई है और सभी समकालीन प्रोग्रामिंग भाषाओं द्वारा समर्थित है। बूलियन बीजगणित का उपयोग बूलियन तर्क अभिव्यक्ति को न्यूनतम करने के लिए किया जाता है। बुलियन तर्क

अभिव्यक्ति को न्यूनतम करने के लिए **के - मानचित्र एवं क्विन मैक क्लेसकी (Quin McClusky) सारणीबद्ध(tabular)** ऐसी अन्य विधियां हैं । यहाँ बूलियन बीजगणित से संबंधित कुछ महत्वपूर्ण परिभाषाएं दी गई हैं –

बूलियन या तर्क(logic) चर-यह एक तर्क चर है जो केवल सेट {0,1} से मान ले सकता है।

बूलियन या तर्क(logic) फलन-कोई भी फलन जो बूलियन चरों से बनता है उसे बूलियन फलन कहते हैं ।

बूलियन समीकरण- एक समीकरण(equation) जिसमें बूलियन चर और/या {0,1} होते हैं, को बूलियन समीकरण के रूप में जाना जाता है।

उदाहरण A + BC + ABC = 1

सत्य सारणी - सत्य सारणी वांछित परिणाम प्राप्त करने के लिए सभी संभावित परिणामों को रेखांकित करके एक बूलियन समीकरण को विसंरचित करती है।

तर्क आरेख (logic **diagram**)-

किसी भी बूलियन फलन को मूल द्वार या अन्य द्वार के संदर्भ में तर्क आरेख के द्वारा दर्शाया जाता है।

एक बूलियन फलन को या तो पद कथन/ बूलियन समीकरण /सत्य सारणी या तर्क आरेख के रूप में दर्शाया जा सकता है।

1.5.1 बूलियन बीजगणित के नियम

i. उपयोग किए गए चर के लिए केवल दो मान संभव हैं। द्विआधारी 0, कम/असत्य (LOW/FALSE) के लिए है और द्विआधारी 1, अधिक/सत्य (HIGH/TRUE)के लिए है।

ii. चर के पूरक (कॉम्प्लीमेंट) को इंगित करने के लिए एक ओवरबार का उपयोग किया जाता है। नतीजतन, चर B के पूरक (complement) को B' 'या $\overline{B}$ से दर्शाया जाता है । इसलिए यदि B = 0 है तो $\overline{B}$ = 1 होगा और यदि B = 1 है तो $\overline{B}$ = 0 होगा ।

iii. चरों के OR प्रचालन को उनके बीच एक (+) चिन्ह द्वारा दर्शाया जाता है । उदाहरण के लिए (A + B + C), A, B, और C के OR को व्यक्त करने के लिए उपयोग किया जाता है।

iv. दो या अधिक चरों के बीच बिन्दुओं को लिखने से, जैसे कि A.B.C., एक तर्क AND का प्रतिनिधित्व करता है। ABC इस प्रकार यदा कदा बिना बिंदु के लिखा जा सकता है ।

1.5.2 बूलियन बीजगणित के नियम

मान लीजिए X, Y और Z तर्क चर हैं। तो विभिन्न संचालित बूलियन बीजगणितीय नियमों का उल्लेख नीचे निम्न प्रकार से किया गया है -

1.5.2.1 क्रमविनिमेय नियम (commutative Law)

क्रमविनिमेय प्रचालन एक द्विआधारी प्रचालन है जो निम्नलिखित समीकरण को संतुष्ट करता है। क्रमविनिमेय नियम के अनुसार, चरों के क्रम को बदलने से एक तर्क परिपथ के परिणाम पर कोई प्रभाव नहीं पड़ता है।

- $X. Y = Y.X$
- $X + Y = Y + X$

1.5.2.2 साहचर्य नियम(Associative Law)

यह दावा करता है कि तर्क संचालनों का अनुक्रम बदलने से फरक नहीं पड़ता है क्योंकि उनके प्रभाव समान हैं ।

- $(X.Y).Z = X.(Y.Z)$
- $(X +Y) + Z = X +(Y + Z)$

1.5.2.3 वितरण नियम (Distributive Law))

यह बताता है कि

- $X. (Y + Z) = (X + Y).(X + Z)$
- $X+(Y.Z) = (X + Y).(X + Z)$

1.5.2.4 AND नियम

- $X.0 = 0$
- $X.1 = X$
- $X.X= X$
- $X.X' = 0$

1.5.2.5 OR नियम

- $X + 0 = X$
- $X + 1 = 1$

- $X + X = X$
- $X + X' = 1$

1.5.2.6 व्युत्क्रम नियम (Inversion law)

व्युत्क्रम नियम के अनुसार, चर का दोहरा व्युत्क्रम करने पर मूल चर प्राप्त होता है ।

- $X'' = X$

1.5.2.7 पूरक नियम

i. $X.X' = 0$

ii. $X + X' = 1$

1.5.2.8 निष्क्रिय नियम (Idempotent law)

(a) $X. X.X.....X = X$

(b) $X + X + X +.......+ X = X$

1.5.2.9 अवशोषण नियम (Absorption law)

(a) $X + X.Y = X$

(b) $X.(X + Y) = X.$

1.5.2.10 सर्वसम्मति प्रमेय(Consensus theorem)

i. $X.Y + X'. Z + Y. Z = X. Y + X'.Z$

ii. $(X + Y). (X' + Z).(Y + Z) = (X + Y).(X' + Z)$

1.5.3 डी मॉर्गन का प्रमेय (De-Morgan's theorem)

i. $(X.Y)' = X' + Y'$

ii. $(X + Y)' = X'.Y'$

1.5.1. बूलियन बीजगणित का उपयोग करके फलन न्यूनीकरण

किसी भी बूलियन फलन को बूलियन बीजगणित का उपयोग करके न्यूनतम किया जा सकता है। इसे निम्नलिखित उदाहरणों से आसानी से समझा जा सकता है।

उदाहरण 1.41

F = X + X 'Y, बूलियन बीजगणित का उपयोग करके F को न्यूनतम करें ।

समाधान:

F = X + X'Y

= (X + X '). (X + Y) (वितरण नियम द्वारा)

= 1. (X + Y) (पूरक नियम A+ A'= 1 द्वारा)

= X + Y

उदाहरण 1.42

F = X. (X'+ Y), बूलियन बीजगणित का उपयोग करके F को न्यूनतम करें ।

समाधान:

F = X. (X'+ Y)

= XX'+ X.Y (वितरण नियम द्वारा)

= 0 + X.Y (पूरक नियम AA' = 0 द्वारा)

समाधान है = XY

1.6 कार्नो मानचित्रों और बूलियन अभिव्यक्तियों के सरलीकरण के लिए उनके उपयोग ।

कार्नो मानचित्र या के- मानचित्र एक अन्य बूलियन तर्क न्यूनीकरण विधि है। यह सबसे व्यापक रूप से उपयोग की जाने वाली विधि है। यह विधि समाधान में न्यूनतम अभिव्यक्ति देती है। न्यूनतम अभिव्यक्ति में दिखाई देने वाले चरों की संख्या को न्यूनतम किया जाता है। के-मानचित्र को 2 या अधिक चरों के लिए तैयार किया जा सकता है जैसा कि नीचे चित्र 1.2 और चित्र 1.3 में दिखाया गया है । आगे के पठन के लिए कृपया अगले पृष्ठ में दिए गए क्यू आर (QR) कोड को स्कैन करें।

के-मानचित्र को अल्पपदों(minterms) या अधिकतम पदों(maxterms) के द्वारा तैयार किया जा सकता है।

अल्पपद- यह एक गुणनफल पद है जिसमें अभाज्य(prime) या पूरक रूप में सभी चर समाविष्ट होते हैं। अल्पपद को mi से दर्शाया जाता है, जहाँ 'i' उस द्विअधारी संख्या का दशमलव समतुल्य है।

अल्पपद में, '1' को 'अभाज्य' माना जाता है जबकि '0' को चर के साथ साथ फलन के लिए 'पूरक' माना जाता है। जो '1' हैं उनके जोड़े बनाने की आवश्यकता है और अंतिम परिणाम गुणनफलों का योग (Sum of product -SOP) है

के- मानचित्र के बारे में अधिक जानकारी के लिए स्कैन करें।

के-मानचित्र को अल्पपदों(minterms) या अधिकतम पदों(maxterms) के द्वारा तैयार किया जा सकता है।

अल्पपद- यह एक गुणनफल पद है जिसमें अभाज्य(prime) या पूरक रूप में सभी चर समाविष्ट होते हैं। अल्पपद को mi से दर्शाया जाता है, जहाँ 'i' उस द्विअधारी संख्या का दशमलव समतुल्य है। अल्पपद में, '1' को 'अभाज्य' माना जाता है जबकि '0' को चर के साथ साथ फलन के लिए 'पूरक' माना जाता है। जो '1' हैं उनके जोड़े बनाने की आवश्यकता है और अंतिम परिणाम गुणनफलों का योग (Sum of product -SOP) है

अधिकतमपद (Maxterm)- यह एक योग पद है जिसमें अभाज्य या पूरक रूप में सभी चर समाविष्ट होते हैं। अधिकतम पद का प्रतिनिधित्व Mi द्वारा किया जाता है, जहाँ 'i' उस द्विअधारी संख्या का दशमलव समतुल्य है।

अधिकतम पदों में, '0' को 'अभाज्य' माना जाता है जबकि '1' को चर के साथ साथ फलन कार्यों के लिए 'पूरक' माना जाता है। हमें '0' के जोड़े बनाने की आवश्यकता है और अंतिम परिणाम है-योग संख्याओं का गुणनफल (product of sum-POS)।

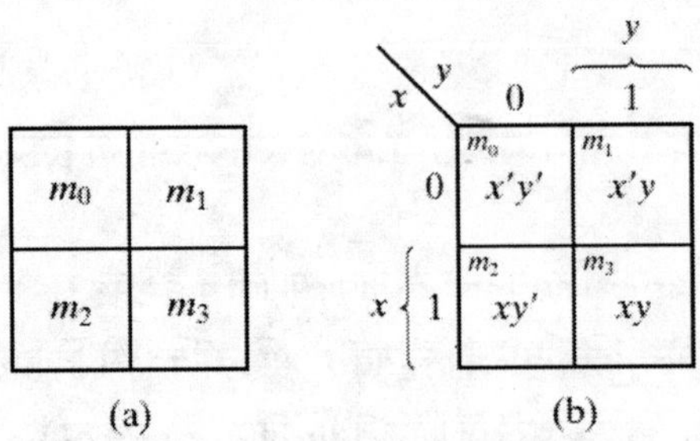

चित्र 1.2: द्वि -चर कार्नो मानचित्र

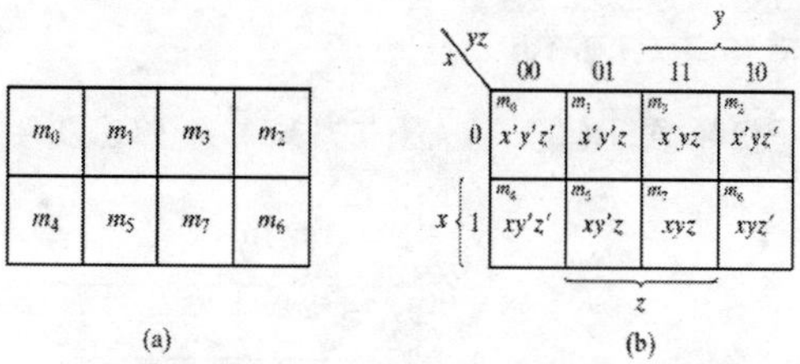

चित्र 1.3: त्रि चर कार्नो मानचित्र

- के- मानचित्र का उपयोग करके एक सरलीकृत SOP समाधान प्राप्त करने के लिए प्रक्रियाएं इस प्रकार हैं।
  i. अभिव्यक्ति को उसके मानक रूप में व्यक्त किया जाना चाहिए।
  ii. के-मानचित्र को डेटा से भरें । प्रत्येक गुणनफल पद के लिए, के-मानचित्र कोष्ठिका में "1" भरें और आसपास की कोष्ठिका में "0" प्रविष्ट करें । 'Don 't केयर पदों के लिए 'X' ' से भरें ।
  iii. निकटवर्ती '1' को संयोजित करके समूह बनाएं और यदि आवश्यकता हो तो समूह बनाने के लिए 'X' का उपयोग करें।
  iv. उस समूह में केवल सतत चरों का उपयोग करके अभिव्यक्त को लिखें।
  iv. देखें कि क्या किसी '1' को अंतिम अभिव्यक्ति में यदि समाहित नहीं किया है तो इसके लिए अल्पपद लिखें और अनावश्यक गुच्छित गुणनफल पदों को अंतिम अभिव्यक्ति से हटा दें ।
- समूह बनाने के लिए नियम

  समूह को 2i अल्पपद या अधिकतम पदों से तैयार किया जा सकता है।

उदाहरण: Y = AB + A'B + A'B' को सरल करें ।

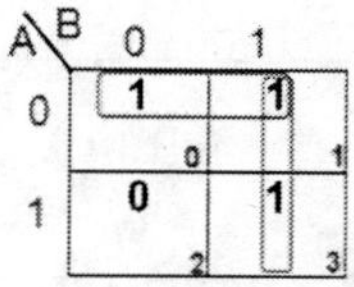

Y = B + A'

उदाहरण:

Y = ABC + AB'C + A'B'C' + A'BC' +AB'C' + ABC' को सरल करें ।

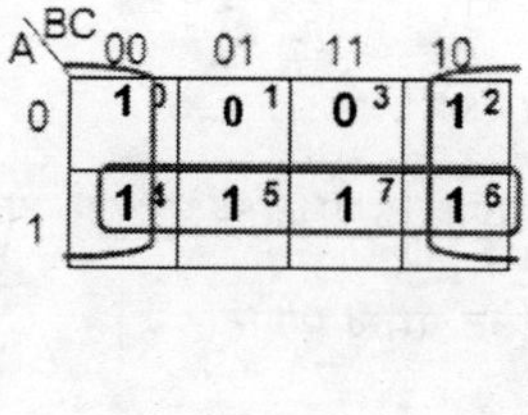

Y = C '+ A

- **उदाहरण:तर्क अभिव्यक्ति को सरल बनाएं**

  $Y = ABCD + A'BCD + A'BCD' + A'B'C'D' + AB'CD' + AB'C'D' + AB'CD' + ABCD'$

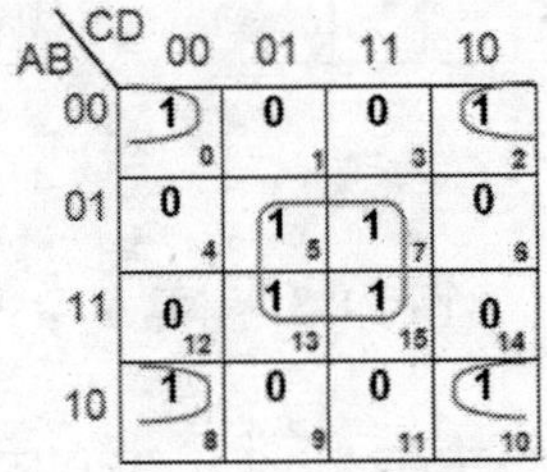

$Y = B'D' + BD$

- **के - मानचित्र का** अधिकतमपद **समाधान**

  i. अभिव्यक्ति के प्रत्येक योगपद के लिए "1" के बजाय के- मानचित्र कोष्ठिका में "0" भरे जाने चाहिए।

  ii. यह अनुशंसा की जाती है कि आवश्यकता पड़ने पर "0" और "Don't केयर "(X) के समूह बनाए जाएं ।

  iii. प्रत्येक समूह की बूलियन अभिव्यक्ति को गुणनफल पद(POS) की जगह योग पद(SOP) के रूप में लिखा जाना चाहिए।

  iv. किसी भी अनावश्यक समूह को हटाना होगा और किसी भी अधिकतम पद जिसे शामिल न गया हो उसे अंतिम अभिव्यक्ति में समाविष्ट करना होगा।

उदाहरण के लिए: $Y = (A' + B' + C') + (A + B + C') + (A + B' + C') + (A + B' + C')$

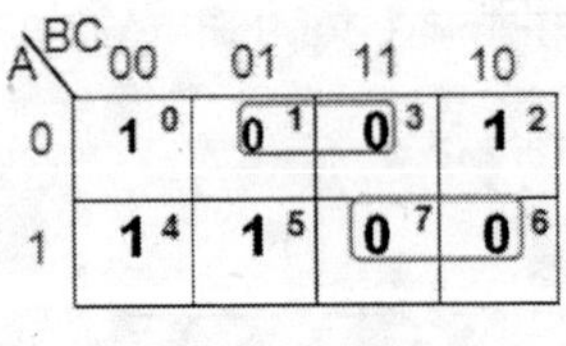

$Y = (A' + B').(A + C')$

1.6.1. प्रणोदक (Implicants) और इसका के - मानचित्र में उपयोग

प्रत्येक अल्प पद, जो फलन में '1' (अधिकतम पद जो '0' होता है) होता है, एक प्रणोदक है ।

उदहारण: फलन $F = PQ + PQR + QR$

यहाँ प्रणोदक PQ, PQR और QR हैं।

प्रमुख प्रणोदक (Prime Implicants)

के- मानचित्र में निहित सभी संभावित प्रणोदक या अल्प पद की जोड़ियों को प्रमुख प्रणोदक कहा जाता है ।

उदहारण: नीचे दिए चित्र में तीन संभावित प्रमुख प्रणोदक हैं।

आगे के पठन के लिए कृपया नीचे दिए गए क्यू आर कोड को स्कैन करें ।

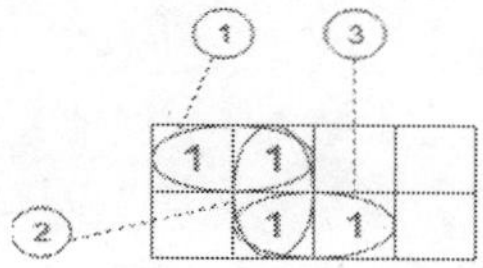

No. of Prime Implicants = 3

चित्र 1.4.अल्प पद फलन के लिए प्रणोदक

आवश्यक प्रमुख प्रणोदक (Essential Prime Implicants)-

इन समूहों में कम से कम एक अल्पपद (या एक अधिकतम पद, गुनान्फालों के योग (SOP) में) समाविष्ट होता है जो किसी अन्य प्रमुख प्रणोदक द्वारा समाविष्ट नहीं होता है ।

उदाहरण: यहाँ चित्र 1.4 में, 1 और 3 आवश्यक प्रमुख प्रणोदक हैं।

अनावश्यक प्रमुख प्रणोदक (Redundant Prime Implicants)-

यदि अल्पपद आवश्यक प्रमुख प्रणोदक में समाविष्ट हैं और फिर भी कुछ अधिक प्रमुख प्रणोदक और हैं, तो ये अतिरिक्त प्रमुख प्रणोदक **अनावश्यक प्रमुख प्रणोदक** (RPI)हैं।

उदाहरण: यहाँ चित्र 1.4. में, प्रमुख प्रणोदक 2, अनावश्यक मुख्य प्रणोदक है । अंतिम समाधान में इसकी आवश्यकता नहीं है क्योंकि इसके द्वारा समाविष्ट किए गए '1' पहले से ही आवश्यक प्रमुख प्रणोदकों 1 और 3 द्वारा समाविष्ट किए गए हैं।

चयनात्मक प्रमुख प्रणोदक (Selective Prime Implicants -SPI)

चयनात्मक प्रमुख प्रणोदक (SPI) अनावश्यक प्रमुख प्रणोदक होते हैं, लेकिन इनमें से कुछ अंतिम समाधान में समाविष्ट होते हैं।

उदहारण: नीचे दिए उदहारण में 1 और 2 चयनात्मक प्रमुख प्रणोदक हैं परन्तु न तो ये आवश्यक हैं न ही ये अनावश्यक हैं ।

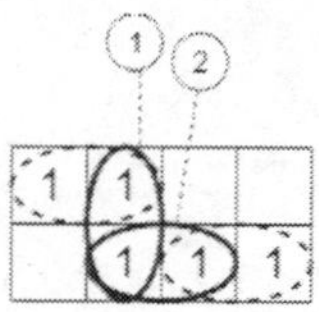

No. of Selective Prime Implicants = 2

उदाहरण : F =Σ (1,5,6,7,11,12,13,15),

कितने प्रणोदक हैं , PI,EPI ,RPI और SPI निकालें ।

समाधान -

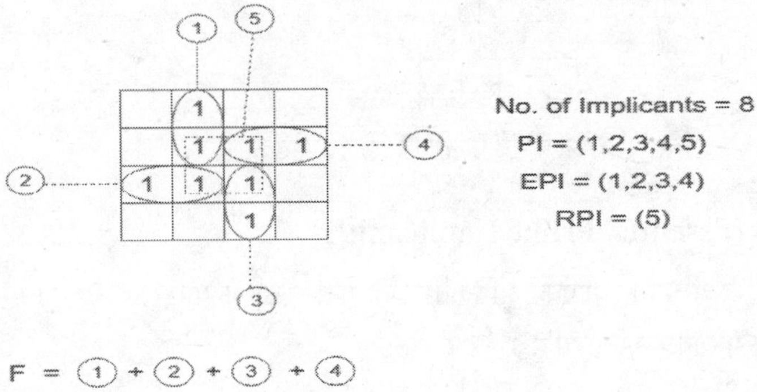

प्रणोदकों की संख्या = 8
प्रमुख प्रणोदकों की संख्या (PI) = 5
आवश्यक प्रमुख प्रणोदकों की संख्या(EPI) = 4
अनावश्यक प्रमुख प्रणोदकों की संख्या(RPI) = 1
चयनात्मक प्रमुख प्रणोदकों की संख्या(SPI) = 0

इकाई का सारांश

-अनुरूप संकेत समय और आयाम प्रक्षेत्र में निरंतर होते हैं, जबकि अंकीय संकेत समय प्रक्षेत्र में निरंतर होते हैं, लेकिन केवल '0' और '1' स्तर पर आयाम प्रक्षेत्र में।

-द्विआधारी संख्या प्रणाली का उपयोग प्रक्रमों द्वारा किया जाता है जबकि दशमलव संख्या प्रणाली का उपयोग मनुष्य द्वारा करना सरल है।

-द्विआधारी से अष्टाधारी रूपांतरण करने के लिए तीन बिट समूहीकृत करके उनकी समतुल्य अष्टाधारी संख्या लिखकर किया जा सकता है, समूह बनाना दशमलव से प्रारंभ करना होगा।

-द्विआधारी से षड्दशमलव रूपांतरण के लिए द्विआधारी संख्या के चार बिटों को समूहीकृत करके उसकी समतुल्य षड्दशमलव संख्या लिखकर किया जा सकता है, समूह को दशमलव से प्रारंभ करना होगा।

- कोई भी संख्या से दशमलव संख्या प्राप्त करने के लिए अंकों के स्थिति भार को उनके मानों से गुणा करते हैं ।

- बूलियन बीजगणित बूलियन फलन से संबंधित है।

- बुलियन बीजगणित, के- मानचित्र और क्विन मैकक्लेसकी किसी भी बूलियन फलन को न्यूनतम करने की विधियाँ हैं।

-के- मानचित्र, SOP रूप दे सकता है, यदि अल्पपद का उपयोग कर हल किया जाता है। '1'का समूहन।

-के- मानचित्र POS रूप दे सकता है, यदि अधिकतम पदों का उपयोग कर हल किया जाता है । '0' का समूहन।

-प्रणोदक का अर्थ है, कोई भी अल्प पद जो '1' है, प्रमुख प्रणोदक, प्रणोदकों का एक समूह है जो के-मानचित्र के नियमों द्वारा तैयार किया जाता है।

-आवश्यक प्रमुख प्रणोदक, कुछ चयनशील प्रणोदकों के साथ, सदा अंतिम समाधान का भाग - होते हैं ।

अभ्यास

-विषयों के साथ साथ उदाहरण दिए गए हैं।

बहुविकल्पीय प्रश्न

1. अंकीय इलेक्ट्रॉनिक्स में निरंतर अवर्ती वोल्टेज का उपयोग किया जाता है।

A. सत्य

B. असत्य

2. षट्दशमलव मूल्य 17 को दशमलव में रुपंतारित् करें।

A. 2210

B. 1710

C. 1110

D. 2010

3. किसी भी द्विआधारी संख्या का '2' का पूरक उसके '1' के पूरक में 1 जोड़कर प्राप्त किया जा सकता है।

A. सत्य

B. असत्य

4. $(C1)_{16}$ का द्विआधारी समतुल्य निकालें ।

A. 11000001

B. 1000111

C. 11100010

D. 11100001

5. $(010111100)_2$ की समतुल्य अष्टाधारी संख्या ढूंढें।

A. (782)8

B. (501)8.

C. (234)8 .

D. (274)8

6. चिन्ह के साथ जुड़ा एक बिट, धनात्मक द्विआधारी संख्या का प्रतिनिधित्व करता है।

A. सत्य

B. असत्य

7. $(45)_8$ का द्विआधारी समतुल्य क्या है?

A. 011010

B. 100101

C. 100101

D. 010100

8. द्विआधारी संख्या प्रणाली के लिए अंक समुच्चय कौन सा है?

A. {H, L}

B. {T, F}

C. {1,2}

D. {0,1}

9. एक अनुरूप संकेत की सीमा 0 से 5 V है। इस अंतराल में कुल मिलाकर कितने अलग अलग अनुरूप विन्यास हैं?

A. 15.

B. 500

C. 50

D. अनंत

10. द्विआधारी संख्या 11100101 का 2 का पूरक क्या है?

A. 00100110

B. 00011011

C. 11011000

D. 10010010

11. दशमलव अंश को द्विआधारी में रूपांतरित करने के लिए बार बार 2 से भाग देने की विधि का उपयोग किया जा सकता है।

A. सत्य

B. असत्य

12. षट्दशमलव 44 का $( )_2$ समतुल्य है

A. 01000100

B. 11101010

C. 11010001

D. 10101001

13. 1000 का '2' का पूरक ____________है

A. 1110

B. 1100

C. 0100

D. 1000

14. जब द्विआधारी से षट्दशमलव में रूपांतरण किया जाता है, तो 4 बिटों के समूहों को बनाने के लिए MSB के बाईं ओर शून्यों को जोड़ा जा सकता है।

A. सत्य

B. असत्य

15. बूलियन बीजगणित के क्रमविनिमेय गुणधर्म के अनुसार, A + B बराबर A.B ।

A. हाँ

B. नहीं

16. डी मॉर्गन के सिद्धांत का उपयोग करके यह अभिव्यक्ति $\overline{ABC}$ .... के बराबर है ।

A. $\overline{A} + \overline{B} + \overline{C}$

B. $\overline{A + B + C}$

C. $A + \overline{B} + C\overline{C}$

D. $A(B + C)$

17. यदि P'QR'S = 1, तो P, Q, R, और S के मान निकालें ।

A. P = 0, Q = 1, R = 0, S = 1,

B. P = 0, Q = 0, R = 0, S = 1

C. P = 1, Q = 1, R = 1, S = 1

D. P = 0, Q = 0, R = 1, S = 0

18. $PR + PQR = PR$

A. सत्य

B. असत्य

19. अभिव्यक्ति (expression) $\overline{\overline{(X + Y)} + \overline{Z}}$ को ______________ रूप में सरल किया जा सकता है।

A. $(X + Y)Z$

B. $(\overline{X} + \overline{Y})Z$

C. $(X + Y)\overline{Z}$

D. $(\overline{X} + \overline{Y})\overline{Z}$

20. $A(B + \overline{C} + D)$ इस अभिव्यक्ति को ______द्वारा दर्शाया जा सकता है ।

A. $AB + AC + AD$

B. $ABCD$

C. $A + B + C + D$

D. $AB + A\overline{C} + AD$

21. अभिव्यक्ति $\overline{(W + X + Y)Z}$ को ______________से दर्शाया जा सकता है।

A. $\overline{W}\,\overline{X}\,\overline{Y}\,\overline{Z}$

B. $\overline{WXY}\,Z$

C. $WXY\overline{Z}$

D. $\overline{W}\,\overline{X}\,\overline{Y} + \overline{Z}$

22. बूलियन बीजगणित का वितरण नियम है:

A. $(P. Q).R = P. (Q.R)$

B. $P + (Q. R) = (P + Q).(P+R)$

C. $P (Q+ R) = (P + Q),(P+R)$

B. $P + (QR) = (P + Q).R$

23. अभिव्यक्ति $\overline{A + B + C + D}$ को____________लिख सकते हैं ।

A. $\overline{A}\,\overline{B}\,\overline{C}\,\overline{D}$

B. $\overline{A} + \overline{B} + \overline{C} + \overline{D}$

C. $A + \overline{B} + \overline{C} + D$

D. $\overline{A} + B + C + \overline{D}$

24. बूलीयन बीजगणित में, $\overline{\overline{A}} = A$

A. हां।

B. नहीं।

25. निम्नलिखित में से कौन सी अभिव्यक्ति गुणन के विनिमेय नियम को सर्वोत्तम रूप से चित्रित करती है ?

A. P + Q = Q.P

B. P.Q = Q + P

C. P.Q = Q. P.

D. P.Q = PxQ

बहु विकल्पीय प्रश्नों के उत्तर

1.B, 2. A ,3. A, 4.A, 5. D, 6.B, 7. B, 8. D, 9.D, 10.B, 11. B, 12. A, 13.D, 14. A, 15. B, 16. A, 17.A, 18. A, 19. A, 20.D, 21. D, 22. B, 23. A, 24. A, 25.C.

लघु और दीर्घ उत्तरीय प्रश्न

1. निम्नलिखित के लिए द्विआधारी समतुल्य निकालें ।

   क. (E3FA)16 ख. (202)6 ग. (145)10 घ. (107)8.

2. डी मॉर्गन नियम का उपयोग कर इस अभिव्यक्ति को सरल करें F = (A + BC ')' + D' ।

3. द्विआधारी संख्या 110110101 के'2' एवं '1' के पूरक निकालें ।

4. सरल करें -

   a. A + AB b. A + (B.A') c. A + AB + AC + AC d. A + B + AB

संख्यात्मक प्रश्न

1. निम्नलिखित का रूपांतरण करें:

i. (101010)2 = ( )10

ii. (11100)2 = ( )10

iii. (10001)2 = ( )10

iv. (111)2 = ( )10

v. (10512.145)8 = ( )10

vi. (57.4)16 = ( )10

vii. (BAD)16 = ( )10

viii. (EBF1.A2)16 = ( )10

ix. (47)10 = ( )2

x. (1234.567)10 = ( )2

xi (394)10 = ( )8

xii. (832.91)10 = ( )8

xiii. (542)10 = ( )16

xiv. (176.32)10 =( )16

2. निम्नलिखित को सरल करें :

i.(P' + Q) (P '+ R') (P + R)

ii.P'.Q.R' + P.Q'.R' + P'.Q'.'R'

3. बूलीयन नियमों का उपयोग न्यूनतम करें।

i. F = P.Q.R + P '. Q + P.Q.R'

ii. P'.Q.R' + P.Q'.R' +P.Q.R' + P'.Q'.R'

iii. P.Q + P '. R + Q.R = P.Q + P'. R

iv. (P + Q).(P' + R).(Q + R) = (P + Q).(P' + R)

4. के-मानचित्र का उपयोग करके न्यूनतम करें ।

F = Q'R' + Q'S' + PQ' + PS + PR + RS'

5. के-मानचित्र का उपयोग करके न्यूनतम करें।

6. डी मॉर्गन के सिद्धांतों को लागू करें:

(a) (X + Y + Z)P

(b) XYZ + PQR

(c) XY + PQ + MN

7 निम्नलिखित को सरल बनाएं :

1- X.Y'+ X. (Y + Z) + Y. (Y + Z)

2- (X.Y'. (Z + Y.Z) + X'. Y').Z

3- X'.Y.Z + X.Y'.Z'+ X'.Y'. Z' + X.Y'Z +X.Y.Z

प्रायोगिक

प्रयोगशाला में क्या करें क्या न करें ।

1.प्रयोगशाला में पूरी तरह से तैयार होकर पहुंचें ।

2. उपकरणों को तार से जोड़ने से पहले, यह सुनिश्चित करें कि बिजली की आपूर्ति उपयुक्त है।

3. मापन की जाने वाली मात्रा के आधार पर, उचित सीमा के मापन उपकरणों का चयन करें ।

4. बिजली की आपूर्ति के बिना तारों को जोड़ें । परिपथ पर बिजली की आपूर्ति को चालू करने से पहले, कनेक्शनों की फिर से जाँच करें और इसे शिक्षक/अनुदेशक को दिखाएं।

5. केवल निदेशकों या शिक्षकों के अनुमोदन के साथ परिपथ को सक्रिय करें ।

6. प्रयोगों के बाद, तारों को अलग करें और उन्हें यथा स्थान पर रखें ।

7. प्रयोगशाला कर्मियों को सभी उपकरण लौटा दें ।

8. शॉक की स्थिति में तुरंत बिजली की आपूर्ति बंद करें ।

9.संबंधित प्रयोगों के साथ प्रदान किए गए निर्देशों का दृढ़ता से पालन करें।

10. शारीर, ज़मीन और मुख्य बिजली की आपूर्ति को नंगे हाथों से छूने से बचें ।

11. प्रयोगशाला में मोबाइल उपकरणों का उपयोग करने से बचें।

-प्रयोग अध्याय 2 से प्रारंभ होते हैं जब छात्रों को मूल द्वारों का ज्ञान होगा ।

-अंकीय आईसी का उपयोग करके प्रयोगशाला में अंकीय प्रयोग किए जा सकते हैं।

-VERILOG भाषा का उपयोग करके EDA प्लेग्राउंड वेबसाइट पर प्रयोग किए जा सकते हैं (ईमेल आईडी का उपयोग करके लॉगिन की आवश्यकता होती है)।

-प्रयोग आभासीय प्रयोगशाला में भी किये जा सकते हैं । आई आई टी मुंबई एवं आई आई टी खड़गपुर की आभासीय प्रयोगशालाओं के क्यू आर कोड नीच दिए गए हैं ।

QR code for Virtual - Lab IIT Bombay

QR code for Virtual - Lab IIT Kharagpur

-

अधिक जानें

अंकीय इलेक्ट्रॉनिक्स के लिए मूल निर्माण खंड पहले बीजेटी (BJT) था, लेकिन अब मोसफेट(MOSFET) सभी अंकीय तर्क के लिए प्रमुख घटक है। बीजेटी आधारित तर्क उच्च शक्ति (power) का उपयोग करने वाले थे, लेकिन MOSFET आधारित CMOS तर्क में आपातोपयोगी विधा में बहुत कम शक्ति की लगत , होती है यद्यपि गतिक शक्ति का उपयोग किया जाता है।

संदर्भ एवं पठनीय सुझाव

- Digital Design by M.Morris Mano and Michael D Ciletti, 5th edition, Pearson.

-Digital Electronic Circuits - Course (nptel.ac.in)

Dynamic QR Code for Further Reading

-QR codes embedded in the chapter

2 तर्क द्वार

इकाई विशेष

इस इकाई के माध्यम से हमने निम्नलिखित पहलुओं पर चर्चा की है:

- सकारात्मक और नकारात्मक तर्क
- सत्य सारणी (Truth table);
- तर्क द्वार(Logic gates): द्वारों का उपयोग करके बूलियन अभिव्यक्तियों और तर्क फलनों का प्रतीकात्मक प्रतिनिधित्व और सत्य सारणी कार्यान्वयन
- सार्वत्रिक द्वार (Universal gates), अभिव्यक्तियों का सरलीकरण

आगे जिज्ञासा और रचनात्मकता उत्पन्न करने के साथ साथ समस्या समाधान क्षमता में सुधार के लिए विषयों के व्यावहारिक अनुप्रयोगों पर चर्चा की गई है।

इसके अलावा बड़ी संख्या में बहुविकल्पीय प्रश्न एवं लघु और दीर्घ उत्तरीय प्रश्न जो कि ब्लूम के वर्गीकरण के निम्न और उच्च क्रम दो श्रेणियों में चिन्हित हैं, कई संख्यात्मक प्रश्नों के माध्यम से नियत कार्य , संदर्भों की सूची और पठनीय सुझाव इस इकाई में दिए गए हैं ताकि कोई भी उनके माध्यम से अभ्यास कर सके। यह ध्यान रखना महत्वपूर्ण है कि विभिन्न विषयों पर अधिक जानकारी प्राप्त करने के लिए विभिन्न अनुभागों में कुछ क्यूआर कोड प्रदान किए गए हैं जिन्हें संबंधित सहायक ज्ञान के लिए स्कैन किया जा सकता है।

सामग्री के आधार पर संबंधित प्रायोगिक कार्य के बाद , एक "अधिक जानें" नामक अनुभाग दिया गया है है। इस अनुभाग को सावधानी पूर्वक अभिकल्पित किया गया है ताकि इस भाग में प्रदान की गई पूरक जानकारी पुस्तक के उपयोगकर्ताओं के लिए लाभदायक हो। यह अनुभाग मुख्य रूप से प्रारंभिक गतिविधि, कुछ रोचक तथ्यों के उदाहरणों, सादृश्य, विषय के विकास के इतिहास और हाल के समय तक संबंधित विषयों के विकास से प्रारंभ होने वाली समयावली, हमारे दैनिक, वास्तविक जीवन के लिए विषय वस्तु के अनुप्रयोग या/और विभिन्न पहलुओं पर औद्योगिक अनुप्रयोग, पर्यावरणीय अध्ययन, निरंतरता, सामाजिक और नैतिक मुद्दों से संबंधित मामलों का अध्ययन , जो भी लागू हो, और अंत में इकाई के कौतुहल और जिज्ञासा उत्पन्न करने वाले विषयों पर प्रकाश डालता है ।

औचित्य (Rationale)

तर्क द्वारों पर यह मूल इकाई छात्रों को बूलियन तर्क अभिव्यक्तियों के बारे में प्राथमिक विचार प्राप्त करने में मदद करती है, जिसे तर्क अभिव्यक्तियों के रूप में भी जाना जाता है जो तर्क द्वारों का उपयोग करके कार्यान्वित की जाती हैं और जिसे अंकीय इलेक्ट्रॉनिक परिपथ भी कहा जाता है। संयोजनात्मक तर्क का सबसे मौलिक घटक है तर्क द्वार । तीन आधारीय या मूलभूत तर्कद्वार हैं-नॉट(NOT) द्वार, एंड(AND) द्वार और ऑर(OR) द्वार, । अन्य व्युत्पन्न द्वार हैं जैसे एक्सऑर (XOR)द्वार , एक्सनॉर (XNOR)द्वार , नेंड (NAND) द्वार और नॉर (NOR) द्वार , जो मूल द्वारों का उपयोग करके प्राप्त किए जाते हैं। यह अध्याय सभी अंकीय तर्क द्वारों और अन्य संबंधित उपकरणों, जैसे ड्राइवर, बफर आदि की मूलभूत कार्यक्षमताओं के बारे में बताता है। सभी संयोजनात्मक परिपथों को उपयुक्त बूलियन अभिव्यक्तियों, तर्क आरेख और सत्य सारणियों के द्वारा अधिकतर नियंत्रित किया जाता है। हल किए गए उदाहरणों का उपयोग अध्याय को प्रभावी ढंग से समझाने के लिए किया गया है।

पूर्वापेक्षित (Pre-Requisites)

मूल अवधारणा बूलियन तर्क और के- मानचित्र।

इकाई के आउटकम

इस इकाई के आउटकम की सूची इस प्रकार है:

U2-O1: द्वारों के सकारात्मक और नकारात्मक तर्क का वर्णन करना।

U2-O2: सत्य सरणी और इसका कार्यान्वयन ।

U2-O3: तर्कद्वार के प्रकारों का वर्णन करना (AND, OR, NOT, NOR, XNOR)।

U2-O4: तर्क द्वारों का प्रतीकात्मक प्रतिनिधित्व करना ।

U2-O5: अन्य द्वारों को सार्वत्रिक द्वारों के द्वारा स्पष्ट करना।

इकाई- 2 आउटकम	**इकाई आउटकम से वांछित मानचित्रण** (1-दुर्बल सहसंबंध; 2- मध्यम सहसंबंध ; 3- मज़बूत सहसंबंध)					
	CO-1	CO-2	CO-3	CO-4	CO-5	CO 6
U2-O1	1	3	3	-	-	1
U2-O2	2	3	3	2	-	-
U2-O3	3	3	3	2	-	1
U2-O4	2	3	3	2	-	1
U2-O5	3	3	3	2	-	1

सफलता छोटे प्रयासों का योग है, जो दिन रात दोहराए जाते हैं । अज्ञात

परिचय

प्रायः, जब निर्णय लेने की प्रक्रिया का उल्लेख किया जाता है, तो "तर्क" शब्द का उपयोग किया जाता है। इसलिए एक तर्क द्वार एक परिपथ है जो यह तय कर सकता है कि निवेश(input) के आधार पर **हां** या **नहीं** मिलेगा या नहीं। अंकीय तर्क स्तरों (0 और 1) को विशिष्ट पद्धतियों से द्वारों का उपयोग करके संयुक्त किया जाता है, जो कि परिपथ हैं। एक तर्क द्वार प्रत्येक अंकीय परिपथ के मूल निर्माण घटक के रूप में कार्य करता है। निर्गत को बूलियन बीजगणित प्रणाली एवं सम्बंधित सारणीबद्ध प्रतिनिधित्व की मदद से निवेशों के संदर्भ में व्यक्त किया जाता है जिसे सत्य सारणी के रूप में जाना जाता है। द्वार एक अंकीय परिपथ है जिसमें एकल निर्गत (output) संकेत होता है लेकिन एक या अधिक निवेश संकेत होते हैं। द्वार एक विद्युत स्विचिंग परिपथ है जो विशिष्ट तार्किक परिस्थितियों में निवेश संकेत के अनुप्रयोग को पारित होने देता है। NOT, AND और, OR द्वार, मूल द्वार होते हैं । सार्वत्रिक तर्क द्वार NAND और NOR , एक AND द्वार से बनाए गए हैं। AND द्वार के बाद NOT द्वार लगाने से NAND द्वार बनता है। इसी प्रकार OR द्वार के बाद एक NOT द्वार लगाने से NOR द्वार बनता है । विशिष्ट NOR द्वार, एक्सनॉर (XNOR) और विशिष्ट OR द्वार, एक्सऑर(XOR) द्वार दो अतिरिक्त मूल तर्क द्वार हैं।

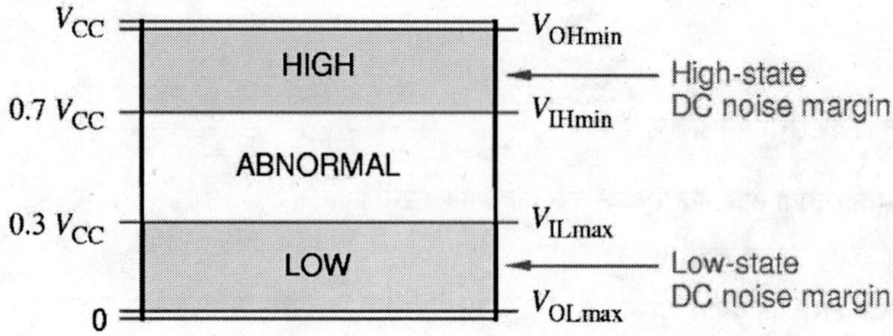

चित्र 2.1: CMOS उपकरणों के लिए तर्क स्तर और शोर मार्जिन

विभिन्न प्रकार के तर्क परिवार होते हैं जैसे CMOS- पूरक धातु ऑक्साइड अर्धचालक (semiconductor) (सबसे कम विद्युत् खपत), ECL या उत्सर्जक युग्मित तर्क (सबसे तेज), TTL-ट्रांजिस्टर ट्रांजिस्टर तर्क आदि। CMOS आधारित अंकीय परिपथों में समान संख्या में NMOS और PMOS दोनों होते हैं और अन्य तर्क परिवारों के बीच सबसे कम विद्युत् का उपयोग करते हैं, इसलिए, CMOS आधारित तर्क अधिक लोकप्रिय हैं। जैसा कि चित्र 2.1 में दिखाया गया है, तर्क स्तर '0' को वोल्टेज VOL से VIL तक लिया गया है और इसी प्रकार तर्क स्तर ' 1 ' या' उच्च को निवेश वोल्टेज स्तर VIH से VOH तक लिया गया है। इसलिए वास्तव में निवेश वोल्टेज के लिए सीमा निर्धारित कि गई है जैसे '0' या निम्न स्तर और '1' या उच्च स्तर । इस सीमा को शोर मार्जिन कहा जाता है। शोर मार्जिन (Noise Margin-NM)दो प्रकार के होते हैं - निम्न NM-NML = VIL - VOL और उच्च NM, NMH = VOH से VIH तक । यदि निवेश वोल्टेज VIL से VIHके बीच कहीं भी है, तो यह न तो '0' माना जाता है और न ही '1' माना जाता है तो VIL से VIH तक की इस सीमा को , निषिद्ध या या असामान्य सीमा के रूप में जाना जाता है। निषिद्ध सीमा का उपयोग अंकीय तर्क परिपथों में नहीं किया जाता है।

(a) Positive logic (b) Negative logic

चित्र 2.2 (a) सकारात्मक तर्क (b) नकारात्मक तर्क

2.1 सकारात्मक और नकारात्मक तर्क

जैसा कि चित्र 2.2 में दिखाया गया है , द्विआधारी चर या तो तर्क '0' या '1' की अवस्था में हो सकते हैं। अंकीय प्रणालियों में, जैसे कि प्रक्रमक में , इन तर्क अवस्थाओं को दो अलग अलग धारा या वोल्टेज स्तरों द्वारा दर्शाया जाता है जैसा कि चित्र 2.1 में दिखाया गया है। **यदि उच्च (वोल्टेज या करंट) स्तर H का उपयोग तर्क '1' का प्रतिनिधित्व करने के लिए किया जाता है और निम्न स्तर L का उपयोग तर्क '0' का प्रतिनिधित्व करने के लिए किया जाता है, तो इसे सकारात्मक तर्क प्रणाली के रूप में परिभाषित किया जाता है।** जबकि यदि निम्न **(वोल्टेज या करंट) स्तर L का उपयोग तर्क '1' का प्रतिनिधित्व करने के लिए किया जाता है और उच्च स्तर H का उपयोग तर्क '0' का प्रतिनिधित्व करने के लिए किया जाता है, तो इसे नकारात्मक तर्क प्रणाली के रूप में परिभाषित किया जाता है।** चित्र 2.2 सकारात्मक और नकारात्मक दोनों तर्क प्रणालियों का प्रतिनिधित्व करता है।

चित्र 2.3, सकारात्मक और नकारात्मक तर्क द्वार ,सत्य सारणी और प्रतीकात्मक आरेखों का प्रतिनिधित्व करता है। यहाँ नकारात्मक तर्क OR द्वार में निवेश और निर्गत पर छोटे त्रिकोण हैं जो यह दर्शाते हैं कि यह एक नकारात्मक तर्क द्वार है। इसके अलावा, चित्र 2.3 से यह निष्कर्ष निकाला जा सकता है कि सकारात्मक तर्क में AND द्वार (1 => उच्च वोल्टेज स्तर) नकारात्मक तर्क में OR द्वार के समान है (0 => उच्च वोल्टेज स्तर)। इसी प्रकार सकारात्मक तर्क में OR द्वार के लिए उपयुक्त किये हार्डवेयर का उपयोग नकारात्मक तर्क AND द्वार का प्रतिनिधित्व करने के लिए किया जा सकता है और NOR सकारात्मक तर्क द्वार NAND नकारात्मक तर्कद्वार के समान है और इसका विपरीत भी सत्य है।

x	y	z
0	0	0
0	1	0
1	0	0
1	1	1

(a) Truth table for positive logic

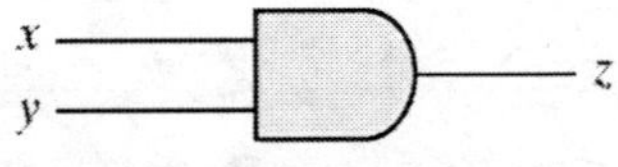

(b) Positive logic AND gate

x	y	z
1	1	1
1	0	1
0	1	1
0	0	0

(c) Truth table for negative logic

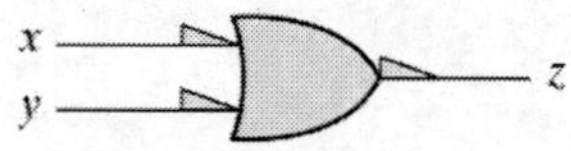

(d) Negative logic OR gate

चित्र 2.3(a),(b) सकारात्मक तर्क AND द्वार और (c),(d) नकारात्मक तर्क OR द्वार के लिए सत्य सारणी और प्रतीकात्मक आरेख

A	B	A and B	A or B
T	T	T	T
T	F	F	T
F	T	F	T
F	F	F	F

T=true F=false

Truth Table

C	B	A	Q
0	0	0	0
0	0	1	0
0	1	0	0
0	1	1	0
1	0	0	0
1	0	1	0
1	1	0	0
1	1	1	1

चित्र 2.4 (a) द्वि -निवेश तर्क प्रणाली के लिए AND, OR की सत्य सारणी (b) त्रि -निवेशAND तर्क प्रणाली के लिए सत्य सारणी

2.2 सत्य सारणी

सत्य सारणी किसी भी बूलियन तर्क परिपथ का प्रतिनिधित्व करने का एक माध्यम है, प्रतिनिधित्व करने के अन्य तरीके बूलियन अभिव्यक्तियाँ और तर्क आरेख हैं। **n-निवेश तर्क परिपथ में 2^n निवेश प्रविष्टियाँ होंगी और हर प्रविष्टि के अनुसार निर्गत** । बूलियन अभिव्यक्ति निर्गत को निवेश तर्क चरों में अभिव्यक्त करने के लिए एक तर्क समीकरण है । इस प्रकार, जब केवल एक द्विआधारी निवेश चर होता है तो , दो (2^1) संभावित निवेश- "0" और "1" हो सकते हैं । यदि मात्र दो निवेश हों , तो चार, (2^2) संभावित निवेश संयोजन होते हैं, अर्थात्, 00, 01,10 और 11 । दो- निवेश प्रणाली की सत्य सारणी चित्र 2.4 (a) में मूल AND द्वार और OR द्वार के लिए दिखाई गई है । एक त्रि-निवेश तर्क परिपथ की सत्य सारणी चित्र 2.4(b) में दिखाई गई है जिसमे में 8 ($= 2^3$) पंक्तियाँ हैं, यहाँ निर्गत Q = 1 है केवल तब , जब तीनों निवेशों का मान '1' है । इस प्रकार यह त्रि-निवेश एंड द्वार की सत्य सारणी है। सत्य सारणी से अंतिम अभिव्यक्ति का पता लगाने के लिए हम इसे के- मानचित्र का उपयोग कर अल्पपद(SOP रूप) या अधिकतम पद (POS रूप)के द्वारा हल कर सकते हैं।

2.3 तर्क द्वार

प्रक्रमक /कंप्यूटर जैसी प्रत्येक अंकीय प्रणाली में तर्क द्वार मूल निर्माण घटक के रूप में होता है। हालांकि किसी भी बूलियन तर्क अभिव्यक्ति को सरल बनाने के लिए, बूलियन बीजगणित नियमों का पालन किया जाता है, लेकिन किसी भी अंकीय तर्क प्रणाली में इन तर्क अभिव्यक्तियों के वास्तविक कार्यान्वयन के लिए छोटे तर्क परिपथों का उपयोग किया जाता है जिन्हें तर्कद्वार कहते

हैं। ये कुल 8 तर्कद्वार हैं- AND, OR, NOT, XOR, XNOR, NAND, NOR और बफर । **NOT द्वार , OR द्वार , और AND द्वार , तीन मूल तर्क द्वार हैं**, क्योंकि इन तीन द्वारों का उपयोग करके किसी भी बूलियन तर्क अभिव्यक्ति को कार्यान्वित किया जा सकता है। **NAND और NOR द्वार दो सार्वत्रिक द्वार हैं** क्योंकि मात्र NAND का उपयोग करके अथवा मात्र NOR द्वार का उपयोग किसी भी बूलियन अभिव्यक्ति को दर्शाया जा सकता है । XOR और XNOR द्वार व्युत्पन्न द्वार हैं, जबकि बफर मात्र, एक के पीछे एक लगे हुए दो NOT द्वारों से बना होता है । बफर का उपयोग मुख्य रूप से विलंब प्रदान करने के लिए किया जाता है। XOR और XNOR का उपयोग मुख्य रूप से निवेश बिट समुच्चय में '1' की सम या विषम संख्या को खोजने के लिए किया जाता है। इन सभी द्वारों का उल्लेख नीचे किया गया है।

कृपया ध्यान दें, जब तक निर्दिष्ट न हो, सभी तर्क द्वारों में सकारात्मक तर्क ही माना जाए। यह भी ध्यान दें कि सभी तर्क द्वारों का प्रतिनिधित्व सदा बड़े अक्षरों में किया जाता है। चित्र 2.6 सभी द्वारों , बूलियन अभिव्यक्तियों, प्रतीकों और सत्य सरणियों का प्रतिनिधित्व करता है।

2.3.1 AND द्वार

AND द्वार में एक निर्गत और दो/अधिक निवेश बिट होते हैं। AND द्वार में , निर्गत उच्च रहेगा यदि सिर्फ और सिर्फ , सभी निवेश बिट उच्च होंगे , अन्यथा निर्गत निम्न होगा । सकारात्मक तर्क AND द्वार का निर्गत '1' होगा यदि सिर्फ और सिर्फ उसके सभी निवेश '1' हों अन्यथा, निर्गत '0' होगा । चित्र 2.3 (a), (b) दो निवेश AND द्वार के लिए सत्य सारणी और तर्क प्रतीक को क्रमशः दर्शाते हैं और चित्र 2.6. , z = x.y में , x और y की AND संक्रिया दर्शाई गई है। यहाँ, z निर्गत है, और x और y निवेश तर्क चर हैं। इसी प्रकार, चित्र 2.4 (b), तीन निवेशों के लिए AND द्वार की सत्य सारणी को दर्शाता है। दी गई सत्य सारणी के अनुसार निर्गत Q = ABC है । इस निर्गत को प्राप्त करने के लिए इसे के - मानचित्र का उपयोग कर हल किया जा सकता है।

Y = AB (2 निवेश के लिए), Y = ABC (3 निवेश के लिए के लिए)
$Y = A1.A2.....A_n$. (n-निवेशों के लिए- सामान्यीकृत),
जहाँ A, B, C या A_i निवेश हैं।

Scan to know more about Gates

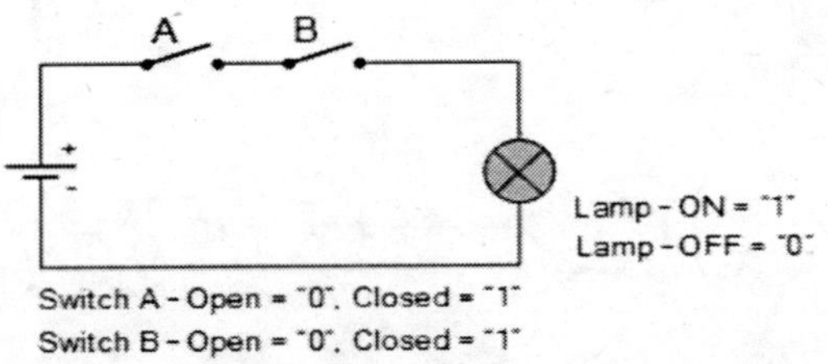

चित्र 2.5: द्वि निवेश AND द्वार की विद्युत समानता

Name	Graphic symbol	Algebraic function	Truth table
AND	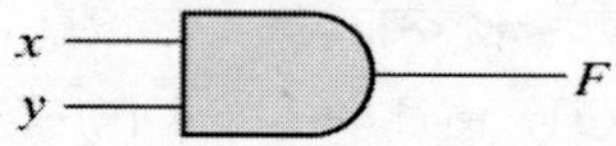	$F = x \cdot y$	x y | F 0 0 | 0 0 1 | 0 1 0 | 0 1 1 | 1
OR	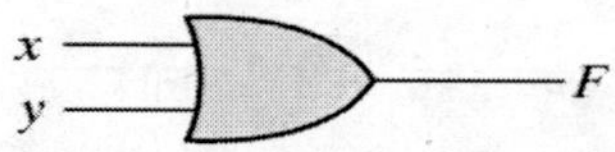	$F = x + y$	x y | F 0 0 | 0 0 1 | 1 1 0 | 1 1 1 | 1
Inverter	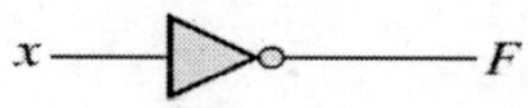	$F = x'$	x | F 0 | 1 1 | 0
Buffer	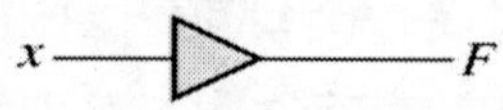	$F = x$	x | F 0 | 0 1 | 1
NAND		$F = (xy)'$	x y | F 0 0 | 1 0 1 | 1 1 0 | 1 1 1 | 0
NOR	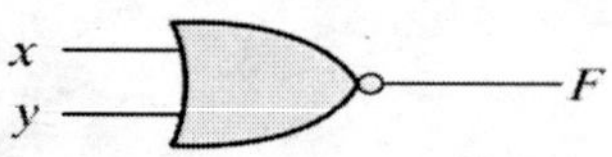	$F = (x + y)'$	x y | F 0 0 | 1 0 1 | 0 1 0 | 0 1 1 | 0
Exclusive-OR (XOR)	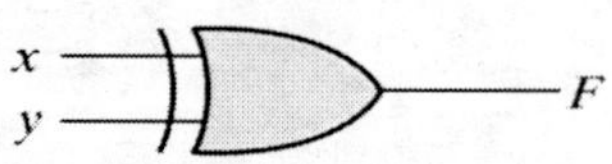	$F = xy' + x'y$ $= x \oplus y$	x y | F 0 0 | 0 0 1 | 1 1 0 | 1 1 1 | 0
Exclusive-NOR or equivalence	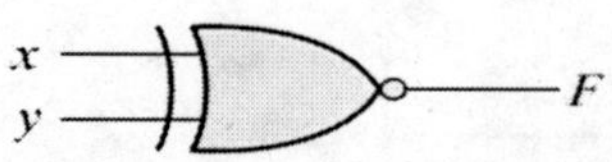	$F = xy + x'y'$ $= (x \oplus y)'$	x y | F 0 0 | 1 0 1 | 0 1 0 | 0 1 1 | 1

चित्र 2.6 तर्क द्वार, तर्क द्वार के प्रतीक , तर्क अभिव्यक्तियाँ और सत्य सारणी

अधिक जानें -यदि हम OR और AND द्वार की मूल परिभाषाओं के लिए एक नकारात्मक तर्क प्रणाली लागू करते हैं, तो हमें एक अद्भुत खोज मिलती है। हम पाते हैं कि एक नकारात्मक तर्क प्रणाली का AND द्वार सकारात्मक तर्क प्रणाली का OR द्वार होता है । इसके अतिरिक्त, एक नकारात्मक OR द्वार एक सकारात्मक AND होता है ।

विद्युत अनुरूप :

चित्र 2.5 में विद्युत अनुरूप दिया गया है। जब दोनों स्विच बंद होते हैं (=> निवेश A = '1' और B = '1'), तो बल्ब को करंट मिलता है, और **निर्गत '1' (=> बल्ब जल रहा है) होता है**। यदि किसी भी स्विच को खुला छोड़ दिया जाता है (=> या तो A = '0' या B = '0'),तब परिपथ एक खुला परिपथ बन जाता है और बल्ब बंद रहता है, इसका अर्थ है कि निर्गत '0' है।

2.3.2 OR द्वार

दो निवेश वाले ऑर द्वार के लिए तार्किक अभिव्यक्ति को Y = A + B के रूप में दर्शाया जाता है, जिसे Y = A OR B के रूप में पढ़ा जाता है ,जहाँ A, B निवेश हैं और Y निर्गत है। OR द्वार में एक निर्गत और दो/अधिक निवेश हो सकते हैं। OR द्वार का निर्गत निम्न रहेगा यदि सभी निवेश निम्न हैं, अन्यथा निर्गत अन्य सभी निवेश विन्यास के लिए उच्च होता है। इसलिए सकारात्मक तर्क OR द्वार के लिए यदि सभी निवेश '0' पर हैं तो निर्गत तर्क '0' है, अन्यथा निर्गत अन्य सभी संभावित निवेश संयोजनों के लिए एक '1' के तर्क पर होता है। चित्र 2.6 द्वि निवेश ऑर द्वार का प्रतीक, तार्किक अभिव्यक्ति और सत्य सारणी दर्शाता है । द्वि निवेश OR द्वार के लिए तर्क कथन F = x + y है। इसी प्रकार त्रि निवेश OR द्वार चित्र 2.7 में दर्शाया गया है जहाँ Q = A + B + C

Symbol

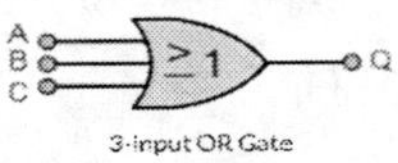

Truth Table

C	B	A	Q
0	0	0	0
0	0	1	1
0	1	0	1
0	1	1	1
1	0	0	1
1	0	1	1
1	1	0	1
1	1	1	1

Boolean Expression Q = A+B+C

Read as A OR B OR C gives Q

चित्र 2.7: त्रि निवेश OR द्वार के प्रतीक और सत्य सारणियाँ

विद्युत अनुरूप:जब दोनों स्विच खुले होते हैं (=> AB = 00), तो करंट बल्ब से प्रवाहित नहीं होता है, जिससे निर्गत पर '0' मिलता है। यदि दो स्विच में से कोई एक बंद है या दोनों स्विच बंद हैं अर्थात AB = 01,10 या 11, तो यह विद्युत प्रवाह को

शार्ट सर्किट /छोटे परिपथ के माध्यम से प्रवाहित करने की अनुमति देता है जैसा कि चित्र 2.8 में दिखाया गया है । इस प्रकार से बल्ब चालू (=>निर्गत '1' है) हो जाता है। इस तरह OR द्वार की सत्य सारणी का सत्यापन किया गया ।

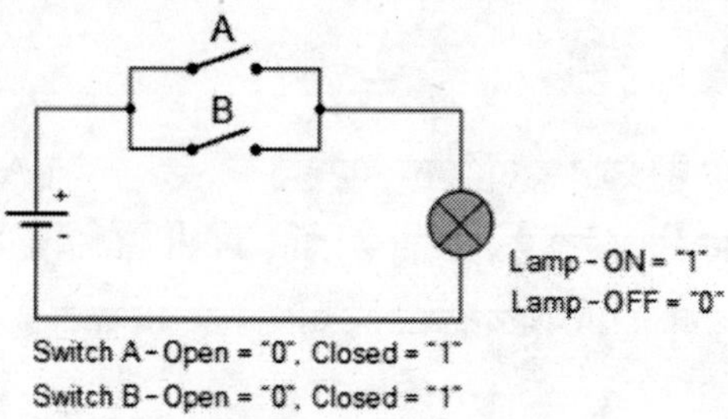

चित्र 2.8 OR द्वार का विद्युत अनुरूप

2.3.3 इनवर्टर या NOT द्वार

एकल निवेश और निर्गत वाला एक तर्क द्वार जो सदैव निवेश का पूरक ही देता है वह NOT द्वार के रूप में जाना जाता है । नतीजतन, निम्न निवेश देने पर उच्च निर्गत मिलता है, और इसका विपरीत भी सत्य है । NOT द्वार को इनवर्टर के रूप में भी जाना जाता है, क्योंकि यह निवेश बिट का पूरक देता है । एक सकारात्मक तर्क प्रणाली वह है जिसमें निवेश पर एक '0' तर्क देने पर परिणाम स्वरूप निर्गत पर '1' मिलता है और इसका विपरीत भी सत्य है । यह "उत्क्रम परिपथ" या "पूरक परिपथ" के नाम से भी जाना जाता है। चित्र 2.9 में NOT द्वार के लिए सत्य सारणी , परिपथ चिन्ह , और प्रतीक दिए गए हैं।

तर्क चर X पर NOT प्रचालन के लिए प्रतीक $\overline{X}$ है (कुछ अन्य निरूपण X' या ! X या ~ X हैं)। ऐसा भी कह सकते हैं कि यदि X, NOT परिपथ के लिए निवेश है, तो निर्गत , $Y = \overline{X}$ द्वारा निर्धारित किया जाता है, जो Y= NOT X के बराबर होता है। नतीजतन, यदि X = 1 है तो Y = 0 और इसके विपरीत।

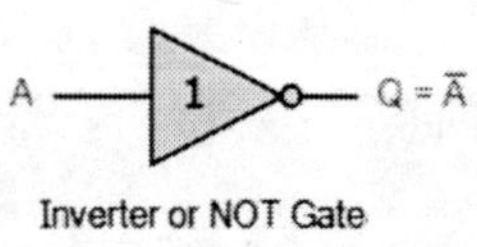

Switch	Output
1	0
0	1
Boolean Expression	not-A or $\overline{A}$

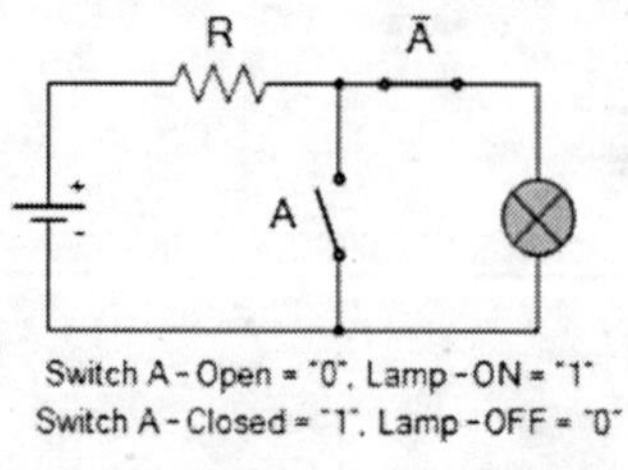

चित्र 2.9 NOT द्वार का प्रतीक, सत्य सारणी और विद्युत अनुरूप

उदहारण 2.1

निम्नलिखित सत्य सारणी के लिए AND और OR द्वारों का उपयोग कर द्वार संयोजन करें ।

A	B	C	Y
1	0	1	1
0	1	0	0
1	1	1	1
1	0	0	0
0	1	1	0
0	0	1	0

ABC = 000 और 110 ये संयोजन सारणी में नहीं हैं इसलिए इनके स्थान पर 'x' या 'dont care' का प्रयोग करें ।

उत्तर एवं स्पष्टीकरण : Y=AC

विधि-1-सारणी का विश्लेषण कर आप देखेंगे कि जब भी A शून्य है, तो Y भी निश्चित रूप से शून्य ही है। मतलब A का अन्य निवेशों से गुणा होकर Y मिल रहा है । और आगे यदि A= 1 'है तो C=1 है और Y= भी '1' है

Y=A.C

विधि-2- वैकल्पिक विधि बूलियन न्यूनीकरण है।

$Y=m_5 +m_7 +d(m_0+m_6)$ या

Y = AB'C + ABC = AC

विधि-3- के -मानचित्र डोन्ट केयर के साथ यदि आवश्यकता हो तो ।

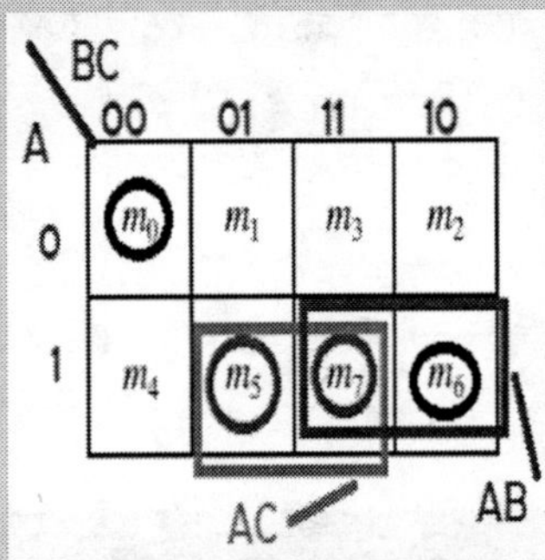

'AC' इस युगल में दोनों न्यूनतम पद हैं इसलिए डोन्ट केयर की आवश्यकता नहीं है । अतः न्यूनीकृत अभिव्यक्ति इस प्रकार है-

Y = AC

उदहारण 2.2

क्या NAND द्वार का NOT द्वार की तरह उपयोग किया जा सकता है ?

उत्तर एवं स्पष्टीकरण :हाँ

एक विशिष्ट द्वि निवेश NAND द्वार का निर्गत, दो निवेश , A और B के AND को NOT करके प्राप्त होता है। तो यदि हम दोनों निवेशों A और B को(मान लीजिए A) को बराबर कर देंगे तो निर्गत मात्र A का NOT होगा । इसे एक निवेश को स्थाई रूप से सत्य(1) बनाकर भी प्रप्त किया जा सकता है ।

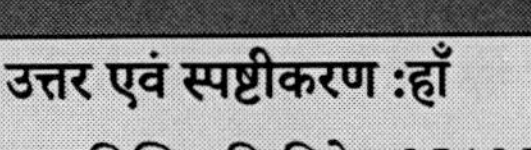

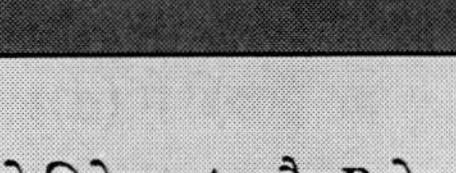

उदहारण 2.3	
NOR द्वार से NOT द्वार कैसे प्राप्त किया जा सकता है, बताएं ?	**उत्तर एवं स्पष्टीकरण:**उपर्युक्त NAND एवं NOT द्वार के उदहारण में जैसा समझाया गया है उसी तर्क से NOR द्वार को NOT द्वार में परिवर्तित किया जा सकता है, मात्र दोनों निवेशों को समान करके या एक निवेश को स्थायी रूप से गलत (0) बनाकर । 

विद्युत अनुरूप:

निवेश = 0 (तार A खुला और A' 'बंद) होने पर बल्ब के माध्यम से करंट प्रवाहित होता है और यह निर्गत = '1' देता है। एक बार स्विच चालू (A = 1) हो जाने के बाद, संपूर्ण करंट करंट परिपथ से प्रवाहित होता है, जबकि थोड़ी मात्रा में करंट बल्ब से होकर प्रवाहित होता है। इसलिए निर्गत '0' के बराबर है।

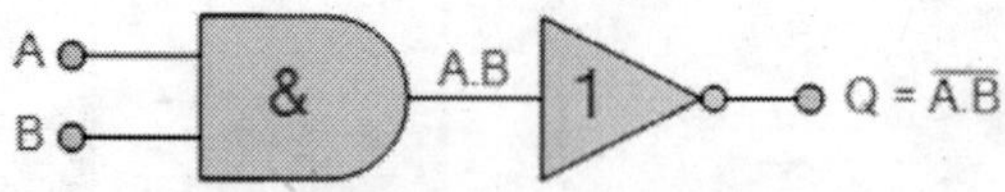

2-input "AND" gate plus a "NOT" gate

Symbol	Truth Table		
	B	A	Q
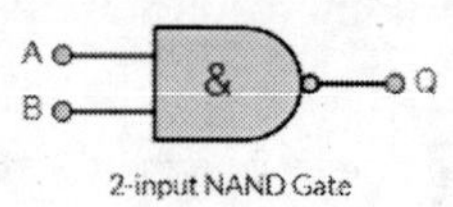	0	0	1
	0	1	1
	1	0	1
	1	1	0
Boolean Expression Q = $\overline{A.B}$	Read as A AND B gives NOT Q		

चित्र 2.10 NAND द्वार का प्रतीक और सत्य सारणी

2.3.5 NAND द्वार

NAND, NOT-AND का एक संक्षिप्त नाम है, सत्य सारणी और NAND द्वार के प्रतीकात्मक आरेख चित्र 2.10 में दर्शाए गए हैं। यदि एक AND द्वार की सत्य सारणी की निर्गत प्रविष्टियों का पूरक लेते हैं तो एक NAND द्वार की सत्य सारणी बनाई जा सकती है, चित्र 2.10 । यहाँ, निर्गत केवल तभी तर्क "0" पर है जब प्रत्येक NAND द्वार का निवेश तर्क "1" पर है, अन्य सभी मामलों में निर्गत तर्क'1' पर है। Y = (A. B)' या Y NAND द्वार की तर्क अभिव्यक्ति है।

एक n- निवेश NAND बूलियन समीकरण को इस प्रकार दर्शाया जाता है -

Y =

विद्युत अनुरूप :

विद्युत अनुरूप चित्र 2.11 में प्रस्तुत किया गया है। जब दोनों स्विच बंद हो जाते हैं अर्थात AB = 11, करंट छोटे परिचालित (short circuit) चैनल के माध्यम से प्रवाहित होता है लेकिन बल्ब के माध्यम से नहीं, जिसके परिणाम स्वरूप '0' का निर्गत मिलता है, जिसका अर्थ है कि बल्ब नहीं जलता । यदि कोई स्विच खुला छोड़ दिया जाता है, तो बल्ब (=>निर्गत = '1') जलता है, और करंट को बल्ब से प्रवाहित होने देता है।

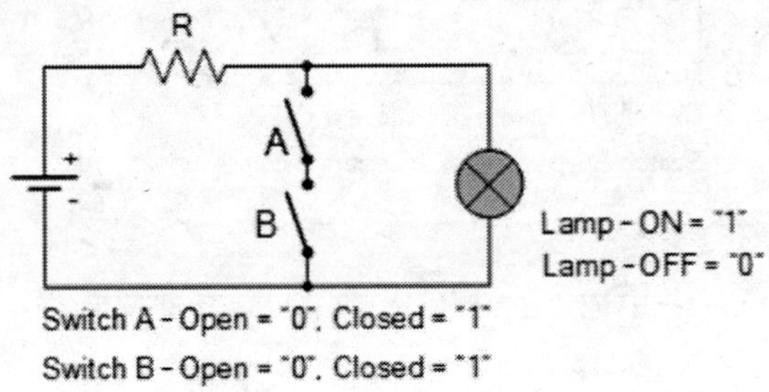

चित्र 2.11 NAND द्वार का विद्युत अनुरूप

2.3.6 NOR द्वार

NOR, NOT-OR का एक संक्षिप्त प्रस्तुतीकरण करता है। यह एक NOR द्वार है, जब NOT द्वार को OR द्वार के आगे जोड़ा जाता है जैसा कि चित्र 2. 12. में दिखाया गया है। OR द्वार के निर्गत को केवल उलटकर (पूरक लेकर), NOR द्वार की सत्य सारणी बना सकते हैं । NOR द्वार के लिए सत्य सारणी , तर्क चिन्ह चित्र 2. 12 में दिखाए गए हैं। . NOR द्वार निर्गत '1' देता है जब NOR द्वार के सभी निवेश '0' होते हैं, अन्यथा, अन्य सभी निवेश संयोजनों के लिए निर्गततर्क '0' होता है। NOR द्वार के लिए तार्किक अभिव्यक्ति को Y = (A + B)' के रूप में दर्शाया जाता है। एक n- निवेश NOR द्वार को इस प्रकार वर्णित किया जा सकता है।

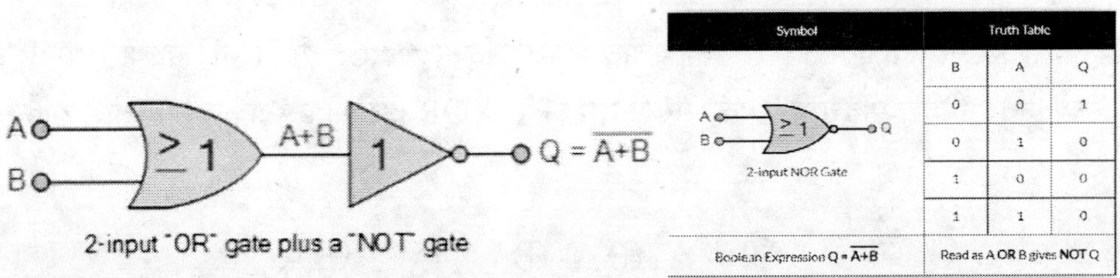

चित्र 2.12 द्वि निवेश NOR द्वार का तर्क चिन्ह और सत्य सारणी

विद्युत अनुरूप:

जब दोनों स्विच खुले होते हैं (यानी, AB = 00), धारा बल्ब से प्रवाहित होती है और निर्गत पर उच्च या '1' मिलता है जैसा कि चित्र 2. 13. में दिखाया गया है । यदि दोनों निवेशों में से कोई एक उच्च है, तो धारा बल्ब से प्रवाहित नहीं होगी, जिससे '0' निर्गत उत्पन्न होगा। इसलिए NOR संक्रिया का सत्यापन किया जा सकता है।

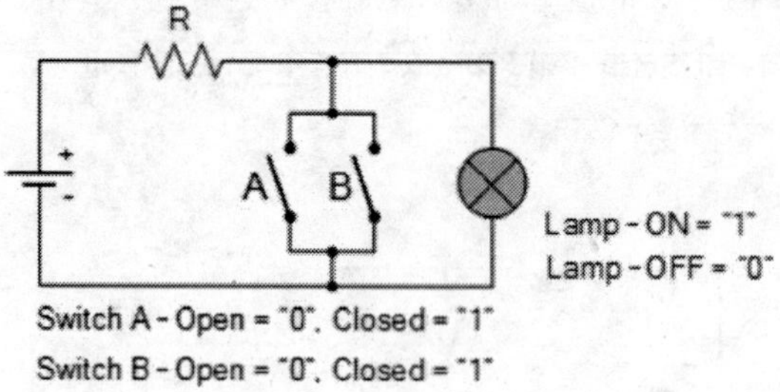

चित्र 2.13 NOR द्वार का विद्युत अनुरूप

2.3.7 एक्सक्लूसिव ऑर (EXCLUSIVE-OR) द्वार

दो निवेश और एक निर्गत से एक्सक्लूसिव ऑर द्वार बनता है , जिसे कभी कभी XOR द्वार भी कहा जाता है। दो निवेश वाले XOR द्वार के लिए सत्य सारणी और तर्क चिन्ह चित्र 2. 14. में दिखाए गए हैं। दो निवेश XOR द्वार की सत्य सारणी के अनुसार, एक XOR द्वार तर्क '1' देता है जब भी निवेश एक दूसरे से भिन्न होते हैं और यदि वे समान होते हैं तो तर्क '0' मिलता है। XOR द्वारों में दो से अधिक निवेश हो सकते हैं। लेकिन बहु निवेश XOR तर्क कार्यों का निर्माण एक से अधिक दो निवेश द्वार नियोजित कर करना संभव है। दो निवेश वाले XOR द्वार को नीचे दिए गए तर्क समीकरण से दर्शाया जा सकता है –

$$Y = A \oplus B$$

एक n- निवेश XOR तर्क, निर्गत '1' देता है यदि निवेश सदिश(vector) में '1' की संख्या विषम है और , तर्क '0' देता है जब निवेश निवेश सदिश में '1' की संख्या सम हो । XOR द्वार को इस प्रकार तर्क अभिव्यक्ति से दर्शाया जा सकता है -

$$Y = A_1 \oplus A_2 \oplus \ldots\ldots\ldots \oplus A_n$$

इसलिए यहाँ पूर्ण निवेश अनुक्रम में '1' की संख्या गिनी जाएगी । उदाहरण के लिए, त्रि-निवेश XOR द्वार में निवेश अनुक्रम 001,010,100,111, निर्गत उच्च देगा क्योंकि '1' की संख्या गिनती में या तो एक या तीन है (निवेश अनुक्रम में विषम संख्या)।

2.3.8 एक्सक्लूसिव नॉर (EXCLUSIVE-NOR) द्वार

एक्सक्लूसिव नॉर नामक एक तर्क द्वार, जिसे XNOR के रूप में भी संदर्भित किया जाता है, एक्सऑर द्वार के परिणाम का पूरक करके प्राप्त किया जाता है। संक्षिप्त में इसका अर्थ है XOR का NOT। चित्र 2.15 इसकी सत्य सारणी के साथ साथ तर्कद्वार चिन्ह भी दिखाता है। XOR द्वार की निर्गत प्रविष्टियों का पूरक लेकर , XNOR द्वार की सत्य सारणी बनाई जाती है । तार्किक रूप से इसे इस रूप में दर्शाया जाता है:

$$Y = A \odot B = A.B + \overline{A}.\overline{B}$$

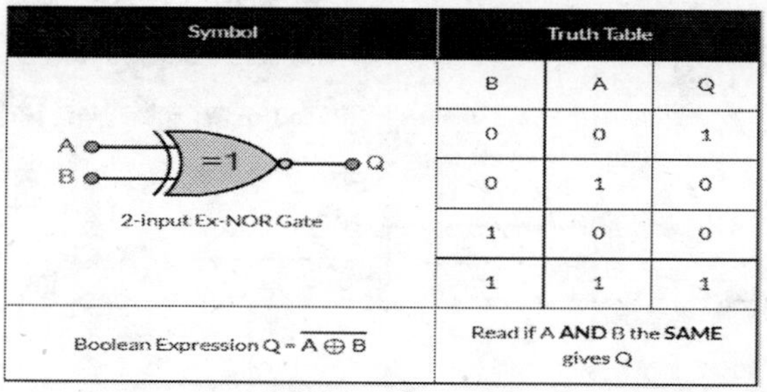

B	A	Q
0	0	1
0	1	0
1	0	0
1	1	1

चित्र 2.14 द्वि निवेश XOR द्वार का प्रतीक एवं सत्य सारणी

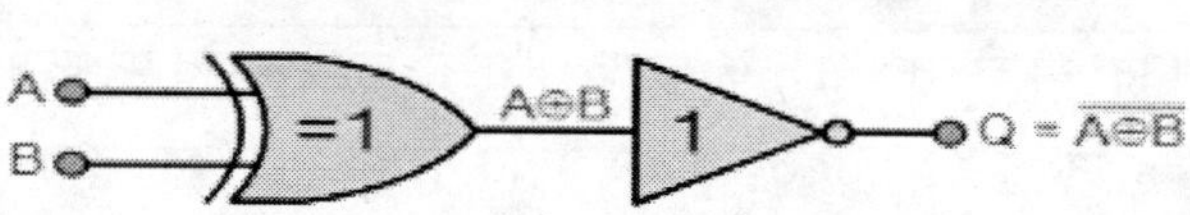

चित्र 2.15: द्वि निवेश XNOR द्वार का परिपथ प्रतीक और द्वि निवेश XNOR द्वार की सत्य सारणी

उदहारण 2.4	
एक तर्क द्वार ढूँढिये जो कि परिपथ के बिंदुओं C, D, और Q पर तार्किक संचालनों के लिए एक सत्य सारणी बनाने के बाद पूर्ण परिपथ को प्रतिस्थापित कर सकता है।	**उत्तर और स्पष्टीकरण:** क्योंकि परिपथ में केवल 2 निवेश, A और B होते हैं, इसलिए केवल 4 संभावित निवेश संयोजन (कुल 2^2) होते हैं, और ये 0-0,0-1, 1-0,और 1-1 होते हैं। यहाँ सत्य सारणी , जो प्रत्येक द्वार से तार्किक फलनों को सारणीबद्ध कर बनाई गई थी, पूर्ण तर्क परिपथ का प्रतिनिधित्व करती है।

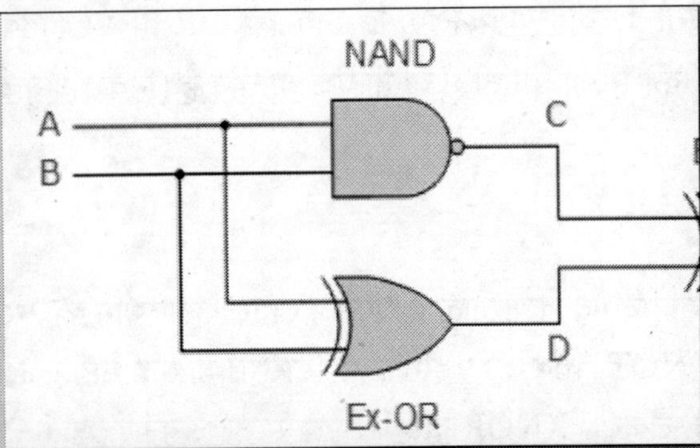

Inputs		Output at		
A	B	C	D	Q
0	0	1	0	0
0	1	1	1	1
1	0	1	1	1
1	1	0	0	1

उदाहरण 2.5.

दी गई प्रणाली के लिए, बूलियन बीजगणितीय अभिव्यक्ति को निर्धारित करें।

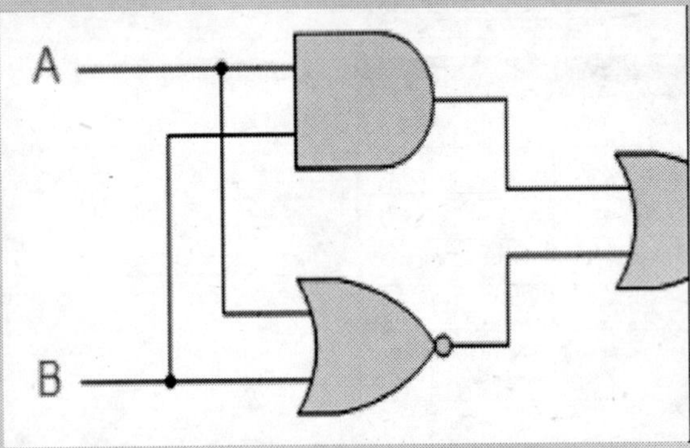

उत्तर और स्पष्टीकरण: एक AND द्वार , एक NOR द्वार और एक OR द्वार प्रणाली बनाते हैं। AND द्वार कि अभिव्यक्ति है, A.B जबकि NOR द्वार की अभिव्यक्ति है $\overline{A+B}$ । OR द्वार, जिसे A + B के रूप में परिभाषित किया जाता है, इन दोनों अभिव्यक्तियों को विशिष्ट निवेश के रूप में भी स्वीकार करता है। निम्नलिखित अंतिम निर्गत अभिव्यक्ति है:

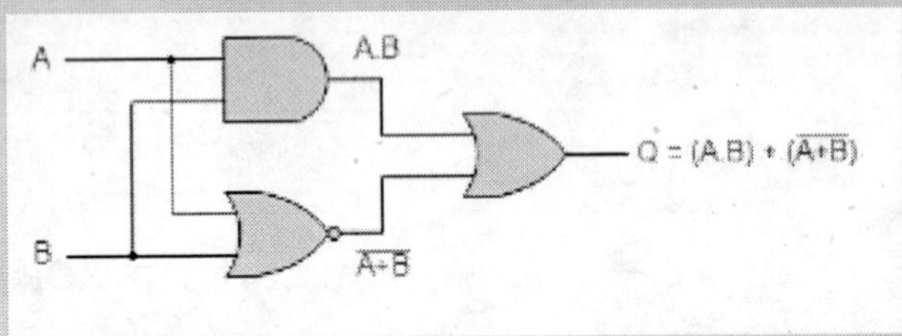

2 निवेश XNOR द्वार का निर्गत या तो तर्क"1" है या तर्क "0"है, जो इस बात पर निर्भर करता है कि निवेश समान हैं या असमान हैं। सामान्य रूप से , बहु निवेश XNOR तर्क फलन, निर्गत में तर्क "1" देता है जब निवेश अनुक्रम में '1' की एक सम संख्या होती है, जिसमें शून्य भी समाविष्ट होता है, और तर्क "0" देता है जब जब अनुक्रम में '1' की एक विषम संख्या होती है। दूसरे शब्दों में, यदि निवेश अनुक्रम में सभी निवेश 0 हैं तो निर्गत में तर्क '1' मिलता है ।

2.4 सार्वत्रिक तर्क द्वार-NAND और NOR

वैयक्तिक तर्क द्वारों को एक साथ जोड़कर संयोजनात्मक तर्क परिपथ और विभिन्न प्रकार की स्विचिंग कार्य क्षमताओं का निर्माण किया जा सकता है। तीन सबसे मौलिक तर्क द्वार हैं-AND, OR, और NOT द्वार। इस प्रकार से तर्क द्वारों के एक पूरे समुच्चय का उपयोग करके बूलियन बीजगणित के विभिन्न नियमों और सिद्धांतों को लागू करना संभव है। वास्तव में, क्योंकि अन्य सभी

बूलियन कार्यों को केवल AND और NOT द्वारों के समुच्चय का उपयोग करके बनाया जा सकता है, इसलिए OR फलन बनाना संभव है। इसी प्रकार से AND फलन बनाने के लिए OR और NOT को जोड़ा जा सकता है।

एक संपूर्ण तर्क समुच्चय, द्वारों का एक समूह है जिन्हें संयोजित करके किसी भी तार्किक फलन को बनाया जा सकता है, जबकि सार्वत्रिक तर्क द्वार एक तर्क द्वार है जिसे समुच्चय के साथ संयोजित करके अन्य तार्किक फलन बनाया जा सकता है । हमें दो (या अधिक) विभिन्न प्रकार के तर्क द्वारों , NAND (NOT और AND), NOR (NOT और OR), या सभी तीनों , जैसा कि ऊपर संकेत दिया गया है, की आवश्यकता होती है।

सभी अतिरिक्त बूलियन फलन और द्वारों को एक एकल प्रकार के सार्वत्रिक तर्कद्वार , NAND (NOT AND) या NOR (NOT OR) द्वार का उपयोग करके बनाया जा सकता है । इस प्रकार आवश्यक विभिन्न प्रकार के तर्क द्वारों की संख्या और उनकी लागत को कम किया जा सकता है। NAND और NOR द्वार क्रमशः पहले के AND और OR फलनों के विरोधी हैं, और प्रत्येक तर्क समुच्चय के रूप में संपूर्ण है क्योंकि उनका संयोजन कर कुछ अन्य बूलीय फलन या द्वार बनाए जा सकते हैं। चूंकि हम केवल इन दो द्वारों का उपयोग कर और भी तर्क स्विचिंग फलन बना सकते हैं, इन्हें द्वारों के न्यूनतम समुच्चय के रूप में जाना जाता है। "NAND और NOR द्वारों को" "सार्वत्रिक तर्क द्वार" "के रूप में संदर्भित किया जाता है।

2.4.1 NAND द्वार का उपयोग करके कार्यान्वयन

क्वाड द्वि-निवेश NAND TTL चिप 7400 (या 74LS00 या 74HC00) में एक एकल आईसी पैकेज में चार अलग अलग NAND द्वार होते हैं। इसलिए, NOT द्वार से NOR द्वार तक, हम एकल 7400 TTL उपकरण के साथ सभी बूलीय फलनों का निर्माण कर सकते हैं, जैसा कि चित्र 2. 17. में दिखाया गया है।

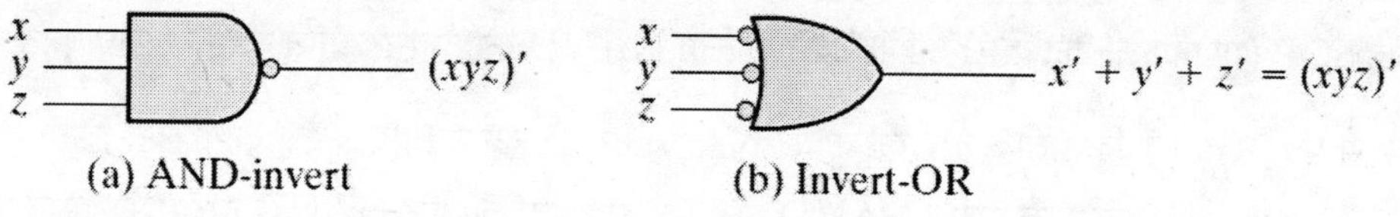

चित्र 2.16 NAND द्वारों का उपयोग कर कार्यान्वयन के लिए NAND द्वार का समतुल्य प्रतीक

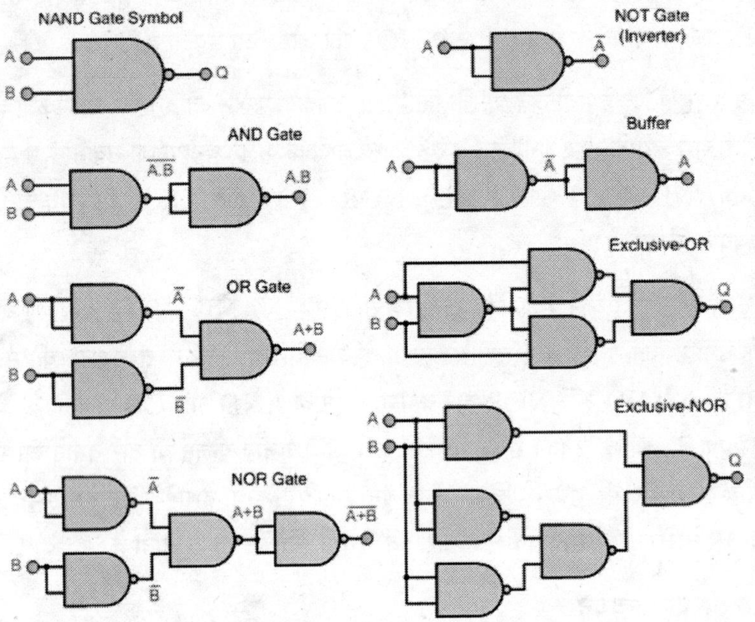

Scan to know more about Universal Gates

चित्र 2.17 NOT द्वार , AND द्वार, बफर, OR द्वार, EXOR द्वार, NOR द्वार और XNOR द्वार का NAND द्वार कार्यान्वयन।

NAND द्वारों का उपयोग करके कार्यान्वयन करने के लिए एक अन्य सरल मार्ग है, डी मॉर्गन के नियम का उपयोग करना, चित्र 2.16.। यह SOP (गुणनफलों का योग) अभिव्यक्ति के लिए NAND कार्यान्वयन प्राप्त करने के लिए बहुत सरल होगा।

चित्र 2.17 से पता चलता है कि प्रत्येक द्वार को केवल NAND द्वारों का उपयोग करके कार्यान्वित किया जा सकता है। चित्र 2.18, में $F = AB + CD$ को मूल द्वारों , NAND द्वार (व्युत्पन्न प्रतीक) और NAND द्वार सभी समान प्रतीकों का उपयोग करके कार्यान्वित किया गया है। यहाँ F SOP रूप में दिया गया है, इसलिए, चित्र 2.18 (a) मूल द्वारों का उपयोग करके प्राप्त किया जा सकता है। NAND द्वारों से क्रियान्वयन के लिए दो NOT द्वारों को सन्निविष्ट किया गया है (क्योंकि एक वृत्त एक NOT द्वार का प्रतिनिधित्व करता है, **दो वृत्त एक बफर का प्रतिनिधित्व करते हैं**), जैसा कि चित्र 2.18 (b) में दिखाया गया है। अब स्तर-1 (निवेश से निकटतम द्वार) AND + NOT = NAND है और स्तर-2 (स्तर-1 के बाद के द्वार) **OR द्वारके पूरक निवेश हैं** = NAND जैसा कि चित्र 2. 16. में दर्शाया गया है । इसलिए चित्र 2.18 (c) प्राप्त किया जाता है (व्युत्पन्न है)।

2.4.2 NOR द्वार का उपयोग करके कार्यान्वयन

क्वाड द्वि निवेश TTL चिप 7402 (या 74LS02 या 74HC02) में, चार अलग अलग NOR द्वार एकल आईसी पैकेज में होते हैं। जैसा कि इंगित किया गया है, एक एकल NOT द्वार से NAND द्वार तक सभी बूलीय फलन प्राप्त करने के लिए, हम एकल 7402 TTL उपकरण का उपयोग कर सकते हैं,

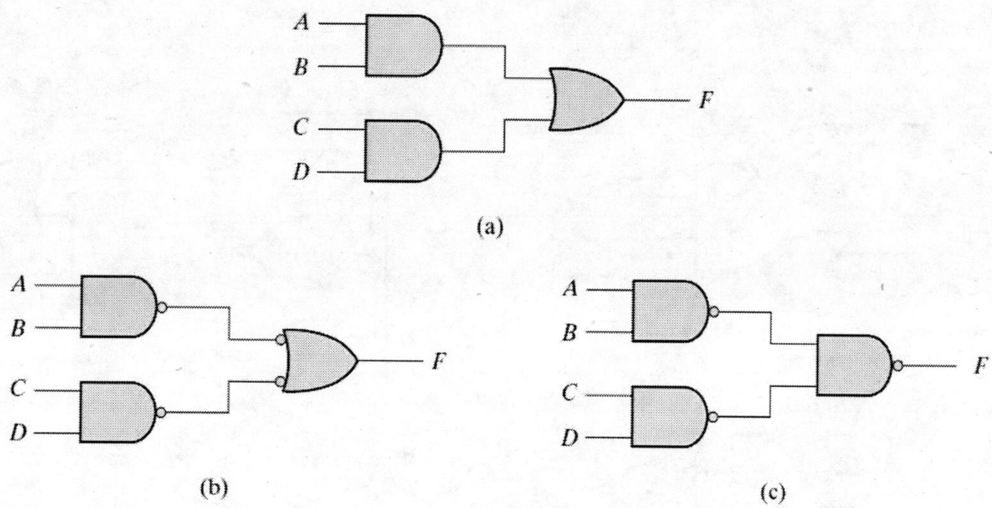

चित्र 2.18: F = AB + CD को लागू करने की तीन विधियाँ

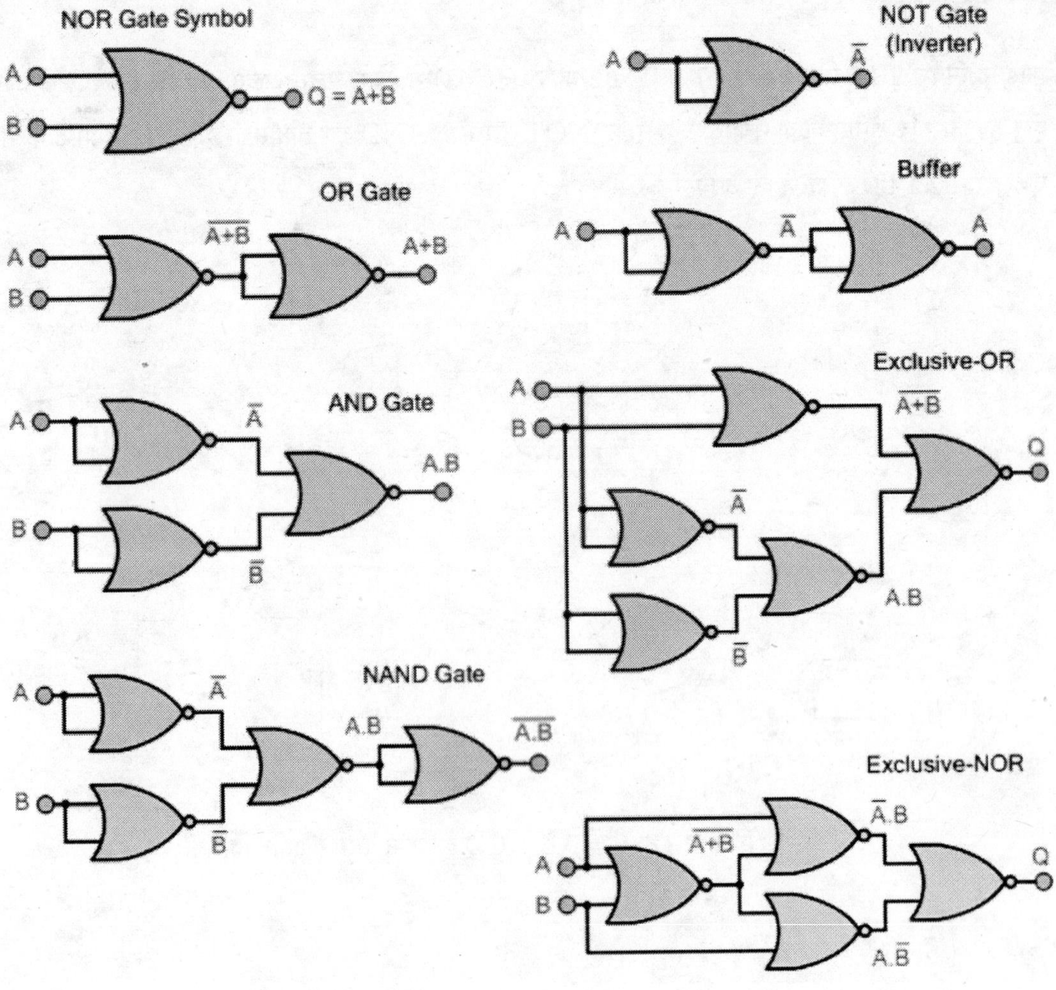

चित्र 2.19: NOT द्वार , AND द्वार , बफर, OR द्वार , XOR द्वार , NOR द्वार , और XNOR द्वार का NOR द्वार कार्यान्वयन

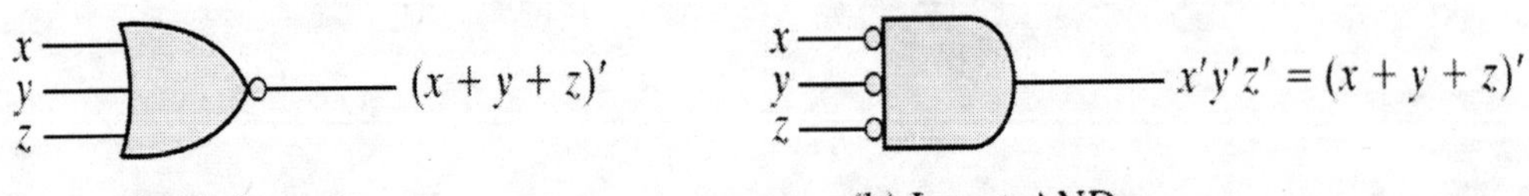

(a) OR-invert (b) Invert-AND

चित्र 2. 20 : NOR द्वारों से कार्यान्वयन के लिए NOR द्वार का समतुल्य प्रतीक

पूर्व में दिए 7400 NAND आई सी ,के चित्र 2.19 से पता चलता है कि प्रत्येक द्वार को केवल NOR द्वारों के माध्यम से ही कार्यान्वित किया जा सकता है।

NOR द्वारों का उपयोग करके कार्यान्वित करने की दूसरी असान विधि है , डी मॉर्गन नियम का उपयोग कर NAND की भिन्न अभिव्यक्तियाँ प्राप्त करना, चित्र 2.16 । यह POS अभिव्यक्ति के लिए NAND कार्यान्वयन प्राप्त करने के लिए बहुत सरल होगा।

आइए हम F = (A + B) (C + D) E का उपयोग करके NOR कार्यान्वयन को समझें। F के लिए मूल द्वार का उपयोग करने वाले नीचे के तर्क आरेख में, दो NOT द्वार (दो वृत्त = बफर द्वार) स्तर-1 और स्तर-2 के बीच अंतःक्षेपण किए गए हैं। अब चित्र 2. 21. का उपयोग कर , स्तर-1 NOR द्वार है और स्तर-2 भी NOR द्वार है ।

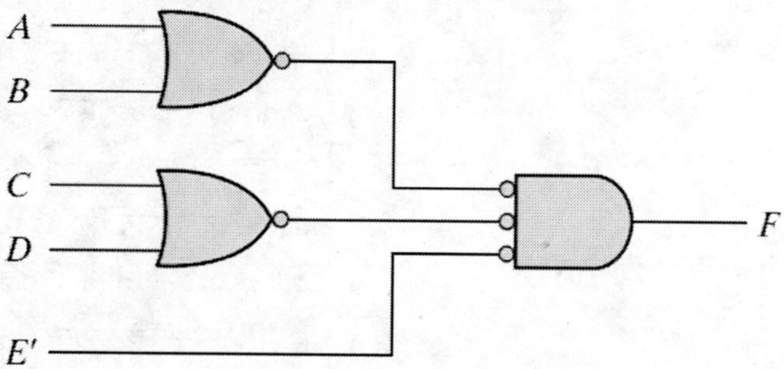

चित्र 2. 21 NOR द्वारों का उपयोग करके POS रूप को लागू करने की सरल विधि

उदाहरण 2.6

F = 1, AB = 11 को छोड़कर, निवेश संयोजन क्या होना चाहिए ?

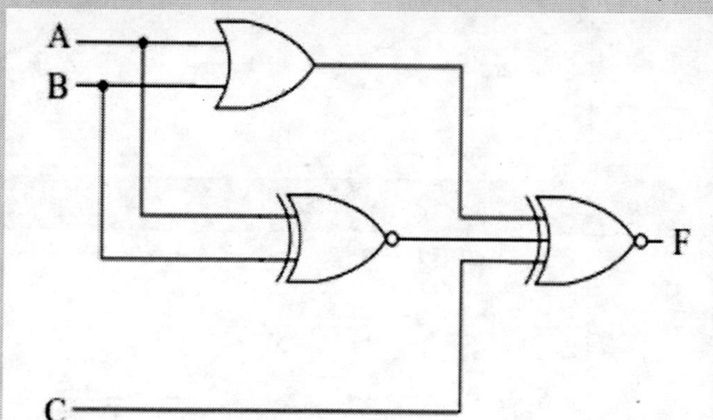

उत्तर और स्पष्टीकरण:

OR और XNOR द्वार दोनों ही समान निवेशों , A और B से जुड़े हैं। नतीजतन, उनका निर्गत, उनका पूरक होगा, जो कि या तो 0,1 या 1,0 (AB = 11 को छोड़कर)। F = 1 मिलने के लिए XNOR के निवेश में '1' की सम संख्या होनी चाहिए।

इसलिए,दूसरे XNOR द्वार पर निवेश में सम संख्या में '1' होने के लिए, C '1' के बराबर होना चाहिए। इस प्रकार निवेश संयोजन हैं-{0X1, X01}

उदाहरण 2.7

दी गई प्रणाली के लिए, बूलीय संकेतन निर्धारित करें।

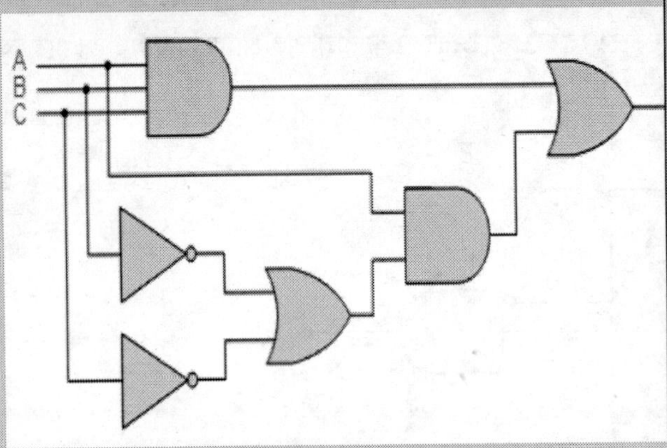

उत्तर और स्पष्टीकरण:

केवल जब द्वार के सभी निवेश उच्च होते हैं और तर्क स्तर "1" पर होते हैं तभी त्रि`-निवेश AND द्वार का निर्गत तर्क '1' पर होता है और उसका का मान, है (A.B.C)। जब एक या दोनों निवेश B या C तर्क स्तर "0" पर होते हैं, तो नीचे के OR द्वार से निर्गत पर केवल "1" मिलता है। जब निवेश A "1" होता है और निवेश B या C "0" पर होते हैं, तो द्वि-निवेश AND द्वार निर्गत के रूप में "1" देता है । यदि तीनों निवेश A, B और C "1" के बराबर हैं या A "1" के बराबर है और B और C दोनों "0" के बराबर हैं, तो इन परिस्थितियों में Q पर निर्गत केवल "1" होगा ।

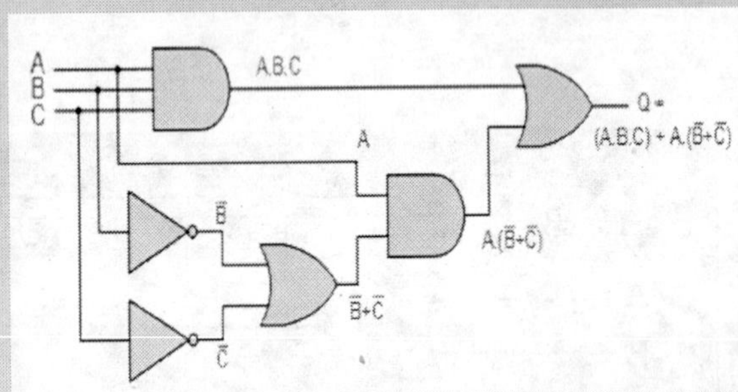

उदाहरण 2.8

अभिव्यक्ति को कार्यान्वित करने के लिए लगने वाले द्वारों की संख्या निकालें :

F = W. (X. Y)'+ Z. (X. Y)'

उत्तर और स्पष्टीकरण:

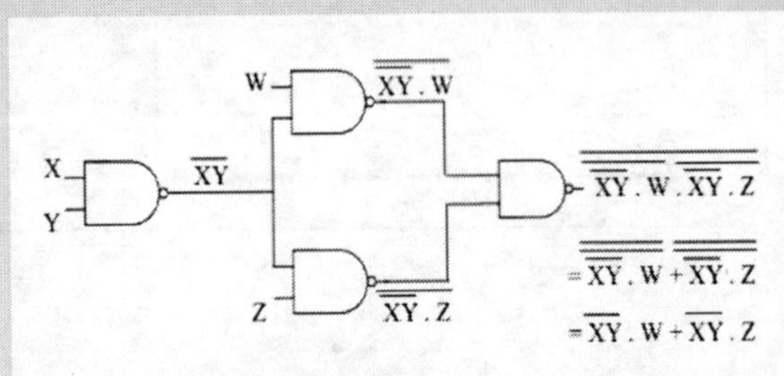

इसलिए कुल आवश्यक द्वार 4 हैं।

उदाहरण 2.9	
बैंक ने एक लॉकर किराए पर दिया है। लॉकर खोलने में समाविष्ट अंकीय प्रचालन को स्पष्ट करें।	**उत्तर और स्पष्टीकरण:** एक कुंजी (A), जो ग्राहक के पास है, और दूसरी कुंजी (B), जो बैंक के पास है, का उपयोग लॉकर द्वार (F) ,का उपयोग करने के लिए किया जा सकता है। जब दोनों चाबियों का उपयोग किया जाता है तो लॉकर का दरवाजा खुल जाता है। जब दोनों कुंजियों का एक साथ उपयोग किया जाता है, मतलब A = B = 1, तो लॉकर का दरवाजा खुलता है, या F = 1। इसलिए इस प्रक्रिया को AND संचालन कहा जा सकता है। यानी. $F = A.B$

इकाई का सारांश

इकाई में, हमने विभिन्न महत्वपूर्ण तर्क द्वारों को जाना जो किसी भी बूलियन अभिव्यक्ति को हल करने के लिए मौलिक हैं।

-AND, OR, NOT मूलभूत तर्क द्वार हैं क्योंकि इन द्वारों का उपयोग करके किसी भी परिपथ को कार्यान्वित किया जा सकता है।

-NAND, NOR सार्वत्रिक तर्क द्वार हैं क्योंकि इन द्वारों का उपयोग करके किसी भी परिपथ को कार्यान्वित किया जा सकता है।

-विभिन्न महत्वपूर्ण तर्क द्वारों की चर्चा की गई है जो किसी भी अंकीय परिपथ के लिए मूलभूत अंग हैं।

-NAND द्वारों और NOR द्वारों का उपयोग करके कार्यान्वयन को सरल दृष्टिकोण के साथ समझाया गया है।

अभ्यास

बहु विकल्पीय प्रश्न

1. एक सीढ़ी पर प्रकाश स्थिरता के लिए दो स्विच होते हैं, एक पहली मंजिल पर और दूसरा भूतल पर। दूसरे स्विच की स्थिति पर ध्यान न भी दें तो, एक स्विच में ही बल्ब को चालू करने और बंद करने की क्षमता होती है। बल्ब को बदलने के पीछे का तर्क किस के समान है-

(a) AND द्वार (b) OR द्वार (c) XOR द्वार (d) NAND द्वार

2. जब तर्क द्वार के सभी निवेश तर्क 0 पर होते हैं, तो निर्गत "1" होगा। यह द्वार है -

(a) NAND, EX-OR (b) NOR, XNOR (c) OR, EX -NOR (d) AND, XOR

3. चर X और Y का बूलियन फलन f: f (0,0) = f (0,1) = f (1,1) =1; f (1,0) = 0 । केवल द्वि-निवेश NOR द्वारों और द्वि-निवेश OR द्वारों का उपयोग करते हुए X और Y के पूरक सुगम नहीं हैं, तो समाधान प्राप्त करने के लिए सबसे कम लागत वाली विधि की कुल लागत होगी-

(a) 1 इकाई (b) 4 इकाई (c) 3 इकाई (d) 2 इकाई

4. यह मानते हुए कि A, B और C अभिगम्य हैं, $Z = A\overline{B}C$ को कार्यान्वित करने के लिए,द्वि-निवेश NAND द्वारों की न्यूनतम संख्या होगी

(a) 2 (b) 3 (c) 5 (d) 6

5. सभी संभव संयोजनात्मक तर्क फलनों को बनाने के लिए , इनके बाद और कौन से तर्क द्वारों का उपयोग किया जा सकता है?

(a) OR (b) NAND-NOR (c) EX-OR (d) AND

6. Y = AB + CD को कार्यान्वित करने के लिए केवल 2 निवेश NAND द्वार की आवश्यकता होती है। द्वारों की न्यूनतम संख्या है -

(a) 2. (b) 4 (c) 3. (d) 5.

7. जब एक NAND द्वार के निवेश चर शोर्ट सर्किट होते हैं, तो परिणाम निम्न के समान होता है।

(a) OR (b) NAND-NOR (c) EX-OR (d)AND

8. कौन सा द्वार एक मूल द्वार नहीं है।

(a) AND (b) NAND (c) NOT (d) OR

9. त्रि-निवेश तर्कद्वार के लिए सत्य सारणी के निवेश पक्ष में उत्परिवर्तनों(permutation) की संख्या है।

(a) 2 (b) 4 (c) 12 (d) 8

10. द्वार जिसे परिवर्तक के रूप में दर्शाया गया है-

(a) AND (b) NAND (c) NOT (d) OR

11. बिटों की तुलना के लिए उपयुक्त द्वार है-

    (a) AND (b) NAND (c) NOT (d) EX-NOR

12. मूल तर्क द्वारों की संख्या है -

    (a) 2 (b) 5 (c) 3 (d) 8

13. द्वार जिसमें केवल 1 निवेश होता है-

    (a) AND (b) NAND (c) NOT (d) OR

14. सकारात्मक तर्क में दिखाई गई वास्तविक अवस्था है -

    (a) -1 (b) 1 (c) 0 (d) -0

15. नकारात्मक तर्क में वास्तविक अवस्था दर्शाती है-

    (a) 1 (b) -1 (c) Vdd (d) 0

बहु विकल्पीय प्रश्नों के उत्तर

1.(c) 2. (b) 3. (d) 4. (c) 5. (b) 6. (b) 7. (b) 8. (b) 9. (d) 10. (c) 11. (d) 12. (c) 13. (c) 14. (b) 15. (d)

लघु और दीर्घ उत्तरीय प्रश्न

1. 4 निवेशों के साथ सभी द्वारों के लिए सत्य सरणियाँ लिखें और याद करें (NOT द्वार और बफर को छोड़कर)।
2. सार्वत्रिक द्वार कौन से हैं? अपने तर्क का समर्थन करने के लिए उदहारण दें ।
3. द्वि-निवेश NAND, द्वि-निवेश NOR, और द्वि-निवेश XOR का उपयोग करके एक इनवर्टर का कार्यान्वयन करें ।
4. आप नकारात्मक तर्क प्रणाली का एक सकारात्मक तर्क प्रणाली से अंतर कैसे ज्ञात कर सकते हैं?
5. एक सकारात्मक तर्क प्रणाली में AND द्वार नकारात्मक तर्क प्रणाली के OR द्वार के बराबर होता है, दर्शाएँ ।
6. खुला ड्रेन निर्गत तर्क द्वार क्या हैं? इन उपकरणों के प्रमुख लाभ और दोष क्या हैं?
7. XNOR और XOR प्रचालकों के लिए साहचर्य नियम स्थापित करें ।
8. यह दर्शाएँ कि तीन के लिए NOR प्रचालक साहचर्य नियम के अंतर्गत नहीं आते हैं।
9. यह दर्शाएँ कि तीन के लिए NAND प्रचालक साहचर्य नियम के अंतर्गत नहीं आते हैं।

10. यह दर्शाएँ कि कैसे NOR द्वारों का उपयोग कर AND, OR और NOT द्वारों का क्रियान्वयन किया जा सकता है।

11. वो क्या है जो पारंपरिक प्रतीकों से IEEE/ANSI प्रतीकों को अलग करता है और उनका प्राथमिक अर्थ क्या है।

12. एक तर्क आरेख का निर्माण करें जो 8 निवेश XNOR फलन को कार्यान्वित करने के लिए संभव ,न्यूनतम द्वि निवेश तर्क द्वारों का उपयोग करता है।

संख्यात्मक प्रश्न

1. सबसे कम संभावित-(i) NAND द्वारों , (ii) NOR द्वारों का उपयोग करके एक छह निवेश XOR द्वार का निर्माण करें ।

2. निम्नलिखित सिद्धांतों को मान्य करें और संबंधित परिपथों का निर्माण करें।

   (a) PR + PQR = PR

   (b) P + PQ = P

   (c) PQR + PQR + PQR = P (Q + R)

   (d) P + P = 1

   (e) (P + Q)(P + R) = PR + PQ

3. केवल अल्प संभव (i) दो निवेश NAND द्वारों (ii) दो निवेश NOR द्वारों का उपयोग करके 8-निवेश NAND द्वार बनाएं ।

4. (i) द्वि-निवेश XNOR, (ii) द्वि-निवेश XOR, (iii) द्वि-निवेश NOR और (iv) द्वि-निवेश NAND द्वारों का उपयोग करके एक इनवर्टर का निर्माण करें ।

5. SOP रूप में दिए तर्क फलन F (w, x, y, z) = Σ(2,5,6,7,9,10,12,13,14)+d (0,3) को(i) मूल द्वार (ii) केवल NAND द्वार (iii) केवल NOR द्वार (संकेत- के- मानचित्र SOP/POS रूप में) का उपयोग करके कार्यान्वित करें ।

6. तर्क फलन F (A, B, C, D) =Π (2,5,7,12,13,14,15) + d (0,3) को निम्न का उपयोग करके POS रूप में कार्यान्वित करें (i) केवल मूल द्वार (ii) केवल NAND द्वार (iii) केवल NOR द्वार (संकेत -के-मानचित्र का POS रूप का उपयोग करें) ।

7. दी गई तर्क अभिव्यक्तियों को कार्यान्वित करने के लिए तर्क आरेख खींचें:

   (a) $y = [(u + x')(y' + z)]$ (b) $y = (u'y)' + x$
   (c) $y = (u' + x')(y + z')$ (d) $y = u(x'z) + y'$
   (e) $y = u + yz + uxy$ (f) $y = u + x + x'(u + y')$

प्रायोगिक

अंकीय आईसियों(ICs) का उपयोग करके प्रयोगशाला में प्रयोग किए जा सकते हैं।

वेरिलॉग भाषा का उपयोग करके EDA प्लेग्राउंड वेबसाइट पर प्रयोग किए जा सकते हैं (ई-मेल आईडी के लिए लॉगिन की आवश्यकता होगी)। https://www.edaplayground.com

आभासी प्रयोगशालाओं में भी प्रयोग किए जा सकते हैं। यहाँ आईआईटी मुंबई और आईआईटी खड़गपुर की आभासी प्रयोगशालाओं के क्यूआर कोड क्रमशः प्रदान किए गए हैं।

QR code for Virtual - Lab IIT Kharagpur

QR code for Virtual - Lab IIT Bombay

प्रयोग 1. सभी तर्क द्वारों के लिए सत्य सारणियों का सत्यापन करना- NOT, OR, AND, NAND, NOR, XOR.

आवश्यक उपकरण -

अंकीय आईसी- 7400,7402,7404,7408,7432,7486,747266. सभी आइसियों के आंतरिक विवरण अगले आरेख में दिए गए हैं।

प्रक्रम -

1. सभी आइसियों को अंकीय प्रशिक्षक किट में रखें। प्रत्येक आईसी पिन को ब्रेड बोर्ड की लम्बवत जुड़ी रेखा में डाला जाना चाहिए।
2. Vcc और gnd को जोड़ें ।
3. दिए गए निवेशों को निवेश स्विचों से और निर्गतों को, निर्गत एलईडी से जोड़ें ।
4. ट्रेनर किट को चालू करें और निर्गत का प्रेक्षण करें , सत्य सारणी के सभी निवेश संयोजन लागू करें ।
5. ट्रेनर किट को बंद करें और सत्य सारणी से सभी प्रेक्षणों की तुलना करें। दोनों समान होने चाहिए।

निष्कर्ष -

सभी द्वारों को अंकीय आइसियों का उपयोग करके प्रमाणित किया गया है।

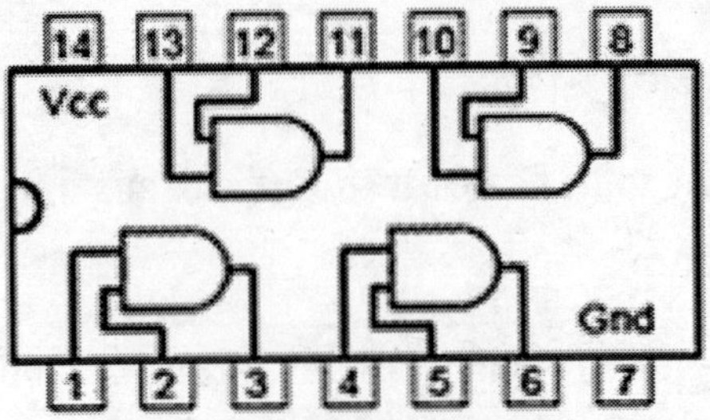

7408 Quad 2 input
AND Gates

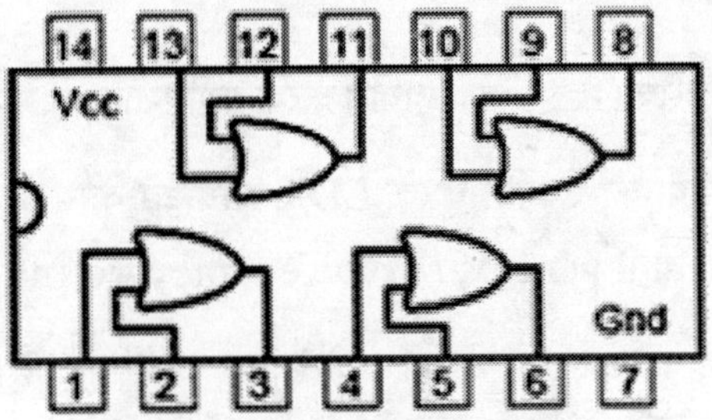

7432 Quad 2 input
OR Gates

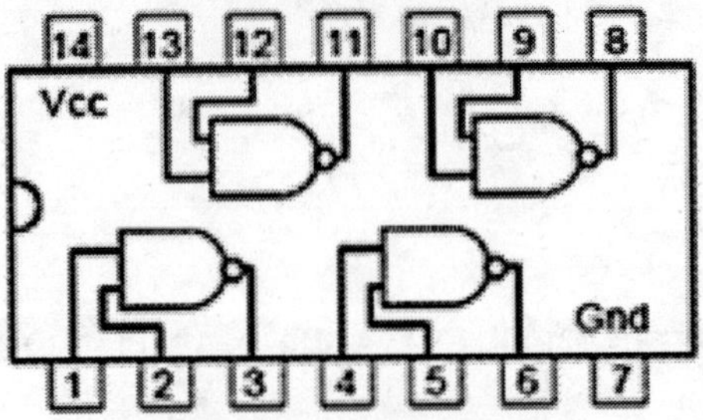

7400 Quad 2 input
NAND Gates

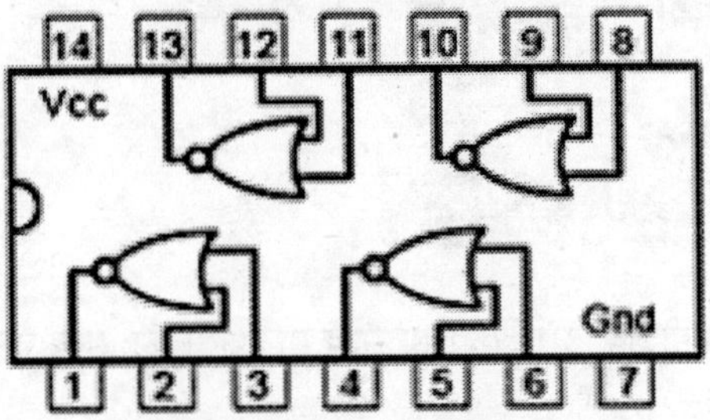

7402 Quad 2 input
NOR Gates

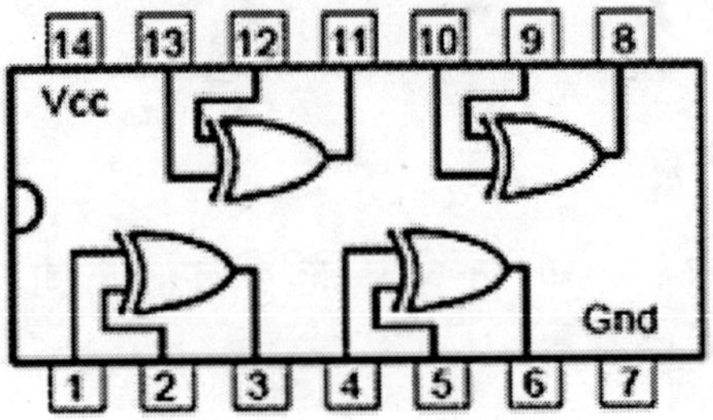

7486 Quad 2 input
XOR Gates

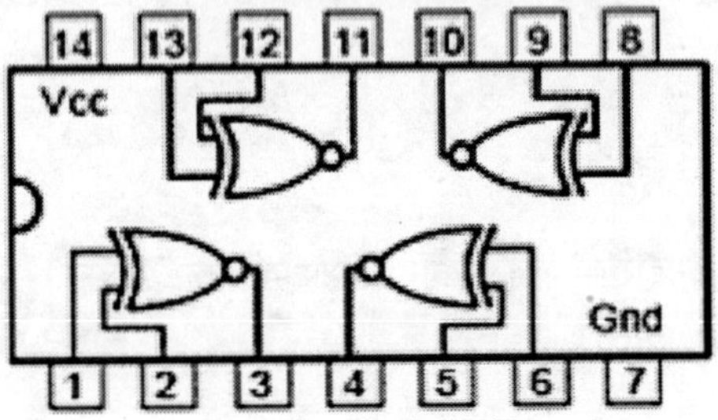

747266 Quad 2 input
XNOR Gates

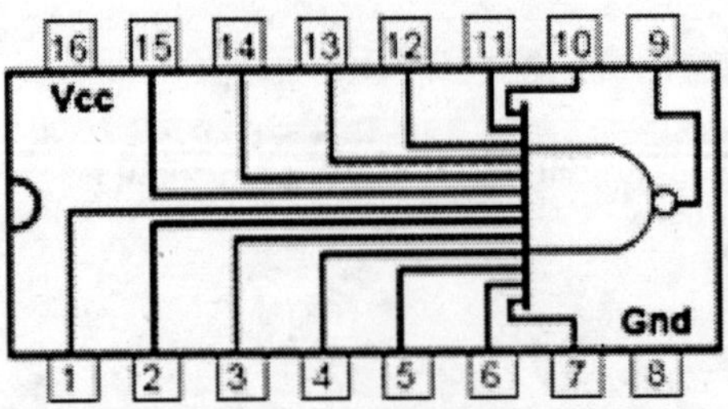

74133 Single 13 input
NAND Gate

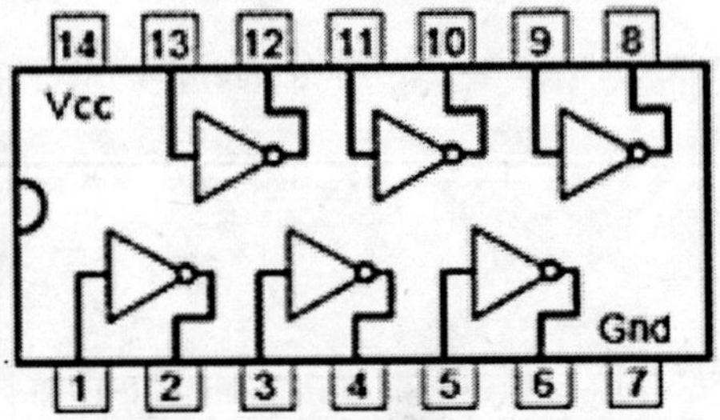

7404 Hex NOT Gates
(Inverters)

** कृपया ध्यान दें कि यह संख्या अर्ध वर्ताकारों के नीचे से प्रारंभ होती है। आइसियों के आंतरिक विवरण (निवेश के बाद निर्गत या निर्गत के बाद निवेश) को याद करें।

प्रयोग 2. तर्क द्वारों के साथ बूलीय अभिव्यक्तियों को कार्यान्वित और साकार करें ।

F (X, Y, Z) = X + Y.Z

उपकरण- 7408,7432 आईसी, जंपिं ग तार और अंकीय प्रशिक्षक किट

तर्क आरेख -

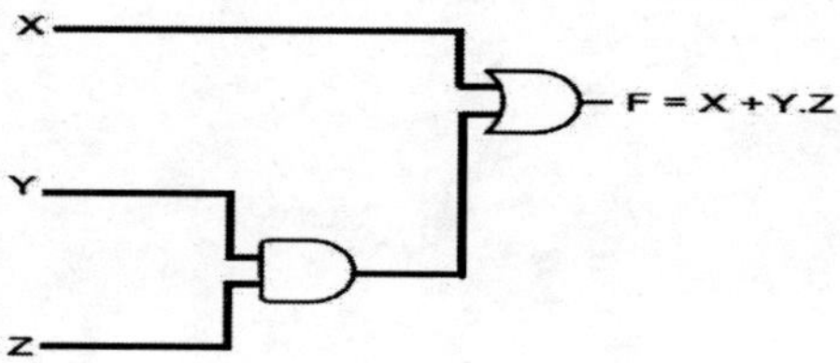

प्रक्रम -

1. दोनों आइसियों को अंकीय प्रशिक्षक किट में रखें,

2.Vcc और gnd को जोडें ।

3. निवेश Y और Z को AND द्वार आईसी (7408) से जोड़ें । AND द्वार के निर्गत को OR द्वार कीआईसी 7432 के निवेश से जोड़ें और अन्य निवेश को X निवेश से जोड़ें । निर्गतOR द्वार को निर्गत एलईडी से जोड़ें ।

4. प्रशिक्षक किट के स्विच को चालू करें। सत्य सारणी के सभी निवेश संयोजनों को लागू करें और निर्गत का अवलोकन करें ।

5. प्रशिक्षक किट को बंद करें और सभी प्रेक्षणों कि सत्य सारणी से तुलना करें। दोनों समान होने चाहिए।

निष्कर्ष -

दी गई बूलीय अभिव्यक्ति का सत्यापन अंकीय आईसी का उपयोग करके किया गया ।

- वही प्रयोग (1 और 2) नीचे की लिं क पर आभासी प्रयोगशालाओं का उपयोग करके किए जा सकते हैं।

VirtualLabs(iitkgp.ac.in)

अधिक जानें

अंकीय इलेक्ट्रॉनिक्स से संबंधित प्रयोगों को पूरा करने के लिए कई ओपन सोर्स सॉफ्टवेयर उपलब्ध हैं।

संदर्भ और पठनीय सुझाव

-Digital Design by M .Morris Mano and Michael D Ciletti, 5th edition, Pearson.

-Digital Electronic circuits - Course (nptel.ac.in)

Dynamic QR Code for Further Reading

-QR codes embedded in the chapter

3 संयोजनात्मक तर्क परिपथ

इकाई विशेष

इस इकाई के माध्यम से हमने निम्नलिखित पहलुओं पर चर्चा की है:

- अंकगणितीय परिपथों (Arithmetic circuits)का योग एवं व्यवकलन ;
- '1' और '2' के पूरक" का उपयोग कर योग और व्यवकलन ।
- "अर्ध योजक(Half Adder) " "पूर्ण योजक(Full adder)" का अभिकल्पन ।
- "अर्ध व्यवकलक" ("Half subtractor"),"पूर्ण व्यवकलक"("Full subtractor ") का अभिकल्पन ।
- "समानांतर योजक("Parallel adder") और "क्रमिक योजक(Series adder) " ;
- "कोडित्र" ("Encoder,"), "विकोडक" ,("Decoder") ;
- "बहुसंकेतक"("Multiplexer"), वि-बहुसंकेतक ("De-Multiplexer") "और उनके अनुप्रयोग।

आगे जिज्ञासा और रचनात्मकता उत्पन्न करने के साथ साथ समस्या समाधान क्षमता में सुधार के लिए विषयों के व्यावहारिक अनुप्रयोगों पर चर्चा की गई है ।

इसके अलावा बहु विकल्पीय प्रश्न देने के साथ साथ ब्लूम के वर्गीकरण पर आधारित निम्न और उच्च क्रम की दो श्रेणियों में चिन्हित लघु और दीर्घ उत्तरीय प्रकार के प्रश्न , कई संख्यात्मक प्रश्न के माध्यम से नियत कार्य , संदर्भों की सूची और पठनीय सुझाव इस इकाई में दिए गए हैं ताकि कोई भी उनके माध्यम से अभ्यास कर सके। यह ध्यान रखना महत्वपूर्ण है कि अपनी पसंद के विभिन्न विषयों पर अधिक जानकारी प्राप्त करने के लिए विभिन्न अनुभागों में कुछ क्यूआर कोड प्रदान किए गए हैं जिन्हें संबंधित सहायक ज्ञान के लिए स्कैन किया जा सकता है।

संबंधित व्यावहारिक, सामग्री के आधार पर, एक "अधिक जानकारी" अनुभाग(section) है। इस अनुभाग को सावधानीपूर्वक अभिकल्पित किया गया है ताकि इस भाग में प्रदान की गई पूरक जानकारी पुस्तक के उपयोगकर्ताओं के लिए लाभदायक हो। यह अनुभाग मुख्य रूप से प्रारंभिक गतिविधियों , कुछ रोचक तथ्यों के उदाहरण, सादृश्य, विषय के विकास का इतिहास, जो संबंधित विषयों के विकास से लेकर वर्तमान समय तक की समय सीमा, हमारे दैनिक वास्तविक जीवन के लिए विषय वस्तु के अनुप्रयोग

या/और विभिन्न पहलुओं पर औद्योगिक अनुप्रयोगों, पर्यावरण स्थिरता से संबंधित मामलों के सामाजिक और नैतिक मुद्दे जो भी लागू हों, और अंत में इकाई के जिज्ञासा उत्पन्न करने वाले विषयों के अध्ययन पर प्रकाश डालता है ।

औचित्य (Rationale)

यह मूल इकाई छात्रों को तर्क द्वारों का उपयोग करके संयोजनात्मक परिपथों के अभिकल्प के बारे में प्राथमिक विचार प्राप्त करने में मदद करती है। यह अंकगणितीय परिपथों को अभिकल्पित करने के बारे में बताती है। यह "द्विआधारी संख्याओं" के "1" और "2" के पूरक के बारे में और" अंकगणितीय संख्याओं "को निष्पादित करने के लिए इन संख्याओं का उपयोग करना बताती है । ये सभी आधारीय पहलू संयोजनात्मक परिपथों के अध्ययन को अच्छी प्रकार से प्रारंभ करने के लिए प्रासंगिक हैं। अध्याय परिवर्तक परिपथों जैसे कोडित्र , विकोडक और बहुसंकेतक , वि-बहुसंकेतक जैसे अन्य संयोजनात्मक परिपथों के बारे में भी व्याख्या करता है जिनका उपयोग डेटा संचरण के लिए किया जाता है। कुछ संबंधित समस्याएँ संयोजनात्मक तर्क परिपथों के अभिकल्प के बारे में इंगित की जाती हैं जो अंकीय इलेक्ट्रॉनिक्स पर संबंधित विषयों के स्पष्ट विचार प्राप्त करने के लिए आगे मदद कर सकती हैं।

चूँकि अंकीय इलेक्ट्रॉनिक्स के क्षेत्र का विस्तार स्वास्थ्य देखभाल, सॉफ्टवेयर, स्वचालन, डिजिटल बैंकिंग और कई अन्य क्षेत्रों में होता है, तर्क द्वारों के विभिन्न संयोजनों का उपयोग तर्क संकेत का प्रतिनिधित्व करने के लिए किया जाता है, जिसे संयोजनात्मक तर्क परिपथों के रूप में जाना जाता है। ये अंकीय इलेक्ट्रॉनिक्स के महत्वपूर्ण भाग हैं जिनका उपयोग विभिन्न प्रकार के अनुप्रयोगों जैसे कंप्यूटर, अंकीय संचार, गणक, स्मार्ट उपकरण, मशीनों के स्वचालित नियंत्रण में किया जाता है।

पूर्व अपेक्षित (Pre-Requisites)

तर्क द्वार , के- मानचित्र, बूलियन तर्क की मूल अवधारणा।

इकाई के आउटकम

इस इकाई के आउटकम की सूची इस प्रकार है:

U3-O1: अंकीय संख्याओं के अंकगणितीय संचालन को समझना

U3-O2 : क्रमिक और समानांतर योजक को जानना

U3-O3: कोडित्र और विडिकोडक के संचालन को समझना

U3-O4: बहुसंकेतक और वि-बहुसंकेतक के संचालन को समझना

U3-O5: तर्क द्वारों का उपयोग करके संयोजनात्मक परिपथों को अभिकल्पित करना

इकाई- 3 आउटकम	कोर्स के आउटकम से वांछित मानचित्रण 1-दुर्बल सहसंबंध, 2-मध्यम सहसंबंध 3-मज़बूत सहसंबंध)					
	CO-1	CO-2	CO-3	CO-4	CO-5	CO-6
U3-O1	3	3	2	-	-	-
U3-O2	2	3	3	3	-	-
U3-O3	-	3	3	-	-	-
U3-O4	-	3	3	-	-	-
U3-O5	-	3	3	-	-	-

"जब आप बात करते हैं, तो आप केवल कुछ ऐसा दोहरा रहे होते हैं जो आप जानते हैं। लेकिन यदि आप सुनते हैं, तो आप कुछ नया सीख सकते हैं।"

-दलाई लामा

3.1 परिचय

संयोजनात्मक परिपथ एक अंकीय तर्क का प्रकार है जिसमें निर्गत केवल वर्तमान निवेश संयोजनों पर निर्भर करता है। संयोंजनात्मक परिपथ के अभिकल्पन के लिए तर्क द्वार मूल खंड हैं। संयुत्क परिपथों द्वारा कार्यान्वित तर्क बूलियन अभिव्यक्तियों के रूप में होते हैं। संयोंजनात्मक परिपथों में एकल निर्गत या कई निर्गत हो सकते हैं। चित्र 3.1 में "m" निवेश चर और "n" निर्गत चर के साथ एक" संयोंजनात्मक परिपथ का सामान्य " खंड प्रतिनिधित्व" दिखाया गया ।

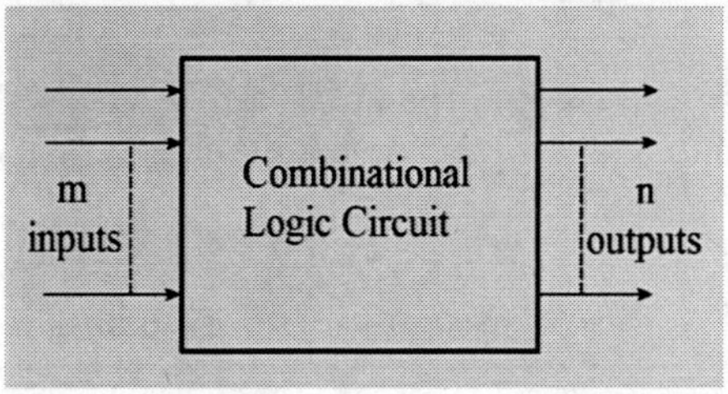

चित्र 3.1: "m निवेश और n" निर्गत के साथ " संयोंजनात्मक तर्क परिपथ" का "खंड आरेख"

3.2 द्विआधारी संख्याएँ: योग और व्यवकलन

"1 " और "2" के पूरक का उपयोग करने वाली द्विआधारी संख्याओं के अंक गणितीय संचालनों पर इस अध्याय में चर्चा की गई है, और विभिन्न प्रकार के संयोजनात्मक तर्क खण्डों पर भी चर्चा की गई है जो योग और व्यवकलन संक्रियाओं को निष्पादित करते हैं जैसे कि "अर्ध योजक , पूर्ण योजक,अर्ध व्यकलक और पूर्ण व्यकलक" ।

3.2.1 द्विआधारी योग और व्यवकलन : सामान्य नियम

"द्विआधारी योग" के नियम -

- यदि दोनों बिट समान हैं तो, दो बिट जोड़ने से योग "0" मिलता है , अन्यथा योग "1" होता है यदि बिट भिन्न होते हैं।
- हासिल केवल तभी "1" होता है जब दोनों बिट "1" होते हैं।

"द्विआधारी व्यवकलन " के नियम –

दो बिट को घटाने से अंतर "0" मिलता है यदि दोनों बिट समान हैं अन्यथा , अंतर "1" होता है यदि बिट अलग अलग हैं ।

उधार केवल तभी "1" होता है जब पहला बिट (A) "0" होता है और अगला बिट (B) "1" होता है जो संक्रिया (operation) "A-B" से प्राप्त होता है ।

3.2.2 "1" के पूरक का उपयोग करके योग / व्यवकलन

1 के पूरक का उपयोग करके योग या व्याकलन के लिए निम्नलिखित तीन स्थितियां हो सकती हैं –

स्थिति 1: ऋणात्मक संख्या के साथ धनात्मक संख्या जोड़ने के लिए (ऋणात्मक संख्या का मान धनात्मक संख्या की तुलना में कम है)

- ऋणात्मक संख्या का "1" का पूरक "लिखें ।
- इस संख्या को धनात्मक संख्या में जोड़ें ।
- यदि '1' हासिल में आता है , तो इसे LSB में जोड़ें ।

उदहारण 3.1

इन संख्याओं को जोड़ें

110

+11

1001

1

	1	1	0
+		1	1
1	0	0	1

स्पष्टीकरण

सबसे दाईं ओर के स्तम्भ से शुरू करें ,

0 +1 का जोड़ =1, और सबसे दाईं ओर के अंक का उत्तर है '1'

अगले स्तम्भ पर बाईं ओर चलें , '1' + 1का जोड़ = 0 'को जोड़ते हुए , हासिल '1' आता है जो अगले स्तम्भ पर जाता है

अब अगले स्तम्भ पर जाएँ,

पूर्व के हासिल को जोड़ने पर '1' +1 =0 मिलेगा और फिर से हासिल '1' मिलेगा

अंतिम उत्तर (बाईं ओर से दाईं ओर) = $(1001)_2$

उदहारण 3.2

इन संख्याओं को घटाएं $(101)_2$ और $(11)_2$

समाधान

101

-11

010

	1		
	1	0	1
-		1	1
	0	1	0

स्पष्टीकरण :सबसे दाईं ओर के स्तम्भ से

शुरू करें , 1-1 = 0 घटाएं और सबसे दाईं ओर के अंक का उत्तर है '0'

अब अगले अंक पर बाईं ओर चलें ,

0-1 =1 घटाने पर उधार '1' मिलता है जो अगले स्तम्भ पर जाता है।

अब अगले स्तम्भ पर बाईं ओर चलें , पूर्व के उधार को घटाएं

'1' - 1 = 0

अंतिम उतर (बाईं ओर से दाईं ओर) = $(010)_2$

स्थिति 2: ऋणात्मक संख्या के साथ धनात्मक संख्या जोड़ने के लिए (ऋणात्मक संख्या का मान धनात्मक संख्या की तुलना में अधिक है)

- ऋणात्मक संख्या का "1" का पूरक लिखें ।
- इस संख्या को धनात्मक संख्या में जोड़ें ।
- परिणाम होगा "- (योग के '1' का पूरक)"

उदहारण 3.3

1 के पूरक का उपयोग कर मान निकालें

$(12)_{10}$ - $(4)_{10}$

समाधान:

$(12)_{10}$ का द्विआधारी प्रतिनिधित्व –

$(12)_{10} = (1100)_2$

$-(4)_{10}$ का द्विआधारी प्रतिनिधित्व-

$-(4)_{10} = (1011)_2$

स्पष्टीकरण :

ऋणात्मक संख्या का '1' का पूरक लिखें

4 = 0100; - 4 = (4 का '1' का पूरक) = 1011

1011 को 1100 में जोड़ें,यदि हासिल '1' है , तो इसे सबसे

कम महत्त्वपूर्ण बिट (LSB) में जोड़ें ।

	1	1	0	0
+	1	0	1	1
1	0	1	1	1

उत्तर :0111 + 1 = $(1000)_2$:

स्थिति 3: दोनों संख्याएँ ऋणात्मक हैं

- एक अतिरिक्त अति विशिष्ट बिट (MSB) के साथ दोनों संख्याओं का '1' के पूरक लिखें ।
- दोनों संख्याओं को जोड़ें ।
- हासिल को LSB में जोड़ें और उत्तर होगा (योग का '1' का पूरक)

3.2.3 '2' के पूरक का उपयोग करके योग / व्यकलन

'2' के पूरक का उपयोग करके योग या व्यवकलन के लिए निम्नलिखित तीन स्थितियां हो सकती हैं ।

स्थिति 1 : 'ऋणात्मक संख्या ' के साथ 'धनात्मक संख्या ' जोड़ने के लिए (ऋणात्मक संख्या का मान धनात्मक संख्या की तुलना में कम है)।

- ऋणात्मक संख्या का '2' का पूरक लिखें ।
- इस संख्या को धनात्मक संख्या में जोड़ें ।
- यदि हासिल आता है, तो इसे छोड़ दें ।

स्थिति 2: एक " ऋणात्मक संख्या " के साथ " धनात्मक संख्या जोड़ने " के लिए (ऋणात्मक संख्या का मान धनात्मक संख्या की तुलना में अधिक है) ।

- ऋणात्मक संख्या का '2' का पूरक को लिखें ।
- इस संख्या को धनात्मक संख्या में जोड़ें ।
- परिणाम होगा-(योग का '2' का' पूरक)

उदाहरण 3.4	
'1' के पूरक का उपयोग करके $(12)_{10}$-$(15)_{10}$ निकालें । **समाधान:** $(12)_{10}$का द्विआधारी प्रतिनिधित्व है- $(12)_{10}$= $(1100)_2$ $(15)_{10}$ का द्विआधारी प्रतिनिधित्व है	**स्पष्टीकरण:** **ऋणात्मक संख्या का '1' का पूरक लिखें ।** 15 = 1111; -15 = (15 का '1' का पूरक = 0000 **0000 को 1100 में जोड़ें** **परिणाम होगा-"(योग का '1' का पूरक ")।**

$-(15)_{10} = (0000)_2$ का द्विआधारी प्रतिनिधित्व

	1	1	0	0
+	0	0	0	0
	1	1	0	0

उत्तर:-(1100 का '1' का पूरक है)=-$(0011)_2$

उदहारण 3.5

'1' के पूरक का उपयोग करके $-(8)_{10} - (6)_{10}$ निकालें

समाधान:

$-(8)_{10}$ का द्विआधारी प्रतिनिधित्व = $(10111)_2$ है

$-(6)_{10}$का द्विआधारी प्रतिनिधित्व = $(11001)_2$

1 1 1 1

	1	0	1	1	1
+	1	1	0	0	1
1	1	0	0	0	0

10000 + 1 = 10001

उत्तर:-(10001 का '1' का पूरक है) =-$(01110)_2$

स्पष्टीकरण:

ऋणात्मक संख्या का '1' का पूरक लिखें (MSB पर अतिरिक्त बिट के साथ) -

8 = 01000; -8 = (8 का '1' का पूरक = (10111)

6 = 00110; -6 = (6 का '1' का पूरक = 11001

10111 और 11001 को जोड़ें ।

हासिल को LSB में जोड़ें ।

परिणाम होगा-"(योग का '1' का पूरक) ।

महत्वपूर्ण बिंदु (1 के पूरक से योग/व्यवकलन):

-एक संख्या धनात्मक है और दूसरी संख्या नकारात्मक हैः

- **यदि हासिल है, तो इसे LSB में जोड़ें।**
- **यदि कोई हासिल नहीं है, तो परिणाम होगा-(परिणाम का '1' का पूरक)।**

-दोनों संख्याएँ ऋणात्मक हैं -

- **हासिल को LSB में जोड़ें और परिणाम होगा-(परिणाम का '1' का पूरक)।**

उदहारण 3.6

'2' के पूरक का उपयोग कर $(14)_{10} - (10)_{10}$ निकालें ।

समाधान:

$(14)_{10}$का द्विअधारी प्रतिनिधित्व है

$(14)_{10} = (1110)_2$

$-(10)_{10}$का द्विअधारी प्रतिनिधित्व है

$-(10)_{10} = (0110)_2$

स्पष्टीकरण:

ऋणात्मक संख्या का '2' का पूरक लिखें ।

10 = 1010; -10 =(10 का '1' का पूरक + 1=0101 + 1 =0110

0110 को 1110 में जोड़ें।

यदि हासिल '1' हो तो उसे छोड़ दें ।

<table>
<tr><td>

	1	1		
	0	1	1	0
+	1	1	1	0
1	0	1	0	0

उत्तर:$(0100)_2$
</td><td></td></tr>
</table>

स्थिति -3: दोनों संख्याएँ ऋणात्मक हैं -

- एक अतिरिक्त एमएसबी के साथ दोनों संख्याओं के '2' के पूरक लिखें।
- दोनों संख्याओं को जोड़ें ।
- हासिल को एल एस बी में जोड़ें और अंतिम परिणाम होगा "- (जोड़ के परिणाम का, '2' का पूरक) ।

महत्वपूर्ण बिं दु ('2' के पूरक से योग/व्यवकलन):

एक संख्या धनात्मक है और दूसरी संख्या ऋणात्मक है:

- यदि हासिल आता है, तो इसे छोड़ दें ।
- यदि कोई हासिल नहीं है, तो परिणाम होगा-(परिणाम का '2' का पूरक)।

दोनों संख्याएँ ऋणात्मक हैं -

- हासिल को हटा दें और "परिणाम होगा-(परिणाम का '2' का पूरक)।

उदाहरण 3.7

<table>
<tr><td>

'2'के पूरक का उपयोग कर (9) - $(15)_{10}$ निकालें ।

समाधान:

$(9)_{10}$का द्विअधारी प्रतिनिधित्व है $(9)_{10}=(1001)_2$

$(15)_{10}$ का द्विअधारी प्रतिनिधित्व है $(15)_{10}=(0001)_2$

			1	
	1	0	0	1
+	0	0	0	1
	1	0	1	0

उत्तर: -(1010 का '2' का पूरक) =-$(0110)_2$
</td><td>

स्पष्टीकरण:

ऋणात्मक संख्या का '2' का पूरक लिखें।

15 = 1111; -15 =(15 का '1' का पूरक + 1 = 0000 +1 = 0001

0001 को 1100 में जोड़ें

परिणाम होगा "-(योग का '2' का पूरक)
</td></tr>
</table>

उदाहरण 3.8

'2' के पूरक का उपयोग कर -(10) - $(11)_{10}$ निकालें ।

समाधान :-$(10)_{10}$ और -$(11)_{10}$का द्विआधारी मान है

-$(10)_{10}$ = $(10110)_2$ और -$(11)_{10}$ = $(10101)_2$

1

	1	0	1	1	0
+	1	0	1	0	1
1	0	1	0	1	1

उत्तर:

-(01011) के '2' का पूरक = (10101)

स्पष्टीकरण:

ऋणात्मक संख्या का '2' का पूरक लिखें (MSB पर अतिरिक्त बिट सहित)

10 = 01010; -10=(10 का '2' का पूरक)= 10101

+1 = 10110

11 = 01011; -11 = (11 का '2' का पूरक) =10100

+1 = 10101

10110 और 10101 जोड़ें

हासिल को छोड़ें

परिणाम होगा "-(योग का '2' का पूरक)

3.3 अंकगणितीय परिपथ

अंकगणितीय परिपथ "संयोजनात्मक परिपथों के" मूल निर्माण खंड " हैं। इनमें "अर्ध योजक", "पूर्ण योजक", "अर्ध व्यवकलक", "पूर्ण व्यवकलक", "समानांतर योजक " और "क्रमिक योजक " समाविष्ट हैं।

3.3.1 अर्ध योजक (Half adder)

"अर्ध योजक" "अंकगणितीय तर्क परिपथ" का एक प्रकार है जो" द्विआधारी बिटों को जोड़ता है। यह निर्गत पर परिणाम "योग" (S) और "हासिल " (C)" देता है। "सत्य सारणी " और "खंड आरेख" चित्र 3.2 में दिए गए हैं।

"योग" (S) और "हासिल (C)" की तर्क अभिव्यक्तियाँ नीचे दी गई हैं –

$$S = B \oplus A = \overline{A}.B + A.\overline{B}$$

$$C = B.A$$

Inputs	Outputs	
AB	C	S
00	0	0
01	1	1
10	1	1
11	1	0

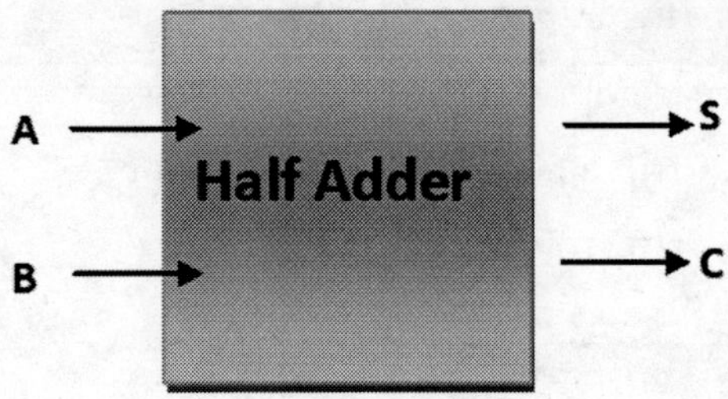

चित्र 3.2: "अर्ध योजक" की सत्य सारणी और "खंड आरेख"

“अर्ध योजक" का तर्कद्वार कार्यान्वयन चित्र 3.3 में नीचे दिया गया है। यह निर्गत योग एवं हासिल के लिए "XOR" द्वार और "AND" द्वारों का संयोजन है।

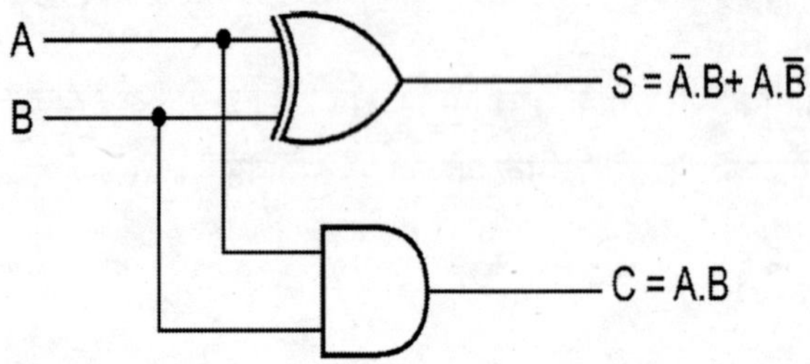

चित्र 3.3: अर्ध योजक का तर्कद्वार कार्यान्वयन

Inputs	Outputs	
ABC_{in}	C_{out}	S
000	0	0
001	0	1
010	0	1
011	1	0
100	0	1
101	1	0
110	1	0
111	1	1

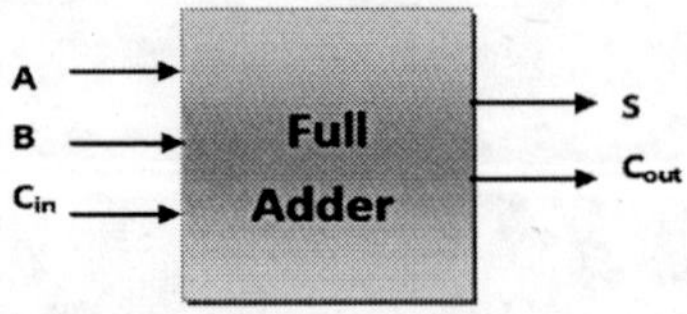

चित्र 3.4:"पूर्ण योजक" की "सत्य सारणी" और "खंड आरेख"

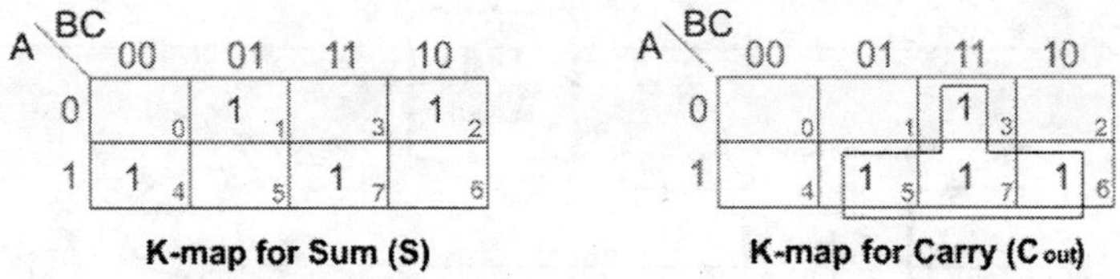

चित्र 3.5 "पूर्ण योजक" के " योग" और " हासिल " के लिए के-मानचित्र न्यूनीकरण

3.3.2 पूर्ण योजक (Full adder)

"पूर्ण योजक" "अंकगणितीय परिपथ" "का एक प्रकार है जो "तीन द्विआधारी बिटों" को जोड़ता है। यह निर्गत पर "योग" (S) और "हासिल " (c_{out}) का देता है। "सत्य सारणी " और "खंड आरेख" चित्र 3.4. में दिए गए हैं।

"योग" (S), और "हासिल " (c_{out}) चित्र में दी गई सत्य सारणी का उपयोग करके नीचे चित्र 3.4. में दिए गए हैं ।

$$S = \sum(m_1, m_2, m_4, m_7)$$

$$c_{out} = (m_3, m_5, m_6, m_7)$$

जैसा कि चित्र 3.5 में दिखाया गया है, के- मानचित्र न्यूनीकरण का उपयोग करके भी S और c_{out} की सरल अभिव्यक्ति लिखी जा सकती है।

$$S = C_{in} \oplus B \oplus A$$

$$C_{out} = C_{in} .(B+A) + A.B$$

पूर्ण योजक तर्क परिपथ को S और c_{out} के लिए उपरोक्त अभिव्यक्तियों का उपयोग करके तैयार किया जा सकता है। 1- बिट पूर्ण योजक के लिए तर्क परिपथ चित्र 3.6 (a) में दिया गया है। "पूर्ण योजक" "दो अर्ध योजकों" "और" एक "ऑर द्वार" "का उपयोग करके भी तैयार किया जा सकता है जैसा कि चित्र क्र. 3.6 (b) में दिखाया गया है। .

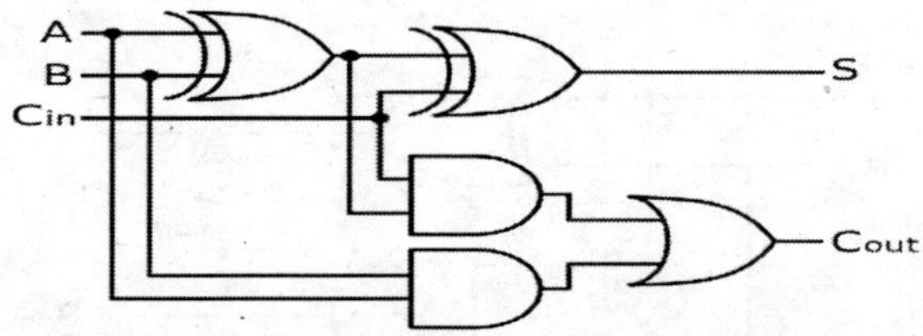

चित्र 3.6(a) : पूर्ण योजक का तर्क द्वार कार्यान्वयन

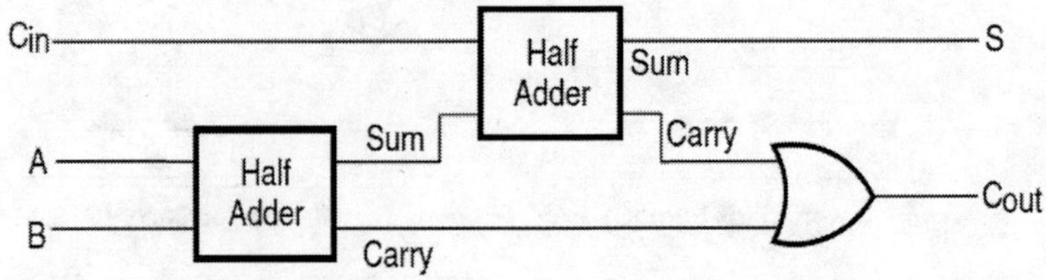

चित्र 3.6(b): अर्ध योजकों का उपयोग करके पूर्ण योजक कार्यान्वयन

Input	Output	
AB	B_0	D
00	0	0
01	1	1
10	0	1
11	0	0

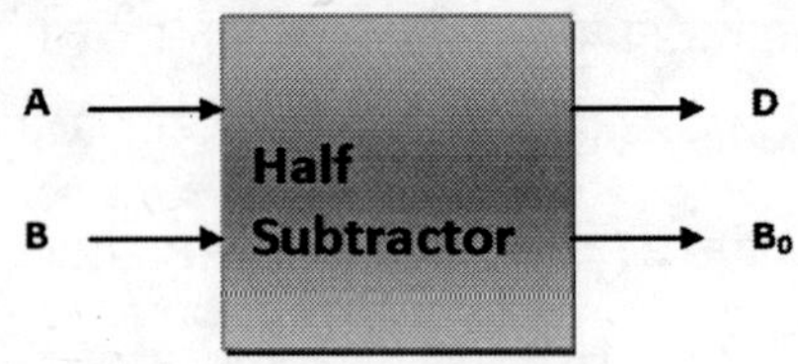

चित्र 3.7: "अर्ध व्यवकलक " की "सत्य सारणी " और "खंड आरेख"

3.3.3 अर्ध व्यकलक (Half subtractor)

“अर्ध व्यकलक " "अंकगणितीय परिपथ” "का एक प्रकार है जो" “दो द्विआधारी बिटों" "को" "घटाता(का व्यवकलन करता)" है। यह निर्गत पर "अंतर" (D) और "उधार" निर्गत (B_o) उत्पन्न करता है। यहाँ 'उधार' का अर्थ है कि '1' को व्यवकलन संक्रिया के लिए उधार लिया जाता है। यदि अंतर '-1' है, तो 'उधार (B_o)' '1' होगा। सत्य सारणी और खंड आरेख चित्र 3.8 में दिए गए हैं।

'D' और 'B_o' के लिए तर्क अभिव्यक्ति नीचे दी गई हैं -

$$D = B \oplus A$$
$$B_O = B.\overline{A}$$

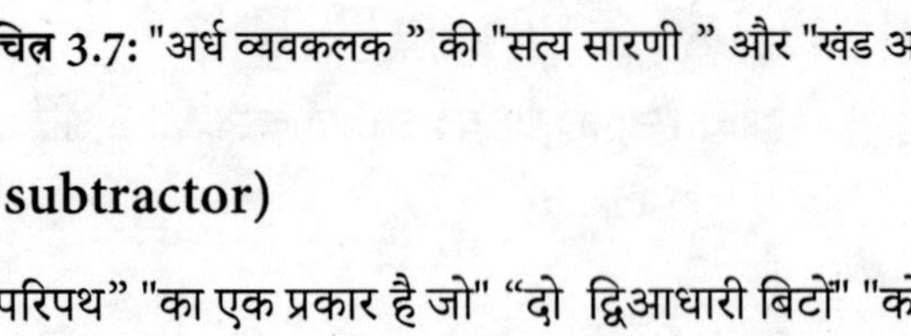

चित्र 3.8:पूर्ण व्यवकलक का तर्क द्वार कार्यान्वयन

तालिका 3.1: पूर्ण व्यकलक की सत्य सारणी

Inputs	Outputs	
ABB_{in}	B_o	D
000	0	0
001	1	1
010	1	1
011	1	0
100	0	1
101	0	0
110	0	0
111	1	

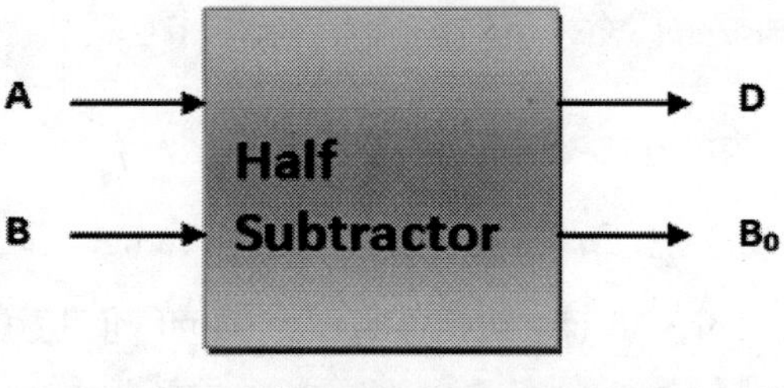

चित्र 3.9: "पूर्ण व्यकलक " का "खंड आरेख"

3.3.4 पूर्ण व्यवकलक (Full subtractor)

"पूर्ण व्यकलक " "अंकगणितीय परिपथ" "का एक प्रकार है जो" "तीन द्विआधारी बिटों" का व्यवकलन करता है। यह "निर्गत " पर "अंतर (D)" और "उधार (B_o)" उत्पन्न करता है। खंड प्रतिनिधित्व और सत्य सारणी नीचे दी गई है -

"अंतर (D)," और "उधार बाहर (B_o)" "की बूलीय अभिव्यक्तियाँ और" "दो अर्ध व्यवकलकों " "का उपयोग करके" "पूर्ण व्यवकलक" "का कार्यान्वयन नीचे दिया गया है -

$$D=\sum(m_1, m_2, m_4, m_7)\ \&\ B_o=(m_1, m_2, m_3, m_7)$$

D और B_o की सरल अभिव्यक्ति को चित्र 3.10 में दिखाए अनुसार भी दर्शाया जा सकता है।

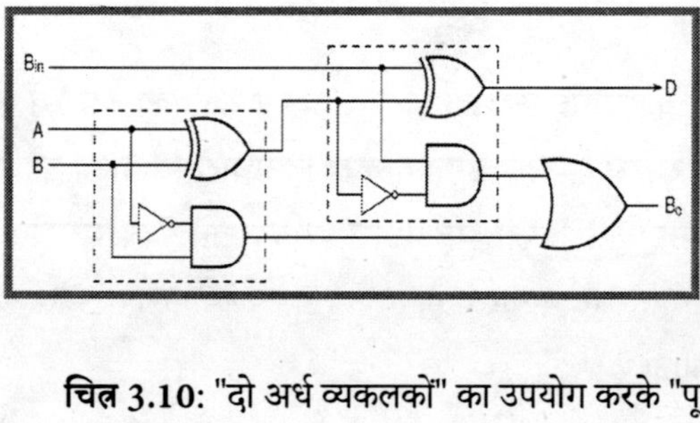

P
arallel Adder:
Scan for explanation

चित्र 3.10: "दो अर्ध व्यकलकों" का उपयोग करके "पूर्ण व्यवकलक " का कार्यान्वयन

" पूर्ण व्यकलक" को चित्र 3.10 में दिखाए गए "अर्ध व्यकलक " का उपयोग करके अभिकल्पित किया जा सकता है। यह "दो अर्ध व्यकलकों" और "OR द्वार" का "संयोजन है।

3.3.5 समानांतर योजक (Parallel adder)

"अर्ध योजक" और "पूर्ण योजक " परिपथ उनमें एकल अंकों के साथ "द्विआधारी संख्याओं" को जोड़ते हैं, लेकिन यदि हम " कई बिटों वाली " दो द्विआधारी संख्याओं " को जोड़ना चाहते हैं, तो "*समानांतर योजक* " का उपयोग किया जाता है। समानांतर योजक "एक प्रकार का" संयोजनात्मक परिपथ "है जिसमे "1- बिट के पूर्ण योजक" एक के बाद एक लगे होते हैं । "समानांतर योजक" को कार्यान्वित करने के लिए उपयोग किए जाने वाले पूर्ण योजकों की संख्या "द्विआधारी बिटों की संख्या" पर निर्भर करेगी जिन्हें जोड़ने की आवश्यकता है। चित्र 3.11 एक के बाद एक लगे "n- पूर्ण योजकों" द्वारा गठित एक "n बिट समानांतर योजक" दर्शाता है।

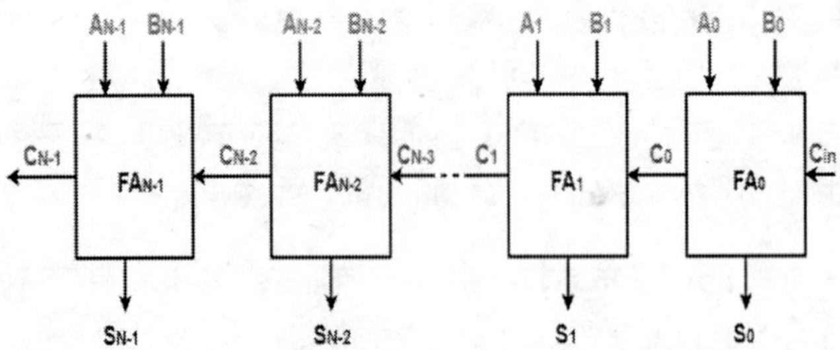

चित्र 3.11: n-बिट सामानांतर योजक परिपथ

उपरोक्त आरेख में, पहले, FA_0 सर्व प्रथम A_0, B_0 और c_{in} को जोड़ता है और योग (S_0) एवं हासिल (C_0) उत्पन्न करता है । इसके बाद, FA_1 इस C_0 का उपयोग-हासिल निवेश (carry in) बिट के रूप में करता है और इसे निवेश A_1, B_1 के साथ जोड़ता है ताकि योग (S_1) और हासिल (C_1)का मिल सके । यह प्रक्रिया (N_1) पूर्ण योजक तक बनी रहती है और अंतिम परिणाम योग (S_{N-1}) और हासिल (C_{N-1}) होता है।

3.3.6 क्रमिक योजक (Serial adder)

"क्रमिक योजक " या "श्रृंखला योजक " "एक प्रकार का "संयोजनात्मक परिपथ" है जो "क्रमिक रूप" में या एक के बाद एक दो द्विआधारी संख्याओं को जोड़ता है । यह "दो शिफ्ट रजिस्टरों" का उपयोग कर द्विअधारी संख्याओं को संगृहीत करता है और बिट दर बिट जोड़ता है । इसमें दो शिफ्ट रजिस्टर होते हैं जो "द्विअधारी संख्याओं" "को संग्रहीत करते हैं, एक" "पूर्ण योजक"होता है जो "तीन निवेश" लेता है और "दो निर्गत" प्रदान करता है, एक "D-फ्लिप फ्लॉप" होता है जो "पूर्ण योजक" "के लिए हासिल -निवेश ले जाने के लिए उपयोग किया जाता है।

पूर्ण योजक हासिल के साथ एक जोड़ी-बिटों को जोड़ता है। "D-फ्लिप फ्लॉप" को "पूर्ण योजक " से "हासिल -निर्गत " (carry out) प्राप्त होता है और इस "हासिल -निर्गत " (carry out) "का उपयोग अगले महत्वपूर्ण बिट के लिए "हासिल निवेश" के रूप में किया जाता है। चित्र 3.12 "क्रमिक योजक" का खंड आरेख" दिखाता है।

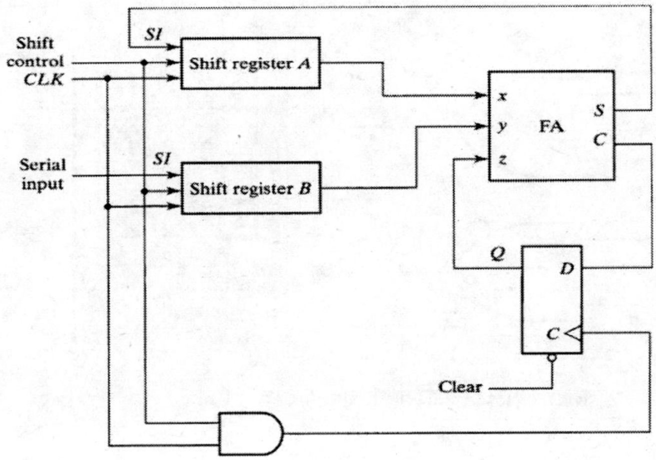

Encoder: Scan for explanation

Fig. 3.12: Serial adder circuit

चित्र 3.12 : क्रमिक योजक परिपथ

3.4 कोडित्र (Encoders)

"कोडित्र" एक प्रकार का "संयोजनात्मक परिपथ" है जो निवेश का तत्सम द्विआधारी उत्पन्न करता है। इसमें "2^n निवेश रेखाएं" और "n निर्गत रेखाएं" हैं। यह द्विआधारी जानकारी को "2^n निवेश रेखाओं" के रूप में लेता है और निर्गत पर द्विआधारी जानकारी के लिए "n बिट कोड" को परिभाषित करता है। इसे 2^n: n कोडित्र के रूप में दर्शाया जा सकता है। सरलता के लिए, केवल एक निवेश को एक ही समय में सक्रिय किया जाता है। "4:2 कोडित्र " का "खंड आरेख" और "सत्य सारणी " चित्र 3.13. में दिखाए गए हैं।

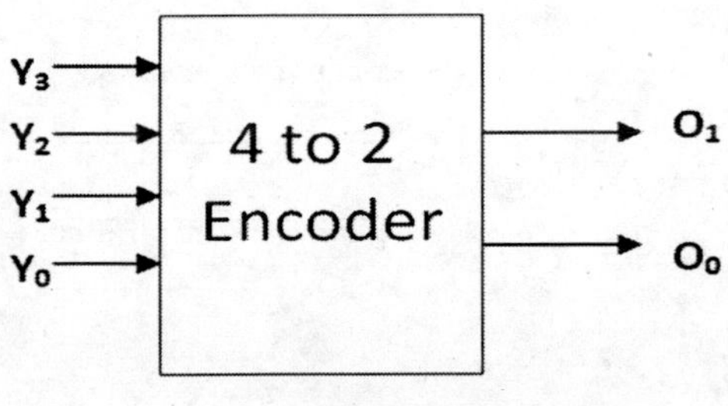

Y_3	Y_2	Y_1	Y_0	O_1	O_0
0	0	0	1	0	0
0	0	1	0	0	1
0	1	0	0	1	0
1	0	0	0	1	1

चित्र 3.13: 4:2 कोडित्र का "खंड आरेख" और "सत्य सारणी "

“सत्य सारणी से,” "कोडित्र की " "बूलीय अभिव्यक्ति " निम्न प्रकार से दी गई है -

$$O_1 = Y_2 + Y_3,\ O_0 = Y_1 + Y_3,$$

"4:2 कोडित्र " का " तर्क परिपथ" चित्र 3.14. में नीचे दिया गया है। इसे दो "OR” द्वारों का उपयोग करके लागू किया जा सकता है।

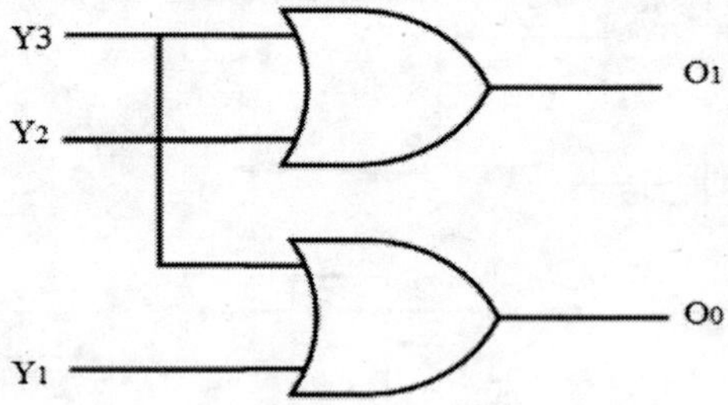

Priority Encoder: Scan for explanation

चित्र 3.14: 4:2 कोडित्र का तर्क परिपथ

3.4.1 प्राथमिकता कोडित्र (Priority Encoder)

सामान्य कोडित्र में, यदि **एक से अधिक निवेश उच्च हों**, तो कोडित्र "गलत निर्गत" उत्पन्न कर सकता है। यह सामान्य कोडित्र की कमी है। इस समस्या को दूर करने के लिए, हम निवेशों को प्राथमिकता देते हैं, तो निर्गत उन निवेशों के अनुसार होगा जिन्हें उच्च प्राथमिकता दी जाती है। इस कोडित्र को **प्राथमिकता कोडित्र** कहा जाता है। "4:2 प्राथमिकता कोडित्र ” की सत्य सारणी , तालिका 3.2 में दिखाई गई है। यहाँ, Y_3 की प्राथमिकता सबसे अधिक और Y_0 सबसे कम है। इसलिए, यदि Y_3 "1" है, तो निर्गत "11" है, भले ही अन्य निवेश कुछ भी हों। कभी कभी निवेश समुच्चय को मान्य करने के लिए निर्गत पर एक “मान्य" (V) संकेत दिया जाता है। उदाहरण के लिए यदि निवेश "0000" हैं तो निर्गत मान्य नहीं है। इसलिए, इस मामले में मान्य संकेत "V" "0" होगा।

तालिका 3.2: "प्राथमिकता 4:2 कोडित्र ” की सत्य सारणी

Y_3	Y_2	Y_1	Y_0	O_1	O_0
1	X	X	X	1	1
0	1	X	X	1	0
0	0	1	X	0	1
0	0	0	1	0	0

O_1 और O_0 के लिए के-मानचित्र का उपयोग कर बूलीय अभिव्यक्ति निम्न प्रकार से निकली जा सकती है

3.5 विकोडक (Decoder)

“विकोडक" एक प्रकार का "संयोजनात्मक तर्क परिपथ" है जो n रेखाओं की "द्विअधारी जानकारी" को "2^n निर्गत रेखाओं” में डिकोड करता है। यह कोडित्र परिपथ के उत्क्रम(reverse) प्रचालन का निष्पादन करता है। इसे n से 2^n या n: 2^n विकोडक के रूप में दर्शाया जा सकता है। एक विकोडक का उपयोग सक्षम (E) संकेत के साथ भी किया जा सकता है। जब सक्षम उच्च होता है, तो यह द्विआधारी निवेश जानकारी के अनुसार निर्गत प्रदान करता है। 2:4 विकोडक का "खंड आरेख" और "सत्य सारणी " चित्र 3.15. में दिखाई गई है। यह चित्र 3.16 में दी गई "सत्य सारणी और "बूलीय अभिव्यक्तियों" से देखा जा सकता कि विकोडक के निर्गत, निवेश समुच्चय I_1 और I_2 के सभी संभव निम्न पद हैं।

निवेश	निर्गत					
E	I_1	I_0	Y_3	Y_2	Y_1	Y_0
0	X	X	0	0	0	0
1	0	0	0	0	0	1
1	0	1	0	0	1	0
1	1	0	0	1	0	0
1	1	1	1	0	0	0

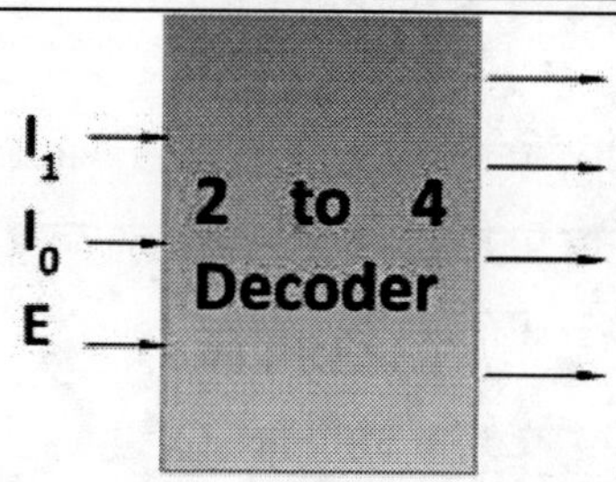

चित्र 3.15: 2:4 विकोडक का "खंड आरेख” और " सत्य सारणी"

"निर्गत" और "तर्क परिपथ आरेख" के लिए ”बूलीय अभिव्यक्तियाँ " नीचे दी गई हैं –

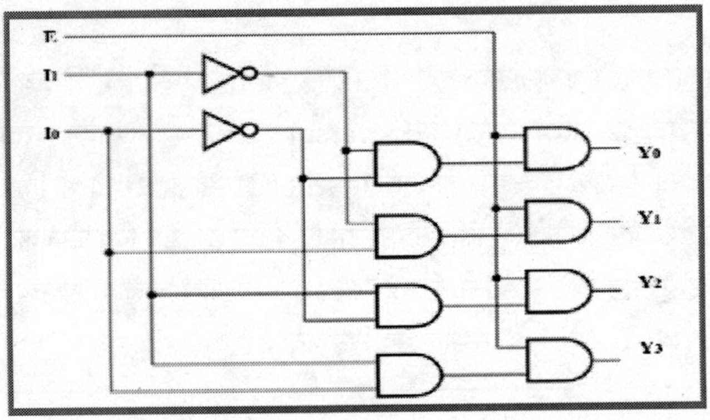

More about Decoder

$$Y_3 = E.I_1.I_0$$
$$Y_2 = E.I_1.\bar{I}_0$$
$$Y_1 = E.\bar{I}_1.I_0$$
$$Y_0 = E.I_1.I_0$$

चित्र 3.16: तर्क द्वारों का उपयोग करके 2:4 विकोडक का कार्यान्वयन

3.5.1 विकोडकों का उपयोग करके बूलियन तर्क कार्यान्वयन

“बूलियन फलन " को लागू करने के लिए भी "विकोडक ” का उपयोग किया जाता है। चूँकि "विकोडक” के निर्गत सभी "अल्प पदों का प्रतिनिधित्व कर रहे हैं, इसलिए, निम्न पदों के योग (SOP) को उत्पन्न करने के लिए " (OR)" द्वार की आवश्यकता होती है जो कि नीचे दिए उदाहरणों की मदद से समझाया गया है ।

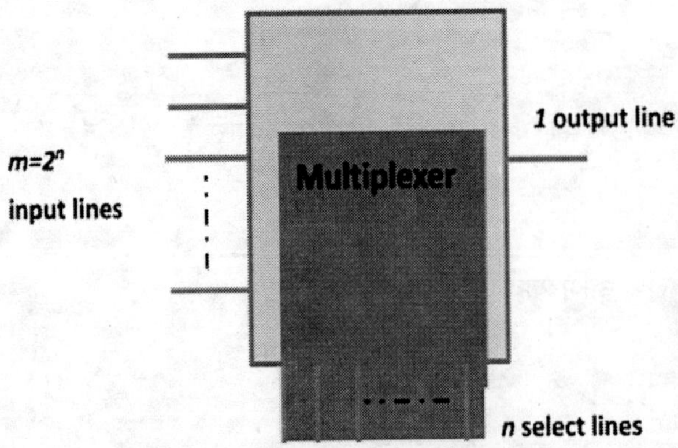

More about Multiplexer

चित्र 3.17: बहुसंकेतक का "खंड आरेख"

3.6 बहुसंकेतक (Multiplexers)

“मल्टीप्लेक्स" पद का अर्थ है “कई से एक तक" । यह एक प्रकार का "संयोजनात्मक परिपथ है जिसमें "कई निवेश रेखाएँ" और "एक निर्गत रेखा" होती है। यह “डेटा चयनकर्ता" या "MUX" के रूप में भी जाना जाता है और 2^n: 1 बहुसंकेतक के रूप में दर्शाया जाता है, जहाँ, "n" चयन रेखाओं की संख्या है, "2^n" निवेश रेखाओं की संख्या है और "1" निर्गत रेखा" है। चयन रेखाओं के मानों के अनुसार, निर्गत को निवेश रेखाओं में से किसी एक का मान मिलता है। बहुसंकेतकों के प्रकार "2:1 MUX,” "4:1 MUX,” "8:1 MUX” आदि हैं। एक बहुसंकेतक का सामान्य " खंड आरेख" चित्र 3.18. में दिखाया गया है। इसमें ”n चयन रेखाएँ," m निवेश रेखाएँ "और” एक निर्गत रेखा "(यहाँ $m = 2^n$) है।

3.6.1 बहुसंकेतक 2:1

इसमें एक चयन रेखा (S), दो निवेश रेखाएं और एक निर्गत रेखा होती है। सत्य सारणी और खंड आरेख चित्र 3.18 में दिखाए गए हैं। "2:1 MUX" के "निर्गत" "के लिए बूलियन अभिव्यक्ति है - $Y = \overline{S.A} + S.B$ "तर्क आरेख" चित्र 3.19 में दर्शाया गया है ।

S	Y
0	A
1	B

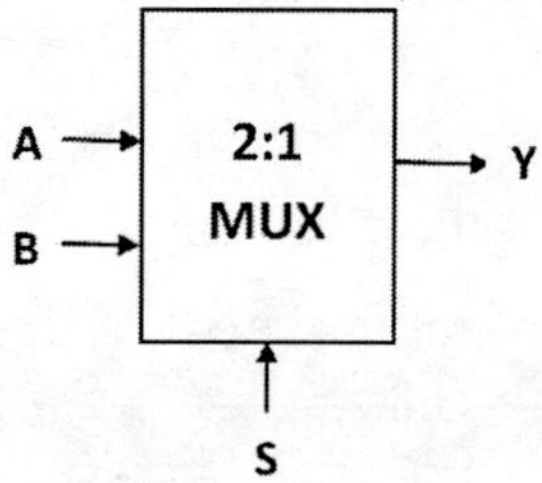

चित्र 3.18: 2 : 1 MUX की सत्य सारणी और खंड आरेख

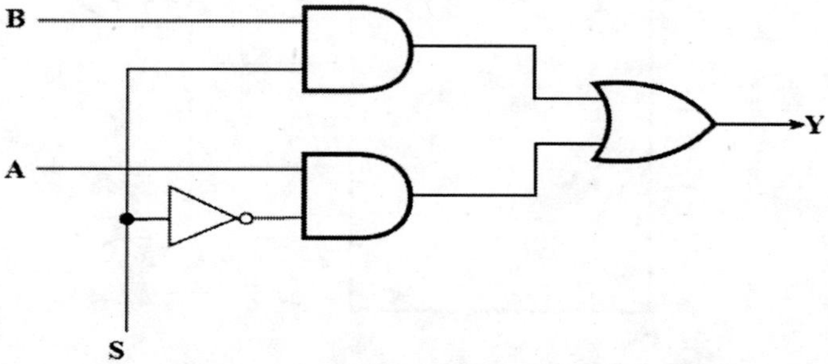

चित्र 3.19: 2:1 MUX का तर्कद्वार कार्यान्वयन

उदाहरण 3.9

निम्न तर्क फलन को "3:8 विकोडक" द्वारा कार्यान्वित करें। $Y(A,B,C) = \Sigma(m_0, m_2, m_4, m_7)$

समाधान :

विकोडक में "3- निवेश रेखाएं", "8-निर्गत रेखाएं " हैं । "निर्गत Y" अल्प पदों का "OR" संयोजन है ।

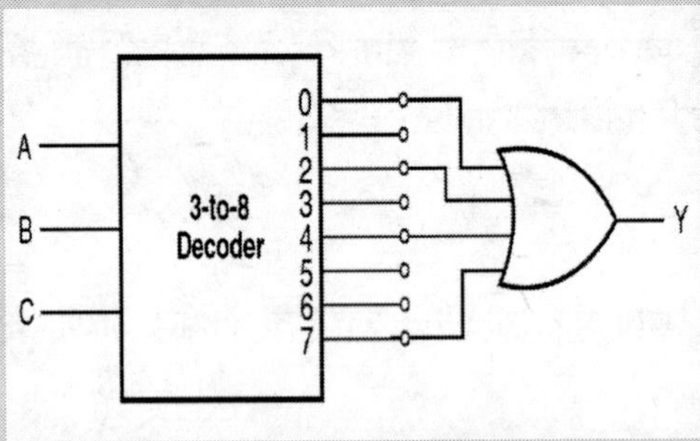

उदाहरण 3.10

3:8 विकोडक का उपयोग करके "पूर्ण योजक" को कार्यान्वित करें

समाधान:

"पूर्ण योजक" की "सत्य सारणी" से , (भाग 3.3.2 देखें) योग $(S) = \Sigma(m_1, m_2, m_4, m_7)$ और हासिल निर्गत $(C_{out}) = \Sigma(m_3, m_5, m_6, m_7)$

इसलिए इसे निम्न प्रकार से कार्यान्वित कर सकते हैं ।

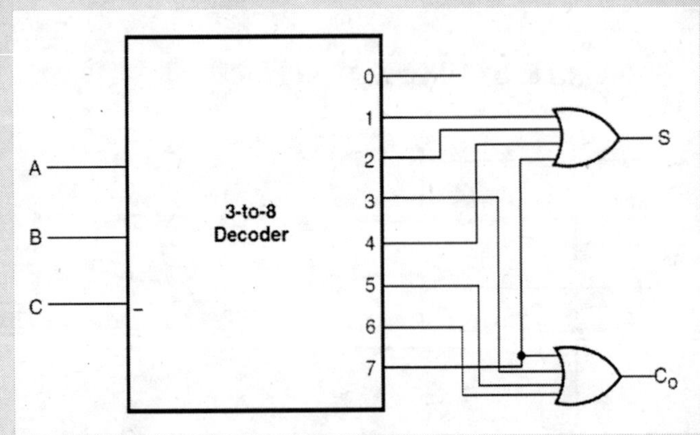

3.6.2 बहुसंकेतक 4:1

"इसमें दो चयन रेखाएं (S_1 और S_0)," चार निवेश रेखाएं "और" एक निर्गत रेखा है। "सत्य सारणी " और "खंड आरेख" चित्र 3.20 में दिखाए गए हैं।

S_1	S_0	Y
0	0	A
0	1	B
1	0	C
1	1	D

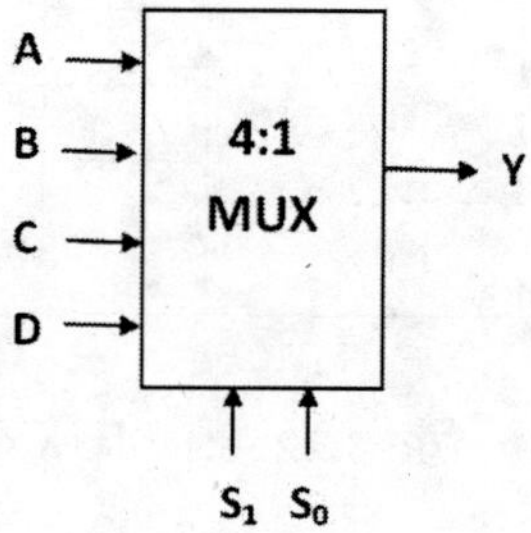

चित्र 3.20: 4:1 MUX की "सत्य सारणी " और "खंड आरेख"

Y के लिए बूलियन अभिव्यक्ति इस प्रकार दी गई है -

$$Y=\overline{S_1}.\overline{S}_1.A+\overline{S_1}.S_0.B+S_1.\overline{S_0}.C+S_1.S_0.D$$

4:1 MUX के लिए तर्क आरेख चित्र 3.21. में दर्शाया गया है।

3.6.3 बहुसंकेतक 8:1

इसमें तीन चयन रेखाएं (S_2, S_1, और S_0), आठ निवेश रेखाएं और एक निर्गत रेखा है। "सत्य सारणी" और "खंड आरेख" चित्र 3.22 में दिखाए गए हैं।

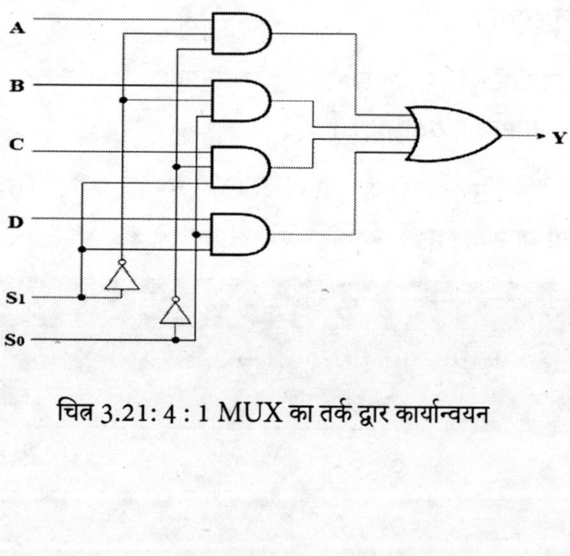

चित्र 3.21: 4 : 1 MUX का तर्क द्वार कार्यान्वयन

Select Lines ($S_2S_1S_0$)	Output (Y)
000	I_0
001	I_1
010	I_2
011	I_3
100	I_4
101	I_5
110	I_6
111	I_7

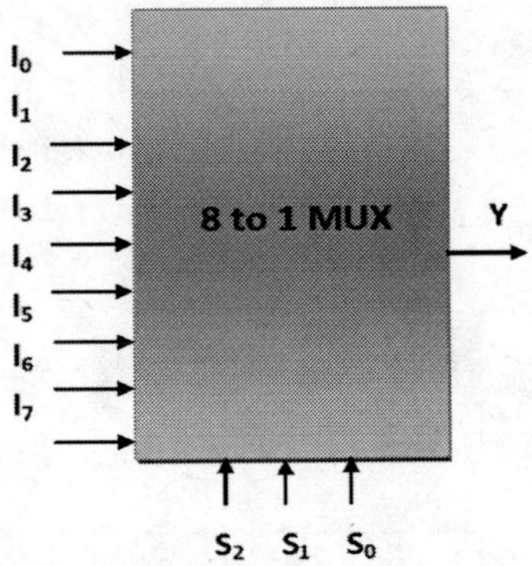

चित्र 3.22: 8:1 MUX की "सत्य सारणी " और "खंड आरेख"

"8:1 MUX" के " निर्गत Y " के लिए तर्क अभिव्यक्ति नीचे दी गई है -

$$Y = I_0 . \overline{S_2} . \overline{S_1} . \overline{S_0} + \overline{I_1 . S_2} . \overline{S_1} . S_0 + \overline{I_2 . S_2} . S_1 . \overline{S_0} + \overline{I_3 . S_2} . S_1 . S_0 + I_4 . S_2 . \overline{S_1} . \overline{S_0}$$
$$+ I_5 . S_2 . \overline{S_1} . S_0 + I_6 . S_2 . S_1 . \overline{S_0} + I_7 . S_2 . S_1 . S_0$$

3.6.4 बहुसंकेतकों का उपयोग करके बूलियन तर्क कार्यान्वयन

एक "बहुसंकेतक" का उपयोग किसी भी "बूलियन या "तर्क फलन" को "कार्यान्वित" करने के लिए भी किया जा सकता है। यदि एक तर्क अभिव्यक्ति में n + 1 चर होते हैं, तो n चरों का उपयोग "बहुसंकेतक" की "चयन रेखाओं" के रूप में किया जा सकता है और शेष "एकल चर" का उपयोग उसके "निवेश " के रूप में उसके पूरक के साथ किया जा सकता है जिसमें इसके पूरक, "1 या Vdd" और "0 या ग्राउंड" है । **प्रक्रिया को समझने के लिए, उदाहरण 3.11 पर विचार करें।**

3.6.5 बहुसंकेतक के अनुप्रयोग

बहुसंकेतकों के अंकीय प्रणालियों में विभिन्न अनुप्रयोग हैं। कुछ अनुप्रयोग हैं तर्क फलन जनित्र (generator), सामानांतर से क्रमिक डेटा परिवर्तक, डेटा अनुमार्गण (routing) ।

तर्क फलन जनित्र: "सत्य सारणी" से "गुणनफल- का- योग " (SOP) रूप में किसी भी "तर्क फलन" को लागू करने के लिए एक "बहुसंकेतक " का उपयोग किया जा सकता है।

उदाहरण 3.11

$Y (A, B, C) = \Sigma(m_0, m_1, m_3, m_4, m_7)$, 4X1 और 8X1 MUX का उपयोग कर के लागू करें।

समाधान-उपरोक्त अभिव्यक्ति में तीन निवेश चर हैं ।

स्थिति 1- 4:1 बहुसंकेतक का उपयोग करके हम दो चरों का उपयोग चयन रेखाओं (B, C) के रूप में करेंगे और चर A का निवेश रेखा के रूप में उपयोग करेंगे। क्योंकि बहुसंकेतक में 2 विशिष्ट रेखाएँ होती हैं, इसलिए यह 4: 1 बहुसंकेतक होगा। मान लीजिए कि निवेश I_0, I_1, I_2, I_3 हैं।

प्रक्रिया इस प्रकार है-(i) सभी निवेशों को लिखें (ii)सभी अल्प पदों को निवेशों के नीचे दो पंक्तियों में ,जैसा कि तालिका में दिखाया गया है, लिखें । पहली पंक्ति $\bar{A}$ का प्रतिनिधित्व करती है और दूसरी पंक्ति A का प्रतिनिधित्व करती है। (iii) तर्क अभिव्यक्ति में दिए गए सभी अल्प पदों पर गोला करें । (iv) यदि एक ही स्तंभ में दोनों अल्प पदों पर गोला नहीं किया जाता है, तो निवेश '0' होगा ;और यदि एक ही स्तंभ में दोनों अल्प पदों पर गोला किया जाता है, तो निवेश '1' होगा ; **यदि केवल एक ही अल्पपद पर एक स्तंभ में गोला किया जाता किया जाता है**

तो निवेश $\bar{A}$ या A होगा। (v) और अंत में, इन निवेशों को बहुसंकेतक़ में लिखें।

	I_0	I_1	I_2	I_3
$\bar{A}$	(0)	(1)	2	(3)
A	(4)	5	6	(7)
	1	$\bar{A}$	0	1

स्थिति 2: 8:1 MUX का उपयोग कर -उपरोक्त कार्य को "8:1 MUX" का उपयोग करके कार्यान्वित किया जा सकता है । पहले "तर्क अभिव्यक्ति" की सत्य सारणी बनाएं और फिर निवेशों को 0 से 7 तक के विभिन्न स्थानों पर लिखें। यह समाधान अगले पृष्ठ पर दिखाया गया है।

अल्प पद	A	B	C	Y
0	0	0	0	1
1	0	0	1	1
2	0	1	0	0
3	0	1	1	1
4	1	0	0	1
5	1	0	1	0
6	1	1	0	0
7	1	1	1	1

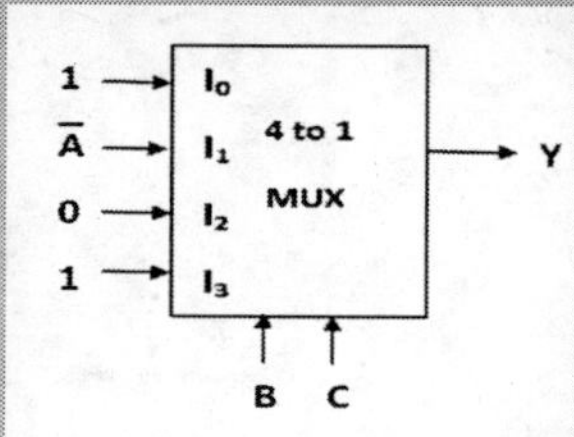

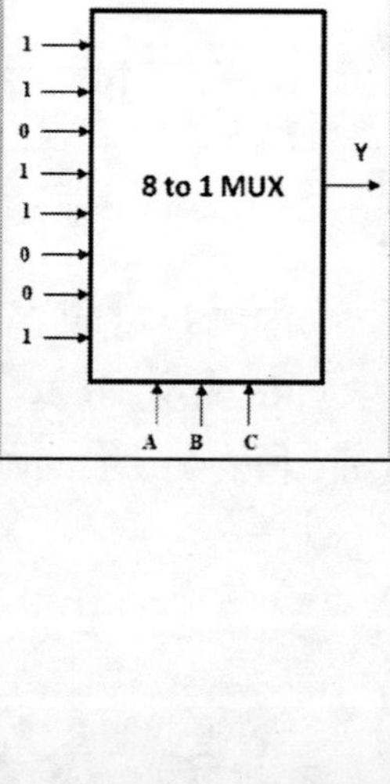

समानांतर से क्रमिक परिवर्तक : अंकीय प्रणाली में समानांतर डेटा के संचरण(transmission) में कम समय लगता है और समानांतर रूप में डेटा को बहुसंकेतकों का उपयोग करके क्रमिक रूप में परिवर्तित किया जा सकता है।

डेटा अनुमार्गण (routing): बहुसंकेतकों का उपयोग कई स्रोतों से एकल स्रोत तक डेटा को निर्देशित करने के लिए किया जा सकता है।

3.7 वि-बहुसंकेतक (Demultiplexers)

“वि-बहुसंकेत" पद का अर्थ है "एक से कई तक "। यह "संयोजनात्मक परिपथ" का एक प्रकार है जिसमें "एक निवेश रेखा" और ”कई निर्गत रेखाएं" होती हैं। इसे ”DEMUX" के रूप में भी जाना जाता है और इसका प्रतिनिधित्व ”$1:2^n$ वि-बहुसंकेतक" के रूप में किया जाता है, जहाँ, "n" चयन रेखाओं की संख्या है, ”2^n" "निर्गत रेखाओं" की संख्या है और "1-निवेश रेखा” है। "वि-बहुसंकेतक " के उदाहरण हैं "1:2 वि-बहुसंकेतक ,” 1:4 वि-बहुसंकेतक ' "1:8 वि-बहुसंकेतक ”, "1:16 वि-बहुसंकेतक "आदि। वि-बहुसंकेतक के ”खंड आरेख" को चित्र 3.24 में दर्शाया गया है।

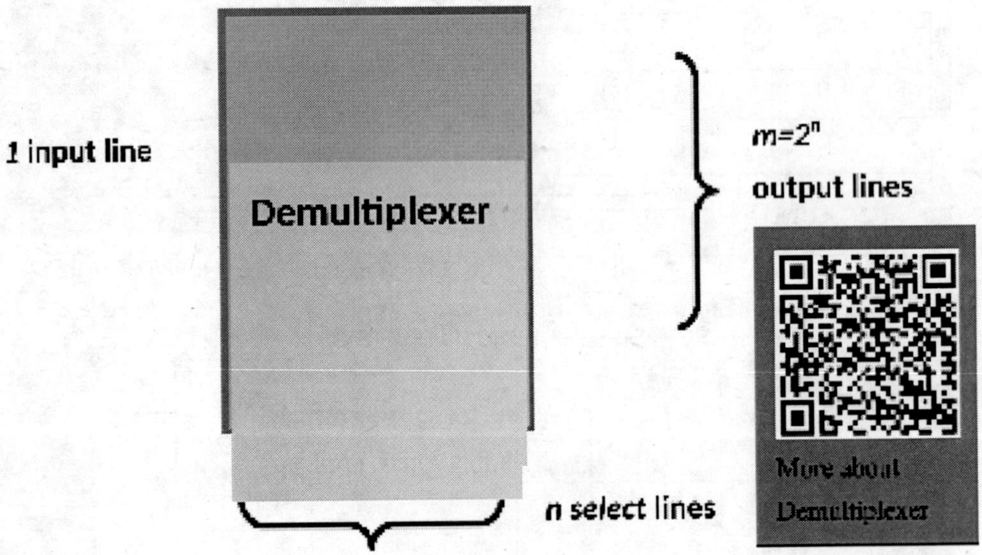

चित्र 3.23 वि-बहुसंकेतक का खंड आरेख

3.7.1 वि-बहुसंकेतक 1:2

1: 2 वि-बहुसंकेतक में एकल निवेश रेखा होती है, एक चयन, रेखा और दो निर्गत रेखाएं होती हैं। जब S = '0' हो , यह डेटा (D) को निर्गत रेखा Y_0 पर पारित करेगा और डेटा (D) को निर्गत Y_1 पर पारित करेगा जब S = '1' होगा । सत्य सारणी और खंड आरेख तालिका 3.3 और चित्र 3.24 में क्रमशः दिए गए हैं।

निर्गत की बूलीय अभिव्यक्ति है $Y_1 = S.D$ और $Y0 = \overline{S}.D$ तर्क द्वार कार्यान्वयन चित्र 3.26. में दिया गया है।

तालिका 3.3: " 1:2 DEMUX की सत्य सारणी"

Input	Select Line	Outputs	
	S	Y_1	Y_0
D	0	0	D
D	1	D	0

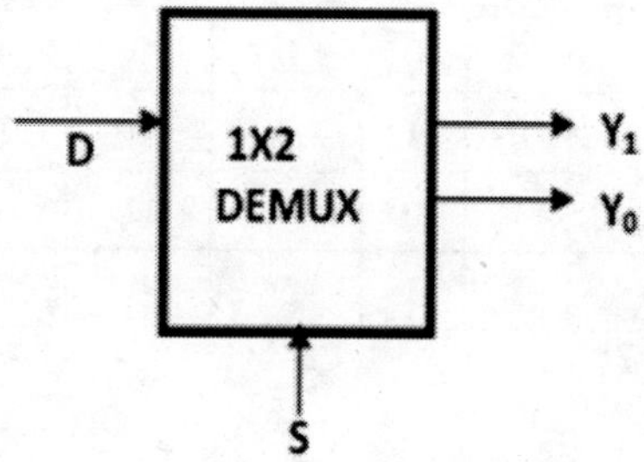

चित्र 3.24 :1:2 DEMUX का खंड आरेख

3.7.2 वि-बहुसंकेतक 1:4

1: 4 वि-बहुसंकेतक में "एकल निवेश रेखा", " दो चयन रेखाएं (S_1 और S_0) और "चार निर्गत रेखाएं (Y_3, Y_2, Y_1, Y_0)" होती हैं।

जब चयन रेखाएं "00" होती हैं, तो वि-बहुसंकेतक Y_0 पर निर्गत प्रदान करेगा,चयन रेखाएं '01' के लिए यह Y_1 पर निर्गत प्रदान करेगा, चयन रेखाएं '10' के लिए यह Y_2 पर निर्गत प्रदान करेगा और "11" के लिए यह Y_3 पर निर्गत उत्पन्न करेगा। "सत्य सारणी" और "खंड आरेख" को "तालिका 3.4" और चित्र 3.26 में क्रमशः प्रस्तुत किया गया है।

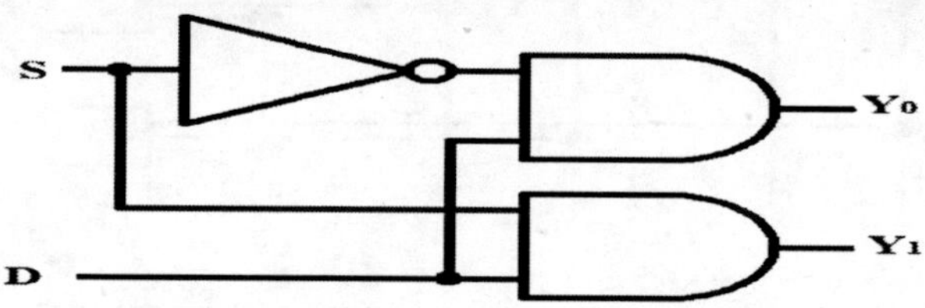

चित्र 3.25: "1:2 वि-बहुसंकेतक " का तर्क कार्यान्वयन

तालिका 3.4: "1 से 4 वि-बहुसंकेतक की "सत्य सारणी "

Input	Select Lines		Outputs			
	S_1	S_0	Y_3	Y_2	Y_1	Y_0
D	0	0	0	0	0	D
D	0	1	0	0	D	0
D	1	0	0	D	0	0
D	1	1	D	0	0	0

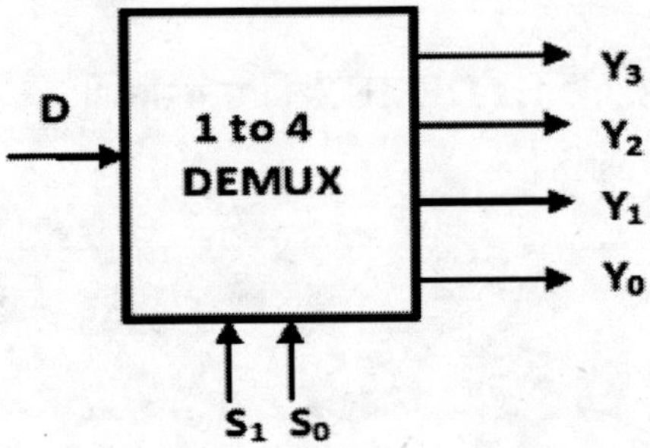

चित्र 3.26: "1:4 DEMUX" का खंड आरेख

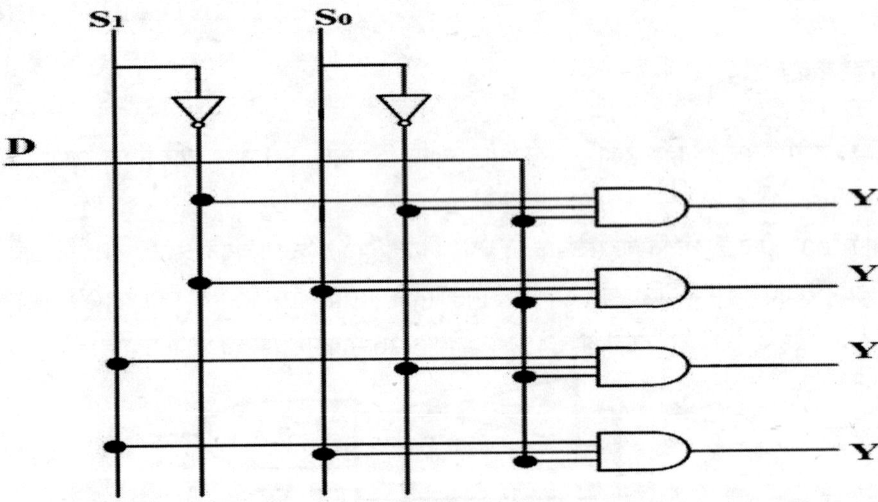

चित्र 3.27: 1:4 वि-बहुसंकेतक का "तर्क कार्यान्वयन"

तालिका 3.5:"1:8 DEMUX की सत्य सारणी

Input	Select Lines			Outputs							
	S_2	S_1	S_0	Y_7	Y_6	Y_5	Y_4	Y_3	Y_2	Y_1	Y_0
D	0	0	0	0	0	0	0	0	0	0	D
D	0	0	1	0	0	0	0	0	0	D	0
D	0	1	0	0	0	0	0	0	D	0	0
D	0	1	1	0	0	0	0	D	0	0	0
D	1	0	0	0	0	0	D	0	0	0	0
D	1	0	1	0	0	D	0	0	0	0	0
D	1	1	0	0	D	0	0	0	0	0	0
D	1	1	1	D	0	0	0	0	0	0	0

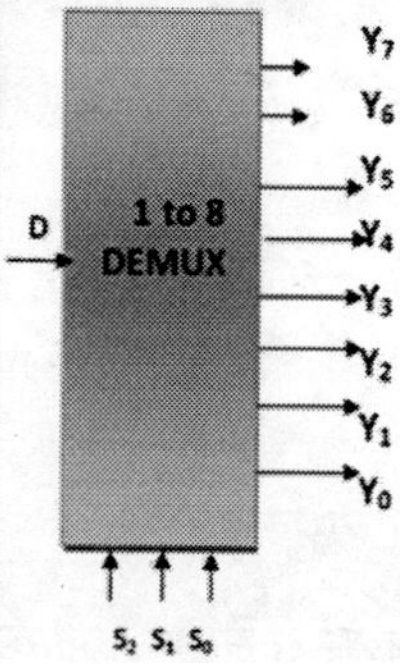

चित्र 3.28:"1:8 DEMUX" का खंड आरेख

$$Y_3 = S_1 . S_0 . D$$
$$Y_2 = S_1 . \overline{S}_0 . D$$
$$Y_1 = \overline{S}_1 . S_0 . D$$
$$Y_0 = \overline{S}_1 . \overline{S}_0 . D$$

3.7.3"वि- बहुसंकेतक" 1:8

"1: 8 वि-बहुसंकेतक" में "एक निवेश रेखा," तीन चयन रेखाएं (S_2, S_1 और S_0) और "आठ निर्गत रेखाएं (Y_7, Y_6, Y_5, Y_4, Y_3, Y_2, Y_1, Y_0) होती हैं। "सत्य सारणी" और "खंड आरेख" चित्र 3.28 में दिखाए गए हैं।

निर्गत की बूलीय अभिव्यक्ति नीचे दी गई है और तर्क द्वार कार्यान्वयन चित्र 3.28 में दिया गया है।

इकाई सारांश

➤ **द्विआधारी योग के नियम -**

दो बिट जोड़ें और उत्पन्न हासिल अगले सबसे महत्त्वपूर्ण बिट(MSB) में जोड़ा जाएगा।

➤ **द्विआधारी व्यवकलन के नियम -**

दो बिटों को घटाएं और लगने वाले उधार को अगले अति विशिष्ट बिट से लिया जाएगा।

➤ **1 के पूरक से योग/व्यवकलन**

एक संख्या "धनात्मक है" और दूसरी संख्या "ऋणात्मक है:"

- यदि हासिल आता है, तो इसे LSB में जोड़ें
- यदि कोई हासिल नहीं है, तो परिणाम होगा-(परिणाम का "1" का पूरक) ।

दोनों संख्याएँ ऋणात्मक हैं -

- हासिल को "LSB" में जोड़ें और परिणाम होगा-(परिणाम का " 1 " का पूरक) ।

➤ **"2" के पूरक से योग/ व्यवकलन**

एक संख्या धनात्मक है और दूसरी संख्या ऋणात्मक है:

- यदि हासिल आता है, तो इसे छोड़ दें ।
- •यदि कोई हासिल नहीं है, तो परिणाम होगा-(परिणाम का " 2 ' का पूरक) ।

दोनों संख्याएँ ऋणात्मक हैं -

हासिल को हटा दें और परिणाम होगा-(परिणाम का "2" का पूरक) ।

➤ **अर्ध योजक-दो बिट जोड़ें जाते हैं।**

$$Sum(S) = B \oplus A$$

$$Carry = B.A$$

➤ **पूर्ण योजक**-तीन बिट एक साथ जोड़े जाते हैं।

$$S = C_{in} \oplus B \oplus A$$

$$C_{out} = C_{in}.(B+A)+A.B$$

➤ **अर्ध व्यवकलक** - एक बिट दूसरे से घटाया जाता है ।

➤**पूर्ण व्यवकलक**- दो बिट एक बिट से घटाए जाते हैं।

अन्तर(B) = $Bin \oplus B \oplus A$

उधार(B_0) = $(\overline{A} + B)B_{in} + \overline{A}.B$

➢ कोडित्र(Encoder)

"कोडित्र " एक प्रकार का "संयोजनात्मक परिपथ" है जो " निवेश" के लिए "द्विआधारी समतुल्य" देता है। इसमें "2^n निवेश रेखाएं" और "n" निर्गत रेखाएं" हैं।

➢ विकोडक(Decoder)

"विकोडक" "एक प्रकार का" "संयोजनात्मक तर्क परिपथ" है जो "द्विआधारी जानकारी" को " n" रेखाओं से 2^n निर्गत रेखाओं पर डिकोड करता है। यह "कोडित्र परिपथ" के "उत्क्रम प्रचालन" का निष्पादन करता है। इसे "n से 2^n" या "n : 2^n विकोडक " के रूप में दर्शाया जा सकता है।

➢ बहुसंकेतक(multiplexer)

"मल्टीप्लेक्स" पद का अर्थ है "कई से एक तक"। यह "संयोजनात्मक परिपथ" का एक प्रकार है जिसमें "कई निवेश रेखाएँ" और "एक निर्गत रेखा" होती है। यह "डेटा चयनकर्ता" या "MUX" के रूप में भी जाना जाता है और "2^n: 1 बहुसंकेतक," के रूप में दर्शाया जाता है, जहाँ, "n" चयन रेखाओं की संख्या है, " 2^n " निवेश रेखाओं की संख्या है" और "1 निर्गत रेखा है।

➢वि-बहुसंकेतक(Demultiplexer)

"डिमल्टिप्लेक्स" पद का अर्थ है " एक से कई तक "। यह "संयोजनात्मक परिपथ" का एक प्रकार है जिसमें "एक निवेश रेखा" और "कई निर्गत रेखाएं" होती हैं। इसे "DEMUX" के रूप में भी जाना जाता है और इसका प्रतिनिधित्व "1:2^n बहुसंकेतक" के रूप में किया जाता है, जहाँ, "n" चयन रेखाओं की संख्या है, "2^n" "निर्गत रेखाओं की संख्या है और "1-निवेश रेखा" है।

अभ्यास

बहु विकल्पीय प्रश्न

1.1. 110 + 010 का द्विआधारी योग है -

(a) 1001 (b) 1000 (c) 1100 (d) 1010

1.2. 1111-0101 का द्विआधारी व्यवकलन है -

(a) 1110 (b)1101 (c) 1010 (d)1001

1.3. $(12)_{10} + (8)_{10}$ का परिणाम है -

(a) 10110 (b) 11101 (c) 10111 (d) 10100

1.4. निम्न में से कौन, अर्ध योजक परिपथ में योग का प्रतिनिधित्व करता है, यदि A, B निवेश हैं तो -

(a) AB+(BA)' (b) A'B + B'A (c) A'B' + BA (d) AB+(A+ B)'

1.5. "8X1" बहुसंकेतक के लिए कितनी "डेटा चयन रेखाओं" की आवश्यकता होती है?

(a) 2 (b) 3 (c) 1 (d) 4

11.6. एक "पूर्ण व्यवकलक" को भी निम्न का उपयोग करके अभिकल्पित किया जा सकता है -

(a) "दो अर्ध व्यवकलक " और एक "AND" द्वार
(b) एक अर्ध व्यवकलक और दो "OR" द्वार
(c) "दो अर्ध व्यकलक " और एक "" OR "द्वार

1.7. "अर्ध योजक " किस का एक "संयोजन" है -

(a)XOR,"OR" द्वार (b) OR,"AND" द्वार (c) XOR,"AND" द्वार (d) केवल XOR

1.8. एक पूर्ण योजक में "तीन निवेश" होते हैं और कितने "निर्गत " होते हैं?

(a) एक (b) तीन (c) चार (d) दो

1.9. "दो 4-बिट द्विआधारी संख्याओं" (1011 और 1111) को "4- बिट समानांतर योजक " पर लागू किया जाता है। "हासिल निवेश" "1" है। कौन सा सही "योग" और "हासिल निर्गत" संयोजन क्रमशः है?

(a) "0000", "0" (b) "1111", "1"

(c) "1011", "1" (d)1100, "1

1.10. एक "पूर्ण योजक"में C_{in} = "0" होता है। यदि AB = 11 है, "योग" (S) और "हासिल " (C) का भार निकालें ?

(a)S = 1, C = 1 (b) S = 1, C = 0 (c) S=0, C=0 (d) S=0,C=1

1.11. निम्नलिखित तर्क परिपथ की पहचान करें -

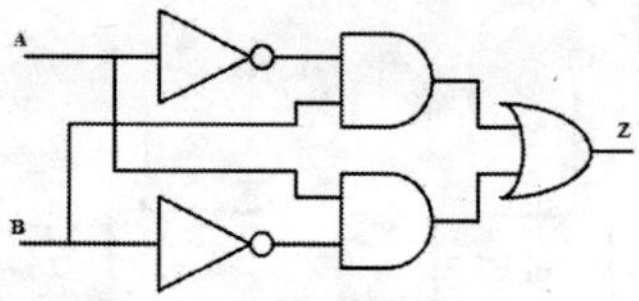

(a) "OR द्वार " (b) "AND द्वार " (c) "XNOR" द्वार (d) XOR द्वार

1.12. एक निवेश अवस्था को द्विआधारी निरूपण में बदलने वाले उपकरण को निम्न प्रकार से जाना जाता है -

(a) कोडित्र (b) विकोडक (c) बहुसंकेतक (d) वि-बहुसंकेतक

1.13. 8- निवेश कोडित्र के लिए, संभावित संयोजनों की संख्या है -

(a) 8. (b) 4 (c) 24 (d) 28

1.14. यदि बहुसंकेतक में 16 निवेश रेखाएँ हैं, तो चयन रेखाओं की संख्या होगी -

(a) 3 (b) 2 (c) 5 (d) 4

1.15. निम्नलिखित परिपथ में से जो "क्रमिक परिवर्तक " के समानांतर के रूप में जाना जाता है -

(a) विकोडक (b) कोडित्र (c) वि-बहुसंकेतक (d)बहुसंकेतक

1.16. 1: 8 वि-बहुसंकेतक के लिए आवश्यक चयन रेखाओं की संख्या है -

(a) 4 (b) 2 (c) 3 (d) 5

1.17. एक 1 : 2 वि-बहुसंकेतक में _ _ _ _ _ AND द्वार और----- NOT द्वार होते हैं -

(a) 1, 1 (b) 2,2 (c) 3,1 (d) 2, 1

1.18. निम्नलिखित परिपथ में से कौन सा परिपथ दिए गए फलन को लागू करने के लिए उपयोग किया जा सकता है?

$F(A, B, C) = \Sigma(m_1, m_2, m_5, m_6)$

(a) अर्ध योजक (b) कोडित्र (c) विकोडक (d) सभी

1.19. निम्नलिखित परिपथों की पहचान करें -

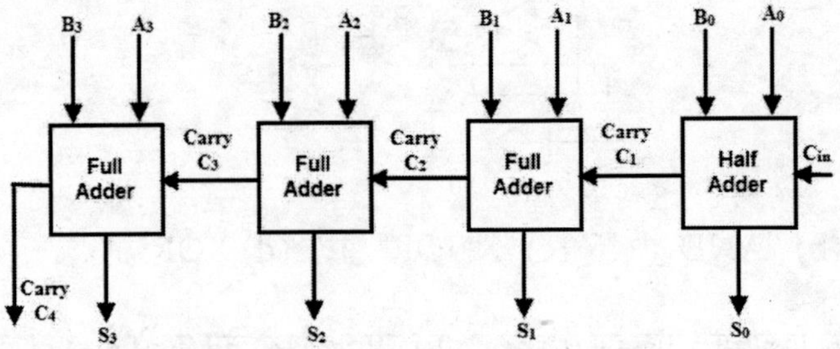

(a) parallel adder (b) serial adder (c) full adder (d) encoder

(a) सामानांतर योजक (b) क्रमिक योजक (c) पूर्ण योजक (d) कोडित्र

1.20. एक क्रमिक योजक में ____शिफ्ट रजिस्टर और _______ पूर्ण योजक होते हैं -

(a) "2, 1" (b) "1, 2" (c) "2, 2" (d) "1, 1"

बहु विकल्पीय प्रश्नों के उत्तर

1.1 b	**1.2 c**	**1.3 d**	**1.4 b**	**1.5 b**	**1.6 c**	**1.7 c**	**1.8 d**	**1.9 c**	**1.10 d**
1.11 d	**1.12 a**	**1.13 d**	**1.14 d**	**1.15 d**	**1.16 c**	**1.17 d**	**1.18 c**	**1.19 a**	**1.20 a**

लघु और दीर्घ उत्तरीय प्रश्न

श्रेणी 1

1.1. संयोजनात्मक परिपथ को परिभाषित करें और खंड आरेख बनाएं।

1.2. एक उदाहरण लेकर द्विआधारी योग के नियमों को स्पष्ट करें।

1.3. अर्ध योजक की सत्य सारणी बनाएं और योग और हासिल के लिए तर्क अभिव्यक्ति लिखें ।

1.4. हम अर्ध योजक का उपयोग करके पूर्ण योजक को कैसे अभिकल्पित कर सकते हैं? तर्क आरेख बनाएं ।

1.5. 2 से 4 विकोडक का उपयोग करके अर्ध योजक को कार्यान्वित करें।

1.6. बहुसंकेतक का उपयोग करके अर्ध योजक को कार्यान्वित करें।

1.7. निम्नलिखित परिपथ में फलन F को कार्यान्वित करें –

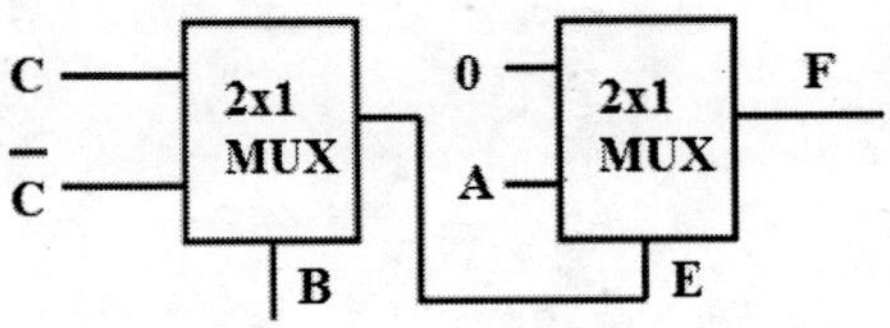

श्रेणी 2

1.1. उपयुक्त आरेख का उपयोग करके 4- बिट समानांतर योजक के प्रचालन को स्पष्ट करें।

1.2. 8 : 3 प्राथमिक विकोडक की सत्य सारणी बनाएं और निर्गत के लिए तर्क अभिव्यक्ति लिखें ।

1.3. 2 : 4 विकोडक का उपयोग करके 4 : 16 विकोडक को अभिकल्पित करें ।

1.4. "उच्च क्रम डेटा निवेश रेखा" की नियत प्राथमिकता अनुसार एक " 4 : 2 प्राथमिकता विकोडक "अभिकल्पित करें ।

1.5. एक संयोजनात्मक परिपथ को $F = \Sigma m\ (0,1,3,6,7)$ द्वारा परिभाषित किया गया है। एक उपयुक्त "विकोडक” और बाहरी "OR द्वार “के साथ F के हार्डवेयर कार्यान्वयन को आरेखित करें ।

1.6. "4 से 1 बहुसंकेतक” और "8 से 1 बहुसंकेतक” का उपयोग करके F को कार्यान्वित करें ।

$$F(A,\ B,\ C) = \bar{A}\ .B + A\ .B\ .\bar{C} + A\ .\bar{B}\ .C$$

1.7. (a) 4 : 1 बहुसंकेतक " (b) "2:1 बहुसंकेतक “ का उपयोग करके ” "16 :1 बहुसंकेतक" कार्यान्वित करें।

1.8. एक “संयोजनात्मक संख्या" अभिकल्पित करें जिसमें “तीन निवेश (A, B, C)" और "तीन निर्गत (X, Y, Z)" हों, इस प्रकार की "निर्गत " निवेश संख्या का "1 का पूरक" हो ।

1.9. एक " संयोजनात्मक परिपथ ” अभिकल्पित करें जिसमे "तीन निवेश" "और” "एक निर्गत” हों जिससे "निवेश” यदि "चार से अधिक या बराबर हैं ", तो "निर्गत" ”उच्च " होगा ।

1.10. "नियंत्रण चर p" के साथ योग/व्यवकलन के लिए” एक” "तर्क आरेख” अभिकल्पित करें । परिपथ एक "पूर्ण योजक” के रूप में कार्य करता है जब "p = 1" हो और "पूर्ण व्यवकलक " के रूप में जब "p = 0" हो ।

1.11. एक "8:1 MUX" में " निवेश A, B, C" "चयन रेखाओं S_2, S_1, S_0 से जुड़े हुए हैं। डाटा "निवेश D0 से D7" तक के आंकड़े इस प्रकार हैं: D1 = D3 = 0 D0 = D2 = D4 = D4 =D; D5 = D6 = D6 = D7 = 1. " न्यूनीकृत बूलियन अभिव्यक्ति" निर्धारित करें जो MUX कार्यान्वित करता है ।

संख्यात्मक प्रश्न

1.1. "2 के पूरक" का उपयोग करके हल निकालें -

(a) $(16)_{10}$-$(12)_{10}$ (b) $(20)_{10}$- $(24)_{10}$

1.2. (a) योग करें 101101 + 110011

(b) व्यकलन करें 11011-1001

1.3. "1 के पूरक" "का उपयोग करके हल करें -

(a) $(12)_{10}$ - $(3)_{10}$ (b) $(11)_{10}$ - $(18)_{10}$

1.4. "1 के पूरक" "का उपयोग करके हल करें -

(a) -$(8)_{10}$- $(12)_{10}$ (b) - $(9)_{10}$ - $(8)_{10}$

1.5. "2 के पूरक" का उपयोग करके हल निकालें -

(a) -$(10110)_2$ - $(1111)_2$. (b) -$(1010)_2$ - $(010)_2$

प्रायोगिक

अंकीय आइसियों का उपयोग करके प्रयोगशाला में प्रयोग किए जा सकते हैं।

- वेरिलॉग भाषा का उपयोग करके EDA प्लेग्राउंड वेबसाइट पर प्रयोग किए जा सकते हैं (ई-मेल आईडी का उपयोग कर लॉगिन की आवश्यकता होती है)। https://www.edaplayground.com

-आभासी प्रयोगशालाओं में भी प्रयोग किए जा सकते हैं। यहाँ आईआईटी मुंबई और आईआईटी खड़गपुर से आभासी प्रयोगशालाओं के लिए क्यूआर कोड क्रमशः प्रदान किए जाते हैं।

QR code for Virtual - Lab IIT Kharagpur

QR code for Virtual - Lab IIT Bombay

प्रयोग 3. आइसियों का उपयोग करके "अर्ध योजक, पूर्ण योजक, अर्ध व्यवकलक , पूर्ण व्यवकलक" कार्यान्वित करें ।

आवश्यक उपकरण -

अंकीय आईसी-XOR-7486, AND-7408, OR-7432, NOT-7404, NAND-7400। सभी आइसियों के आंतरिक विवरण प्रयोग 1 में दिए गए हैं।

आरेख और सत्य सारणी

अर्ध योजक-कृपया अनुभाग 3.3.1 को संदर्भित करें।

इसके लिए, **योग के लिए एक XOR द्वार (7486) और निर्गत के लिए एक AND द्वार (7408)** की आवश्यकता होती है। योग = A XOR B ; हासिल = A AND B.

वैकल्पिक रूप से "अर्ध योजक" को भी केवल NAND द्वारों (7400)" का उपयोग करके कार्यान्वित किया जा सकता है जैसा कि नीचे दिखाया गया है। एक आईसी में 4 NAND द्वार होते हैं, इसलिए इसे कार्यान्वित करने के लिए दो 7400 NAND आइसियों की आवश्यकता होती है।

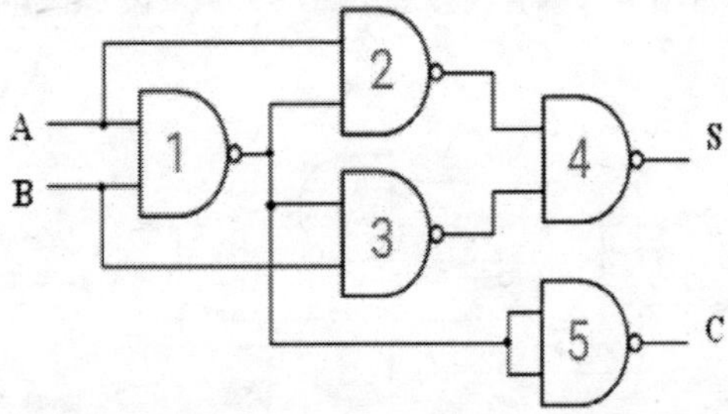

पूर्ण योजक-कृपया अनुभाग 3.3.2 को संदर्भित ।

इसके लिए दो अर्ध योजक और एक OR द्वार की आवश्यकता होती है , चित्र 3.3.7। इस प्रकार, इसमें , **योग के लिए एक XOR द्वार (7486) और हासिल के लिए एक AND द्वार (7408) और एक OR द्वार** आइसियों की आवश्यकता होती है। योग = (A XOR B) XOR C_{in}; हासिल = (A AND B) OR ((A XOR B) AND C_{in}))।

वैकल्पिक रूप से पूर्ण योजक के आरेख को NAND द्वार (7400) आइसियों का उपयोग करके भी लागू किया जा सकता है जैसा कि नीचे के आरेख में दिखाया गया है। यहाँ 9 NAND द्वार या 3 NAND द्वार आइसियाँ IC 7400 पूर्ण योजकों को कार्यान्वित करने के लिए आवश्यक हैं।

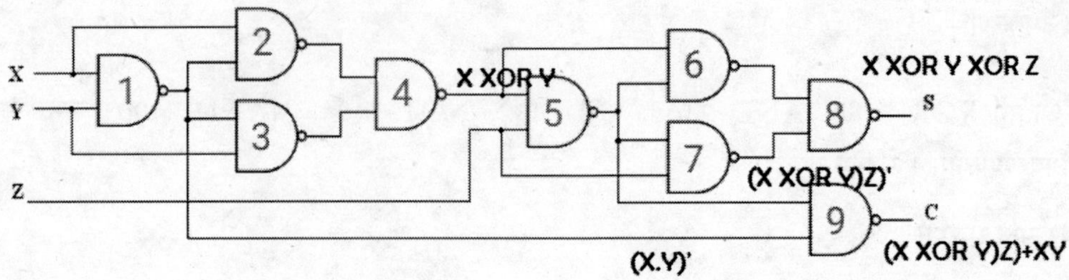

अर्ध व्यकलक- अनुभाग 3.3.3 को संदर्भित करें।

इसमें निर्गत 'अंतर' के **लिए एक XOR द्वार (7486) की और 'उधार 'निर्गत के लिए एक AND द्वार (7408)** और **एक NOT द्वार (7404)** आइसियों (ICs) की आवश्यकता होती है । अंतर = A XOR B; उधार = (NOT A) AND B, चित्र 3.8 को संदर्भित करें ।

वैकल्पिक रूप से "अर्ध व्यवकलक " को भी 5 NAND द्वारों (आईसी 7400) का उपयोग करके कार्यान्वित किया जा सकता है जैसा कि यहाँ दिखाया गया है। एक आईसी में 4 NAND द्वार होते हैं, इसलिए इसे लागू करने के लिए दो 7400 आइसियों की आवश्यकता होती है।

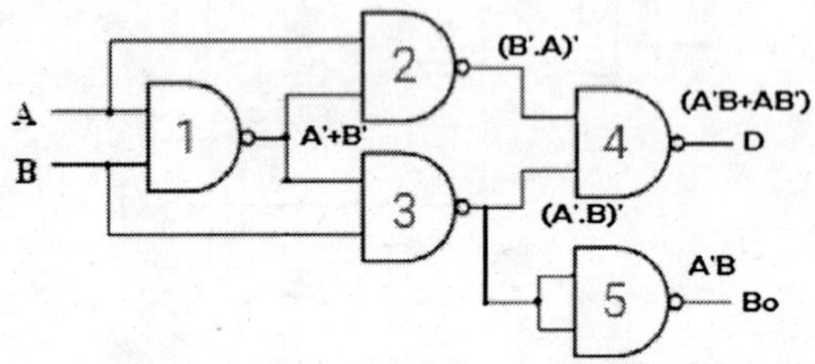

पूर्ण व्यकलक -अनुभाग 3.3.4 को संदर्भित करें ।

"इसके लिए" "दो अर्ध व्यवकलकों " और "एक OR द्वार ," की आवश्यकता होती है, चित्र 3.10 । . अतः इस प्रकार, **अंतर के लिए एक XOR द्वार (7486)** और **दो NOT द्वार (7404), दो AND द्वार (7408)** और **एक OR द्वार (7432)** आइसियों की **उधार (B_0)** के लिए आवश्यकता होती है।

टिप्पणियां : प्रत्येक परिपथ की सत्य सरणियों को उचित निवेश नमूने लागू करके और निर्गत को देखकर और इसकी शुद्धता को सत्यापित करके पूर्ण करें।

निष्कर्ष: "अर्ध योजक", "पूर्ण योजक", "अर्ध व्यवकलक" और "पूर्ण व्यकलक " फलनों का सत्यापन अंकीय आइसियों का उपयोग करके किया गया है।

प्रयोग 4. आइसियों का उपयोग करके समानांतर और क्रमिक पूर्ण योजक लागू करें।

आवश्यक उपकरण - अंकीय आईसी - 7483 चार बिट द्विआधारी समानांतर योजक/व्यवकलक आईसी है। IC7474-D फ्लिप फ्लॉप आईसी, 7400- NAND द्वार आईसी। "7483 आईसी "का पिन आरेख "नीचे दिखाया गया है –

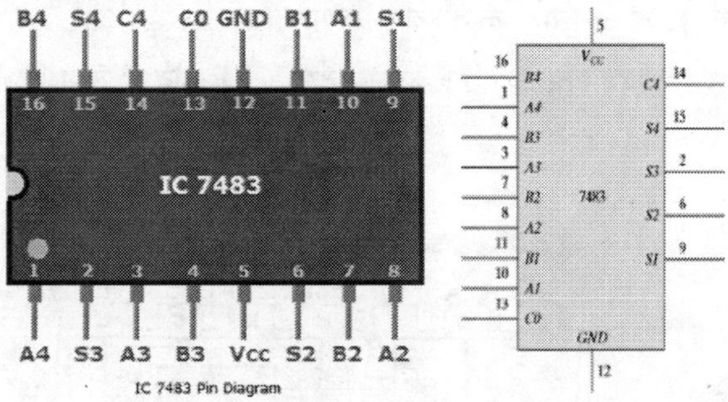

प्रक्रम:

"समानांतर योजक"-कृपया अनुभाग 3.3.5 को संदर्भित करें।

चार बिट के योग के लिए पिन 13 (हासिल) को ग्राउंड करना होगा। **पिन 1,3,8,10 पर निवेश** A और **पिन 16,4,7,11 पर निवेश** B लागू करें और **पिन 15,2,6,9 पर योग** का अवलोकन करें और **पिन 14 पर हासिल निर्गत** का। चार बिट योजक का आंतरिक परिपथ चित्र 3.12. में दिया गया है।

क्रमिक योजक-कृपया अनुभाग 3.3.6 को संदर्भित करें ।

क्रमिक पूर्ण योजक को निम्नलिखित आरेख का उपयोग करके प्रदर्शित किया जा सकता है।

-यदि यह 4 बिट का पूर्ण योजक है तो पहले D फ्लिप फ्लॉप को रीसेट करें (ताकि यह "हासिल अंदर"(C_{in})= 0 हो)।

-निवेश A और B के LSB को लागू करें और निर्गत को योग के LSB के रूप में देखें।

-निवेश के एमएसबी तक पहुंचने तक उपरोक्त चरण को दोहराएं।

-"हासिल **निर्गत** ("C_{out}") D फ्लिप फ्लॉप "का निर्गत है

और **योग**" "S निर्गत " "पर किया अवलोकन है ।

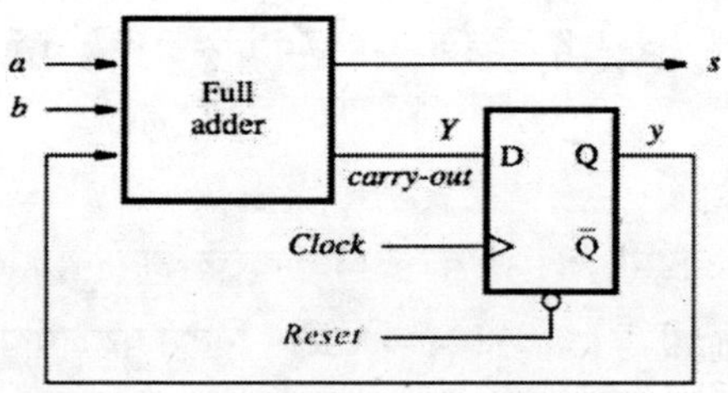

यहाँ उपरोक्त आरेख से हम देख सकते हैं कि- क्रमिक योजक को कार्यान्वित करने के लिए एक D फ्लिप फ्लॉप के साथ '1' बिट पूर्ण योजक की आवश्यकता होती है।

पूर्ण योजक परिपथ को "प्रयोग 3" के अनुसार कार्यान्वित किया जा सकता है: और D फ्लिप फ्लॉप (D-FF) को कार्यान्वित करने के लिए हमें IC 7474 की आवश्यकता होती है जिसमें दो D-FF होते हैं जैसा कि पिन और आंतरिक आरेख में दिखाया गया है।

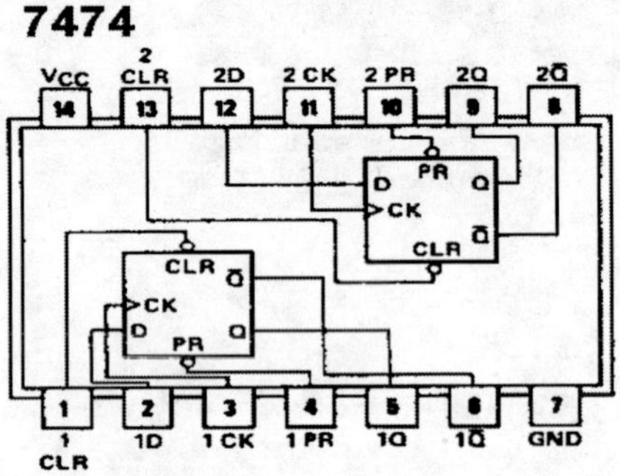

अवलोकन: निवेश के दो या तीन समुच्चय लागू करके और इसकी शुद्धता को सत्यापित करने के लिए निर्गत का अवलोकन करके सत्य सारणी को पूरा करें।

निष्कर्ष:अंकीय आईसी का उपयोग करके समानांतर योजक और क्रमिक योजक कार्यों का सत्यापन किया गया है।

प्रयोग5. "अंकीय आइसियों का उपयोग करके बहुसंकेतक और वि -बहुसंकेतक का अभिकल्प और विकास" ।इन आइसियों का उपयोग करके आधारीय परिपथों को लागू करना।

आवश्यक उपकरण -

अंकीय आईसी-MUX आईसी 74153, विकोडक आईसी 74139, अन्य मूल द्वार आइसियाँ ।

बहुसंकेतक -

बहुसंकेतकों के विवरण को विस्तृत रूप से 3.6 में प्रस्तुत किया गया है। MUX के लिए अंकीय आईसी 74153 है ,जिसमें दोहरे 4 X 1 MUX है। "अर्ध योजक,पूर्ण योजक , अर्ध व्यवकलक , पूर्ण व्यकलक, जैसे सरल परिपथों को आईसी 74153 का उपयोग करके कार्यान्वित किया जाता है। आईसी कनेक्शनों के लिए प्रक्रिया नीचे सूचीबद्ध है -

वि- बहुसंकेतक

वि बहुसंकेतक को 2X4 विकोडक आईसी 74139 का उपयोग करके कार्यान्वित किया जाता है। आईसी 74139 में द्वि चैनल विकोडक होते हैं। इसमें सक्षम निवेश भी है। यदि निवेश को सक्षम निवेश पर लगाया जाता है और विकोडकों के मूल निवेशों का

उपयोग चयन रेखाओं के रूप में किया जाता है तो यह हमें वि-बहुसंकेतक देता है। क्योंकि विकोडक हमें अल्प पद देता है, इसलिए एक अतिरिक्त "OR द्वार " का उपयोग करके किसी भी कार्य को लागू करना सरल है।

MUX के लिए प्रक्रम

1.पिन [16] +Vcc से जुड़ी है।

2. पिन [8] ग्राउंड से जुड़ी है।

3 निवेशों को निवेश 'A' या निवेश 'B' में लगाया है।

4. यदि 'MUX A' को आरम्भ करना है तो , Ea को कम करें और यदि 'MUX' B को चालू करना हैतो Eb को कम करें ।

5. चयन रेखाओं के आधार पर कोई एक निवेश निर्गत पर चयनित होगा और इस प्रकार से सत्य सारणी का सत्यापन होगा ।

6. MUX से बने अर्ध योजक में , सतत निवेशों को I_{0a}, I_{1a},I_{2a}, I_{3a},और I_{0b}, I_{1b}, I_{2b} और I_{3b} पर लगाने से , योग और हासिल प्राप्त होते हैं और चयन रेखाओं का मान सत्य सारणी के अनुसार बदलकर , निर्गत Z0a एवं Z0b पर योग और हासिल के रूप में मिलता है। 7.इस स्थिति में चैनल A और B को तालिका अनुसार सतत निवेश पर रखा जाता है और निवेश A और B को बदला जाता है। Eaऔर Eb को शून्य पर रख कर, ़निर्गत Za और Zb पर लिया जाता है।

8. MUX से बने पूर्ण योजक में , ़निवेश को Cn-1, An और Bn पर लगाया जाता है। तालिका अनुसार सम्बंधित निर्गत Cn और Dn पर लिए जाते हैं ।

MUXआईसी 74153 का उपयोग करके फलनों का कार्यान्वयन

Half Adder Using 74153 –

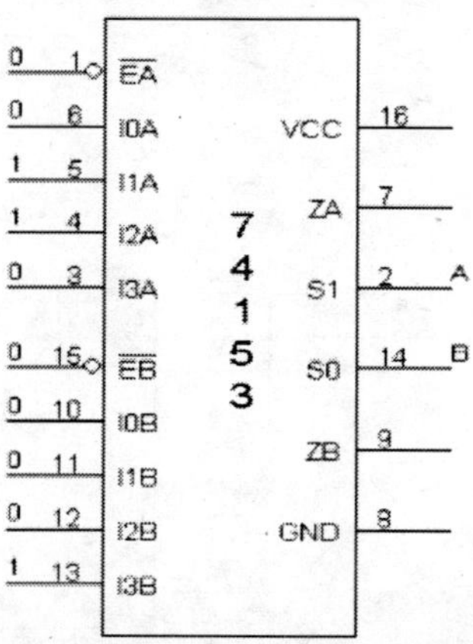

Half Subtractor: -

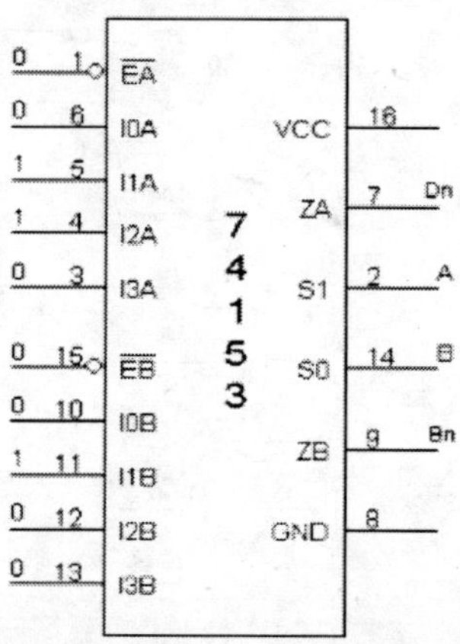

Full Adder Using 74153: -

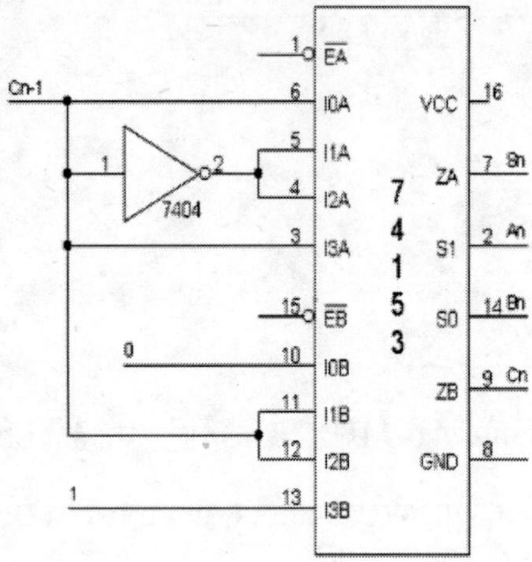

Full Subtractor Using 74153: -

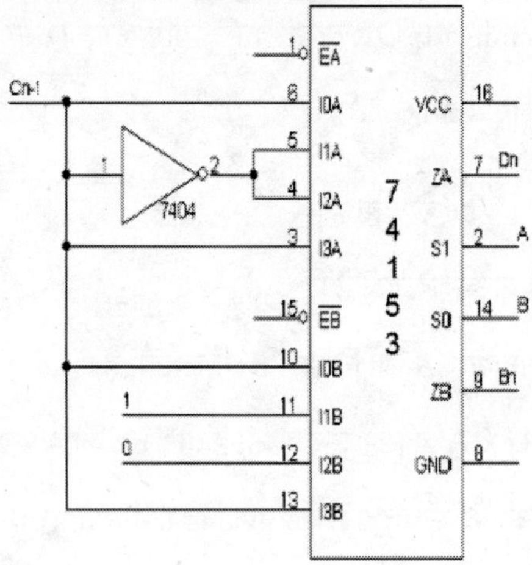

प्रक्रमः 74139 (विकोडक आईसी) से बना वि- बहुसंकेतक

-1. निवेशों को निवेश 'A' या निवेश 'B' पर लगाया जाता है ।

2. DEMUX को Ea और Eb को कम करके सक्रिय किया जाता है ।

3. सत्य सारणी को सत्यापित किया गया ।

DEMUX आईसी 74139 का उपयोग करके फलनों का कार्यान्वयन -

अर्ध योजक

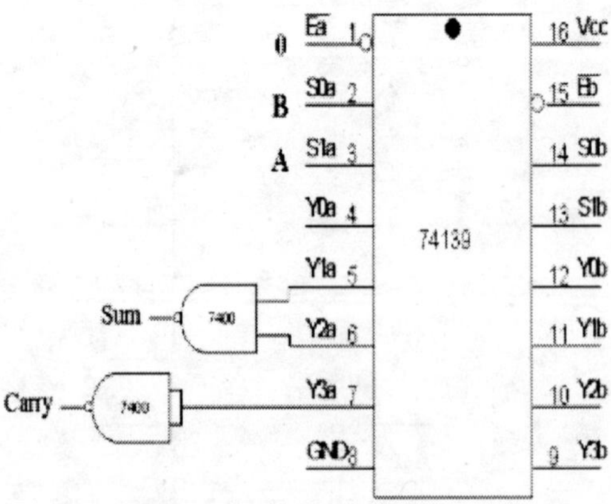

अर्ध व्यवकलक

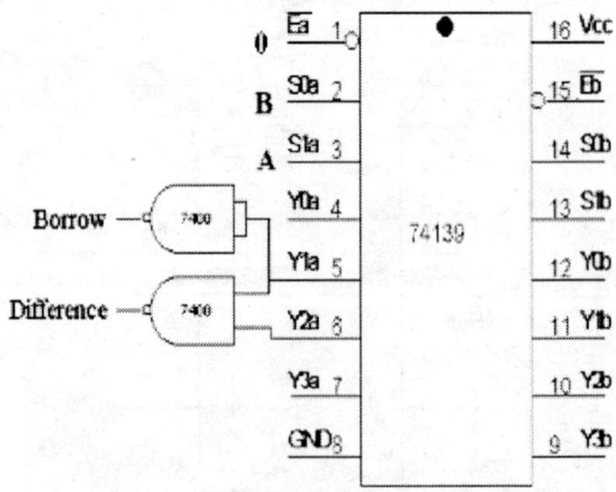

पूर्ण योजक -

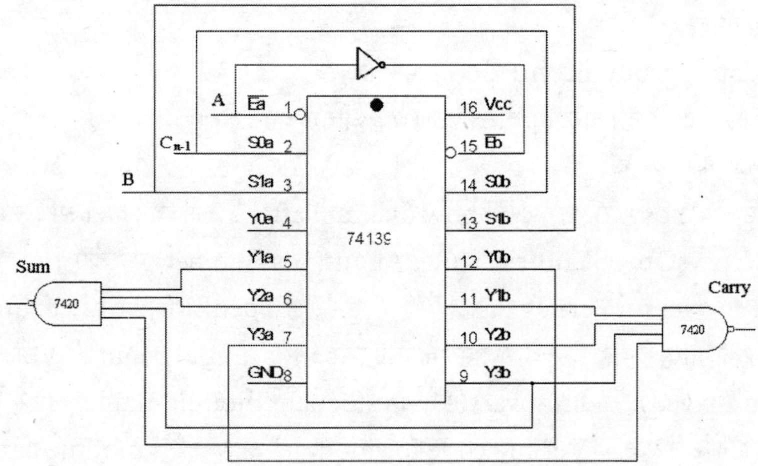

पूर्ण व्यवकलक -

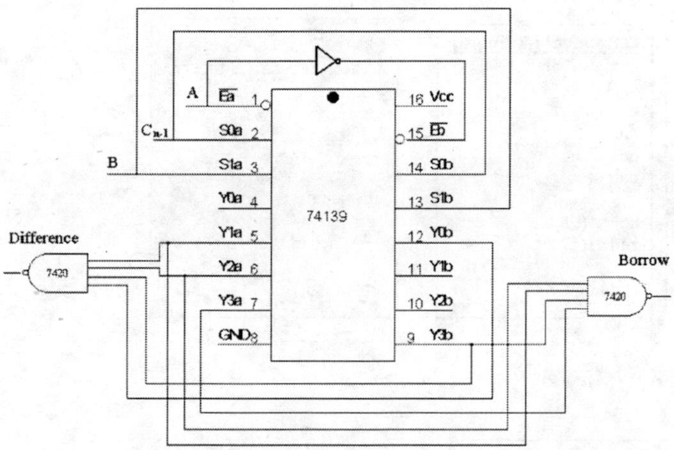

अवलोकन: उचित निवेश पैटर्न लागू करके और निर्गत का अवलोकन करके और इसकी शुद्धता को सत्यापित करके प्रत्येक परिपथ की "सत्य सारणी" को पूरा करें। सत्य सारणी सत्यापन के लिए अनुभाग 3.3 को संदर्भित करें ।

निष्कर्ष: MUX 74153 और विकोडक (के लिए)-74139 की अंकीय आइसियों का उपयोग करके अर्ध योजक, पूर्ण योजक , अर्ध व्यवकलक, और पूर्ण व्यवकलक कार्यों का सत्यापन किया गया है।

ऑनलाइन/ऑफलाइन सॉफ्टवेयर का उपयोग करने वाले वेरीलॉग प्रयोग

➤**महत्वपूर्ण लिंक्स** - YosysOpenSYnthesisSuite::Links (yosyshq.net)

➤**प्रक्रम** -

1.अपना लॉगिन यहाँ बनाएं
https://www.edaplayground.com/और लॉग इन करें।

2. दिए गए **भाषा विकल्प** से सिस्टम वेरिलॉग/वेरिलॉग का बाईं ओर से चयन करें।

3. टूल्स और सिमुलेटर का चयन करें

a) सिन्थेसिस ="Yosys 0.9.0"-> "Show diagram after" का चयन करें। अधिक सहायता के लिए " YosysOpenSYnthesisSuite::About(yosyshq.net) पर जाएँ ।

b) सिमुलेशन- "IcarusVerilog 0.9.7 " -> " OpenEPwave after run" का चयन करें "

4.बाईं ओर टेस्ट बेंच की जगह है-यहाँ टेस्ट बेंच जोड़ने के लिए कोड लिखें, "initial begin" के पश्चात "$dumpfile("dump.vcd); $dumpvars(1);" ।testbench<module-name>.sv से सेव करें ।

5. दाईं ओर RTL कोड के लिए है । "Verilog code for module" टाइप करें ,<module name> से सेव करें ।

6. त्रुटियों को दूर करें यदि कोई हों। चला कर और परिणाम देखें।

➤**वेरिलॉग का उपयोग करके अर्ध योजक का कोड लिखें**

Data Flow modelling

```
module halfadder(a, b,
s, c);
input a;
input b;

output wire s;
output wire c;

assign {c,s}=a+b;

endmodule
```

Gate level Modeling

```
module halfadder(a, b,
s, c);
input a;
input b;
output s;
output c;

xor x1(s,a,b);
and a1(c,a,b);

endmodule
```

Testbench for Half adder

```
module halfadder_test();
reg a,b;
wire s,c;
halfadder h1(a,b,s,c);
 initial begin
       a=1'b1;  b=1'b1;
#20 a=1'b1;  b=1'b0;
#20  a=1'b0;  b=1'b1;
#20 a=1'b0;  b=1'b0;
end
 endmodule
```

वेरिलॉग का उपयोग करके पूर्ण योजक

Data Flow Modeling

```
module full_adder
(carry,sum,x,y,z);
input  x,y,z;
output
wire carry,sum;
assign {carry,sum
}=x +y+z;
endmodule
```

Gate level modeling

```
module full_adder(carry,s
um,A,B,Cin);
input  A,B,Cin;
output carry,sum;
wire s1,c1,c2;
xor x1(s1,A,B);
and a1(c1,A,B);
xor x2(sum,s1,Cin);
and a2(c2,s1,Cin);
or o1(carry,c1,c2);
endmodule
```

Testbench Full Adder

```
module full_adder_test();
reg x,y,z;
wire carry,sum;
initial begin
 x=1'b0;   y=1'b0;   z=1'b0;
#20 x=1'b0;   y=1'b0;   z=1'b
1;
#20 x=1'b0;   y=1'b1;   z=1'b
0;
#20 x=1'b0;   y
=1'b1;  z=1'b1;
end
endmodule
```

अभिकल्प बनाने के लिए तीन मॉडलिंग शैलियों में से किसी एक का उपयोग किया जा सकता है। टेस्ट बेंच का उपयोग तरंग को देखने के लिए किया जाता है। वेरिलॉग के बारे में विस्तृत विवरण के लिए आप नीचे के वेबपेज पर जा सकते हैं। इसी प्रकार के अन्य परिपथों को वेरीलॉग का उपयोग करके बनाया जा सकता है।

संदर्भ- https:// www.asic-world.com/Verilog/Veritut.html

अधिक जानें

संयोजनात्मक तर्क परिपथ सभी अंकीय प्रक्रमों के आधारीय निर्माण खंड होते हैं। कोडित्र का उपयोग जानकारी को एनकोड करने के लिए किया जाता है ताकि इसे अंकीय प्रक्रम द्वारा संसाधित किया जा सके, जबकि विकोडक का उपयोग उस जानकारी को डिकोड करने के लिए किया जाता है ताकि इसे मूल प्रारूप में रिसीवर पर प्राप्त किया जा सके। उदाहरण के लिए, माइक द्वारा एनकोड की गई आवाज़, जबकि यह स्पीकर में जाने से पहले डिकोड की जाती है संचार प्रणालियाँ एक चैनल में अधिक फोन उपयोगकर्ताओं को समायोजित करने के लिए बहुसंकेतकों का उपयोग करती हैं, जबकि वि-बहुसंकेतक रिसीवर पर इसका उत्क्रम (उल्टा) करते हैं ।

संदर्भ और पठनीय सुझाव

1. M.Morris Mano and Michael Ciletti, "Digital Design", 5th edition, Pearson.

2. Digital Electronic Circuits - (npetl.ac.in)

Dynamic QR Code for Further Reading

-QR codes are embedded in the chapter

4 अनुक्रमिक तर्क परिपथ

इकाई विशेष

इस इकाई के माध्यम से हमने निम्नलिखित पहलुओं पर चर्चा की है:

- स्तर उत्प्रेरित (level triggered) एवं किनार उत्प्रेरित (edge triggered) फ्लिप फ्लॉप (FF)
- FF के समय प्राचल (Timing Parameters) ,
- मास्टर-स्लेव FF
- FF के अनुप्रयोग
- काउंटर
- रजिस्टर

आगे जिज्ञासा और रचनात्मकता उत्पन्न करने के साथ साथ समस्या का हल ढूँढने की क्षमता में सुधार के लिए यहाँ विषयों के व्यावहारिक अनुप्रयोगों पर चर्चा की गई है।

इसके अलावा, इस इकाई में बड़ी संख्या में बहु विकल्पीय प्रश्न देने के साथ साथ लघु एवं दीर्घ उत्तरीय प्रकार के प्रश्न जो कि दो श्रेणियों (ब्लूम के वर्गीकरण के निम्न और उच्च क्रम (order)) में चिन्हित हैं, कई संख्यात्मक समस्याओं पर आधारित नियत कार्य, संदर्भों की सूची और पठनीय सुझाव दिए गए हैं ताकि कोई भी उनके द्वारा अभ्यास कर सके। यह ध्यान रखना महत्वपूर्ण है कि अपने पसंद के विभिन्न विषयों के संदर्भ में अधिक जानकारी प्राप्त करने के लिए विभिन्न अनुभागों में कुछ क्यूआर कोड प्रदान किए गए हैं जिन्हें संबंधित सहायक ज्ञान के लिए स्कैन किया जा सकता है।

संबंधित प्रायोगिक कार्य के बाद, विषय वास्तु के आधार पर, "अधिक जानकारी" अनुभाग(section) दिया गया है। इस अनुभाग को सावधानीपूर्वक बनाया किया गया है ताकि इस भाग में प्रदान की गई पूरक(complement) जानकारी पुस्तक के उपयोगकर्ताओं के लिए लाभदायक हो। यह अनुभाग मुख्य रूप से प्रारंभिक गतिविधियों , कुछ रोचक तथ्यों के उदाहरण, सादृश्य, विषय के विकास का इतिहास, जो संबंधित विषयों के विकास से लेकर वर्तमान समय तक की समय सीमा, हमारे दैनिक वास्तविक जीवन के लिए विषय वस्तु के अनुप्रयोग या/और विभिन्न पहलुओं पर औद्योगिक अनुप्रयोगों, पर्यावरण स्थिरता से संबंधित मामलों सामाजिक और नैतिक मुद्दे जो भी लागू हों, और अंत में इकाई के जिज्ञासा उत्पन्न करने वाले विषयों पर प्रकाश डालता है ।

औचित्य (Rationale)

अनुक्रमिक तर्क परिपथों पर यह मूल इकाई छात्रों को फ्लिप फ्लॉप (FF)-SR, JK, T, D फ्लिप फ्लॉप, JK मास्टर स्लेव, FF समय प्राचलों, सक्रिय(active) निम्न निवेशों के साथ R-S FF, सक्रिय उच्च निवेशों के साथ RS FF, घड़ी बद्ध किया हुआ RS FF, पूर्व निर्धारित (PRESET) और खाली (CLEAR) निवेशों के साथ JK FF, मास्टर स्लेव FF,FF फ्लिप फ्लॉप के अनुप्रयोग, उत्प्रेरक काउंटर- 4 बिट अप डाउन काउंटर, अतुल्यकालिक (Asynchronous)/रिपल काउंटर, दशक(decade) काउंटर, मॉड 3 काउंटर, मॉड 7 काउंटर, जॉनसन काउंटर, रिंग काउंटर, रजिस्टर- 4 बिट शिफ्ट रजिस्टर- क्रमिक निवेश क्रमिक निर्गत (serial in serial out), क्रमिक निवेश सामानांतर निर्गत (serial in parallel out) , समानांतर निवेश क्रमिक निर्गत (parallel in serial out) , समानांतर निवेश समानांतर निर्गत (parallel in parallel out) के बारे में प्राथमिक विचार प्राप्त करने में मदद करता है। ।

जैसे जैसे स्वास्थ्य देखभाल, सॉफ्टवेयर, स्वचालन, डिजिटल बैंकिंग और कई अन्य क्षेत्रों में अंकीय इलेक्ट्रॉनिक्स के उपयोग की संभावना में विस्तार हो रहा है, तर्क द्वारों के विभिन्न संयोजनों का उपयोग, तर्क संकेत का प्रतिनिधित्व करने के लिए किया जा रहा है, जिसे अनुक्रमिक तर्क परिपथ के रूप में जाना जाता है। ये अंकीय इलेक्ट्रॉनिक्स के महत्वपूर्ण भाग हैं जिनका उपयोग विभिन्न प्रकार के अनुप्रयोगों में किया जाता है।

पूर्व आवश्यकताएं (Pre-Requisites)

इकाई 1, इकाई 2, इकाई 3, ।

इकाई के आउटकम

इस इकाई के आउटकम की सूची इस प्रकार है:

U4-O1: स्तर उत्प्रेरित और किनार उत्प्रेरित फ्लिप फ्लॉप (FF) का वर्णन करना ।

U4-O2: मास्टर स्लेव FF का कार्य सीखना।

U4-O3: FF अनुप्रयोगों का वर्णन करना ।

U4-O4: अप और डाउन काउंटरों का प्रचालन जानना।

U4-O5: क्रमिक और समानांतर शिफ्ट रजिस्टरों को अभिकल्पित करना।

इकाई 4 आउटकम	कोर्स आउटकम से वांछित मानचित्रण (1- दुर्बल सहसंबंध; 2- मध्यम सहसंबंध; 3- मज़बूत सहसंबंध)					
	CO-1	CO-2	CO-3	CO-4	CO-5	CO-6
U4-O1	-	2	2	3	1	-
U4-O2	-	2	2	3	1	-
U4-O3	-	2	2	3	1	-
U4-O4	-	2	2	3	1	-
U4-O5	-	2	2	3	1	-

विफलता अधिक बुद्धिमत्तापूर्वक सीखने का अवसर है।

हेनरी फोर्ड

4.1 परिचय

निवेश चर (X), संयोजनात्मक परिपथ (तर्क द्वार) और निर्गत चर, अनुक्रमिक परिपथ बनाते हैं जैसा कि चित्र 4.1 में दिखाया गया है। एक अनुक्रमिक परिपथ प्राथमिक निवेश और पूर्व निर्गत चरों, दोनों के आधार पर एक निर्गत उत्पन्न करता है, जो कि एक संयोजनात्मक परिपथ के विपरीत होता है जिसमे केवल वर्तमान निवेश चरों के आधार पर एक निर्गत उत्पन्न होता है। इस प्रकार, द्विआधारी जानकारी को संग्रहीत करने वाले स्मृति घटक क्रमिक परिपथों में उपस्थित होते हैं।

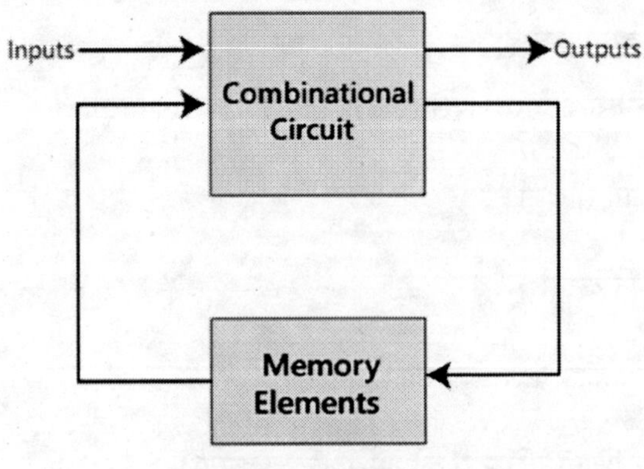

चित्र 4.1: अनुक्रमिक तर्क परिपथ के लिए खंड आरेख

4.1.1 संयोजनात्मक बनाम क्रमिक तर्क परिपथ

	संयोजनात्मक परिपथ	अनुक्रमिक परिपथ
1	संयोजनात्मक परिपथ के निर्गत केवल वर्त्तमान निवेशों पर निर्भर होते हैं।	अनुक्रमिक परिपथों के निर्गत वर्त्तमान निवेशों और वर्त्तमान अवस्था (पूर्व निर्गत)पर निर्भर होते हैं
2	संयोजनात्मक परिपथों में पुनर्निवेश पथ नहीं होता।	अनुक्रमिक परिपथों में पुनर्निवेश पथ होता है ।
3	संयोजनात्मक परिपथों में स्मृति घटकों कि आवश्यकता नहीं होती ।	अनुक्रमिक परिपथों में स्मृति घटकों की मुख्य भूमिका है और अवशयक होते हैं ।
4	संयोजनात्मक परिपथों में समय संकेत की आवश्यकता नहीं होती ।	अनुक्रमिक परिपथों में समय संकेत की आवश्यकता होती है ।
5	संयोजनात्मक परिपथ को अभिकल्पित करना असान है ।	अनुक्रमिक परिपथ को अभिकल्पित करना सुलभ नहीं है ।

4.2 फ्लिप फ्लॉप

अनुक्रमिक परिपथ का एक उदाहरण एक **फ्लिप फ्लॉप (FF)** है जो प्रायः अपने निवेश लेता है और केवल **घड़ी की सक्रिय किनार** पर ही अपने निर्गतों को अद्यतन करता है। **लैच** एक स्तर-उत्प्रेरित क्रमिक परिपथ होता है। यदि FF को **घड़ी के सक्रिय स्तरों** पर उत्प्रेरित किया जाता है, तो इसे लैच के रूप में जाना जाता है। कभी कभी लैच को **स्तर- उत्प्रेरित FF (लेवल ट्रिगर FF)** भी कहा जाता है।

FF में, सत्य सारणी को **विशेषता सारणी** (characteristic table) के रूप में भी जाना जाता है और FF के बूलियन समीकरण को **विशेषता समीकरण** (characteristic equation) कहा जाता है। FF में निवेश संयोजनों और वर्तमान स्थितियों के आधार पर परिवर्तन कैसे हो रहा है यह दर्शाने के लिए **अवस्था सारणी** (state table) और **अवस्था आरेख**(state diagram) होते हैं । **अवस्था उत्तेजना सारणी** (state excitation table) और **वर्त्तमान अवस्था** (present state) - **अगली अवस्था** (next state) **सारणी**, को फ्लिप फ्लॉप का उपयोग करके किसी भी क्रमिक तुल्यकालिक (synchronous) परिपथ को अभिकल्पित करने के लिए या एक फ्लिप फ्लॉप को अन्य फ्लिप फ्लॉप के रूप में कार्य करने के लिए परिवर्तित किया जाता है।

4.2.1 एस आर (S-R)फ्लिप फ्लॉप

मूलतः, एक S-R लैच जो NAND द्वारों और एक अतिरिक्त सक्षम निवेश का उपयोग करता है, उसे स्तर उत्प्रेरित SR-FF के रूप में भी संदर्भित किया जाता है। संक्षेप में, यदि E = 1 है , तो यह परिपथ एक S-R लैच के रूप में कार्य करेगा लेकिन, यदि E = 0, है तो निर्गत अपरिवर्तित रहता है।

इस संदर्भ में R और S क्रमशः RESET (रिसेट)और SET(सेट) को संदर्भित करते हैं। जब निर्गत Q अपनी अवस्था बदलता है तो यह सेट अपनी अवस्था 1 (SET) से अवस्था 0 (RESET)में बदल जाता है। हर समय, Q निर्गत, Q' निर्गत का पूरक होता है। यदि किसी निवेश के लिए, Q और Q' एक दूसरे के पूरक नहीं हैं तो इस प्रकार की स्थिति को अमान्य (invalid) अवस्था के रूप में जाना जाता है।

4.2.1.1 सक्रिय निम्न निवेशों के साथ S-R लैच

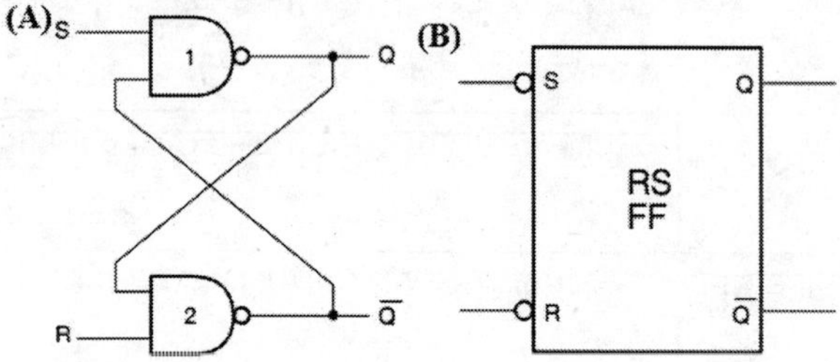

Scan for Flip Flops

चित्र 4.2: (a)S-R लैच परिपथ आरेख और (b) सक्रिय निम्न निवेश के साथ खंड आरेख

तिर्यक्-युग्मन (क्रॉस कपलिंग) दो NAND द्वारों को जोड़ता है। दूसरे शब्दों में, 'NAND2' के निवेशों में से एक निवेश 'NAND1' का निर्गत है, जबकि इसका विपरीत 'NAND2' के निर्गत के लिए सत्य है। 'S' और 'R' निवेश अंतिम NAND1 और NAND2 निवेश हैं। दोनों Q और Q' निर्गत NAND से प्राप्त होते हैं , चित्र 4.2। चित्र 4.2 तर्क आरेख और खंड आरेख भी दिखाता है।

सक्रिय निम्न निवेश SR लैच के लिए, तालिका 4.1 (a), में सक्रिय निम्न निवेश के साथ SR लैच के लिए सत्य सारणी दर्शाई गई है। यहाँ **S का उपयोग निर्गत Q को SET के लिए और R का उपयोग निर्गत Q को RESET करने के लिए** किया जाता है। सक्रिय निम्न निवेश के लिए , S = 0 का उपयोग SET-Q = 1 करने के लिए किया जाता है, जबकि R = 0 का उपयोग RESET-Q = 0 करने के लिए किया जाता है क्योंकि **S और R एक साथ सक्रिय नहीं हो सकते हैं इसलिए सक्रिय निम्न निवेश S-R लैच के लिए S = R = 0 प्रविष्टि निषिद्ध है।**

***तालिका 4.1**: सक्रिय निम्न और सक्रिय उच्च निवेशों के साथ S-R लैच की सत्य सारणी*

a) Active LOW

S	R	Q	Q'	Comments
0	0	X	X	Invalid
0	1	1	0	Set
1	0	0	1	Reset
1	1	Q	Q'	No Change

b) Active HIGH

S	R	Q	Q'	Comments
0	0	Q	Q'	No Change
0	1	0	1	Reset
1	0	1	0	Set
1	1	X	X	Invalid

4.2.1.2 सक्रिय उच्च निवेशों के साथ SR लैच

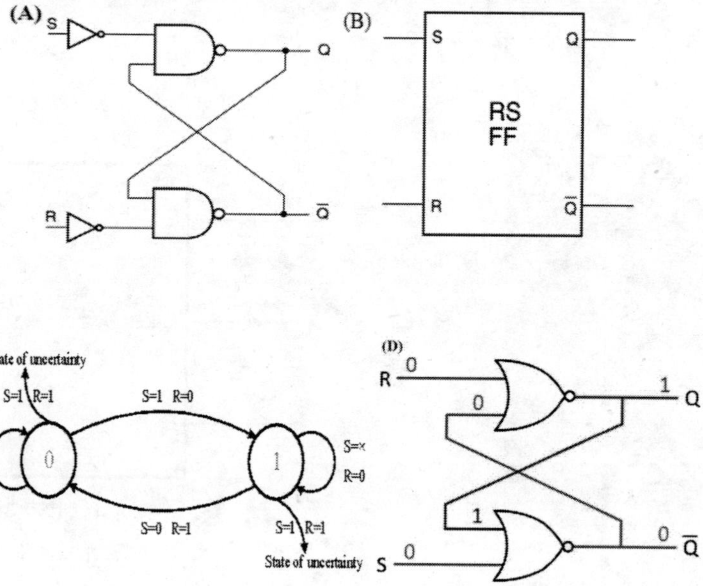

चित्र 4.3: S R FF (a)NAND का उपयोग कर परिपथ आरेख, (b) खंड आरेख (c) अवस्था आरेख (d) सक्रिय उच्च निवेश के साथ NOR का उपयोग कर परिपथ आरेख

चूँकि SR लैच के S-SET और R-RESET निवेश एक साथ सक्रिय नहीं हो सकते हैं, इसलिए, सक्रिय उच्च निवेश के लिए प्रविष्टि R = S = 1 को निषिद्ध किया जाएगा। तालिका 4.1 (b) में सक्रिय उच्च SR लैच के लिए सत्य सारणी प्रस्तुत की गई है। चित्र 4.2 सक्रिय उच्च S-R लैच के लिए (A) NAND कार्यान्वयन तर्क आरेख, (B) खंड आरेख(C) अवस्था आरेख और (D) NOR कार्यान्वयन तर्क आरेख का प्रतिनिधित्व करता है। यहाँ यह ध्यान दिया जाए कि NOR आधारित लैच ने S-R निवेश टर्मिनलों की अदला-बदली की है। S-R लैच में दो निर्गत अवस्थाएं 0 और 1 होती हैं जैसा कि अवस्था आरेख में दिखाया गया है। यदि S = 0 है और अवस्था Q = 0 है, तो यह R निवेश के निरपेक्ष, इसी समान अवस्था में रहता है। जबकि S = 1 हो , तो अवस्था को Q = 0 से 1 में परिवर्तित करता है और इसका विपरीत R = 1 द्वारा किया जाता है। के-मानचित्र का उपयोग करने वाले S-R लैच के लिए विशिष्ट समीकरण निम्न प्रकार दिया गया है

$$Q = S + R'q \quad \text{or} \quad Q(t+1) = S + R'Q(t)$$

जहाँ q या Q(t) वर्त्तमान अवस्था है और Q या Q(t+1) अगली अवस्था है ।

q \ SR	00	01	11	10
0	0	0	X	1
1	1	0	X	1

4.2.1.3 घड़ीबद्ध किया हुआ SR लैच या स्तर उत्प्रेरित फ्लिप फ्लॉप

तालिका 4.2 : घड़ीबद्ध किये हुए SR FF की सत्य सारणी

S	R	Clk	Q_{n+1}
0	0	0	Q_n
0	0	1	Q_n
0	1	0	Q_n
0	1	1	0
1	0	0	Q_n
1	0	1	1
1	1	0	Q_n
1	1	1	Invalid

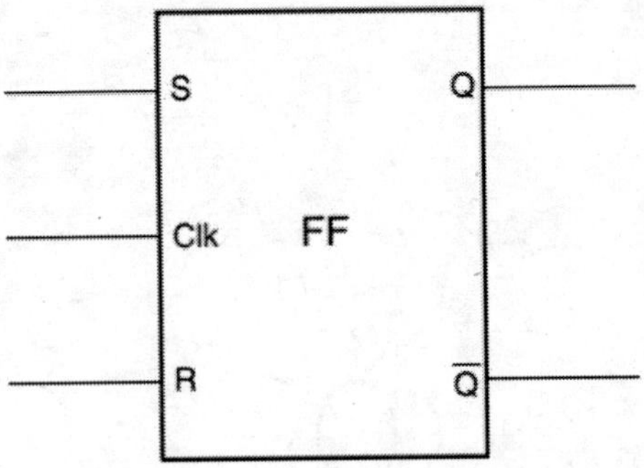

चित्र 4.4: सक्रिय उच्च निवेश सहित घड़ीबद्ध किया हुआ S-R FF का खंड आरेख

घड़ी उच्च उत्प्रेरक सहित सक्रिय उच्च S-R लैच- एक घड़ी स्पंद(pulse) एकल घटना है जो SR/लैच के निर्गत की अवस्था को निवेशों के अनुसार बदलने के कारण बनती है। एक स्तर उत्प्रेरित मास्टर स्लेव FF का उपयोग किनार उत्प्रेरित FF के लिए किया जा सकता है। घड़ीबद्ध सक्रिय उच्च, स्तर उत्प्रेरित FF/लैच चित्र 4.5 में NAND द्वार कार्यान्वयन के साथ दर्शाया गया है । घड़ी उच्च होने पर लैच कार्य करता है। चूँकि यह सक्रिय उच्च लैच है ,तो

S = R = 1 अमान्य अवस्था है, लेकिन जैसा कि तालिका 4.2 में दर्शाया गया है, **प्रविष्टि S = R = 1 केवल** घड़ी = 1 होने पर ही अमान्य है ।

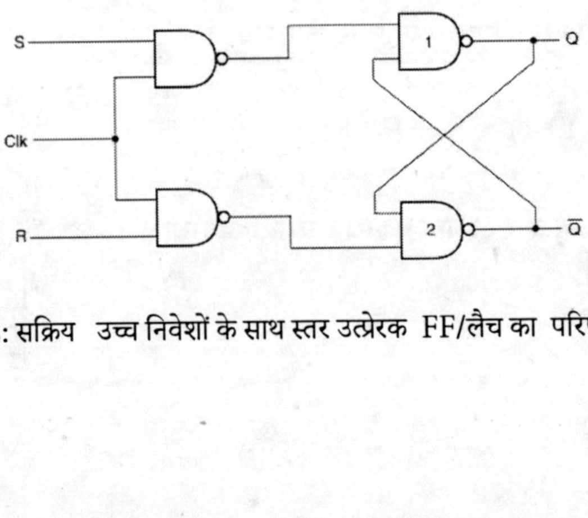

चित्र 4.5: सक्रिय उच्च निवेशों के साथ स्तर उत्प्रेरक FF/लैच का परिपथ आरेख

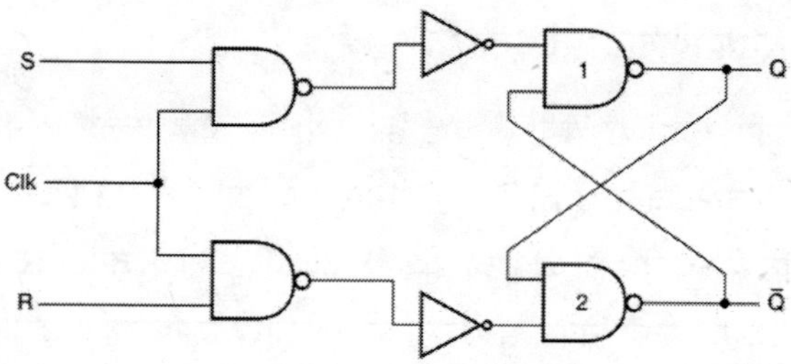

चित्र 4.6: सक्रिय निम्न निवेशों के साथ स्तर उत्प्रेरक SR FF/लैच का परिपथ आरेख

तालिका 4.3: सक्रिय निम्न निवेशों के साथ स्तर उत्प्रेरक S-R लैच की सत्य सारणी

S	R	Clk	Q_{n+1}
0	0	0	Q_n
0	0	1	Invalid
0	1	0	Q_n
0	1	1	1
1	0	0	Q_n
1	0	1	0
1	1	0	Q_n
1	1	1	Q_n

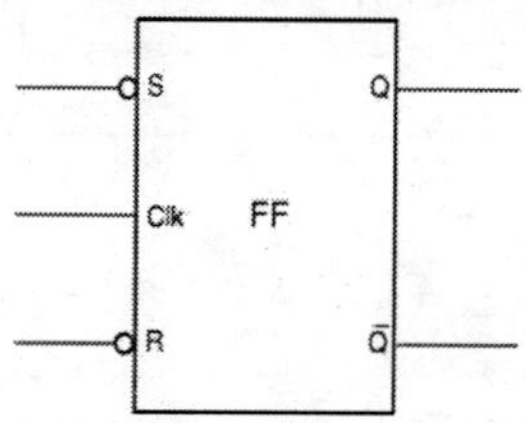

चित्र 4.7: सक्रिय निम्न निवेशों के साथ घड़ीबद्ध SR FF का खंड आरेख

घड़ी उच्च उत्प्रेरण के साथ सक्रिय निम्न SR लैच- तर्क और खंड आरेख क्रमशः चित्र 4.6 और 4.7 में दर्शाए गए हैं। इस लैच के लिए सत्य सारणी, तालिका 4.3 में दी की गई है, यहाँ यह उल्लेख किया जा सकता है कि **S = R = 0 प्रविष्टि, सक्रिय निम्न SR लैच के लिए अमान्य है यदि घड़ी = 1 है।**

4.2.3 स्तर उत्प्रेरित और किनार उत्प्रेरित FF

जब घड़ी स्पंद स्तर, सक्रिय (उच्च या निम्न),होता है तो एक स्तर उत्प्रेरित FF/लैच का निर्गत निवेश पर उपस्थित जानकारी के लिए प्रतिक्रिया देता है। दूसरे शब्दों में, जब घड़ी चल रही हो (सक्रिय स्तर-उच्च या निम्न) तो निवेशों में किये गए संशोधन , फलन तालिका के अनुसार निर्गत पर परिलक्षित होते हैं। एक किनार उत्प्रेरित FF में, निर्गत केवल घड़ी संकेत के सक्रिय किनार पर ही निवेशों पर उपस्थित डेटा पर प्रतिक्रिया करता है (निम्न से उच्च या उच्च से निम्न में परिवर्तन)। FF को एक मामले में सकारात्मक किनार चलित के रूप में संदर्भित किया जाता है (निम्न से उच्च में परिवर्तन) और दूसरे मामले में ऋणात्मक किनार चलित (उच्च से निम्न में परिवर्तन)।

4.2.4 JK FF- घड़ी की सकारात्म किनार पर उत्प्रेरित

इस उप अनुभाग में JK FF सक्रिय उच्च, पर चर्चा की गई है। सभी FF अभिकल्पों में, JK FF सबसे लोकप्रिय है और इसे सार्वभौमिक FF परिपथ के रूप में जाना जाता है। JK FF साधारणतः अभिकल्पित किया गया एक द्वार नियंत्रित S-R FF है ,जो अमान्य निर्गत अवस्था में जाने से बचाता है जो कि निवेश S और R दोनों के तर्क स्तर 1 के बराबर होने पर होती है । एक जेके FF निर्गत देने के लिए चार अलग अलग निवेश संयोजनों को स्वीकार कर सकता है: तर्क 1, तर्क 0, कोई परिवर्तन नहीं, और टॉगल।

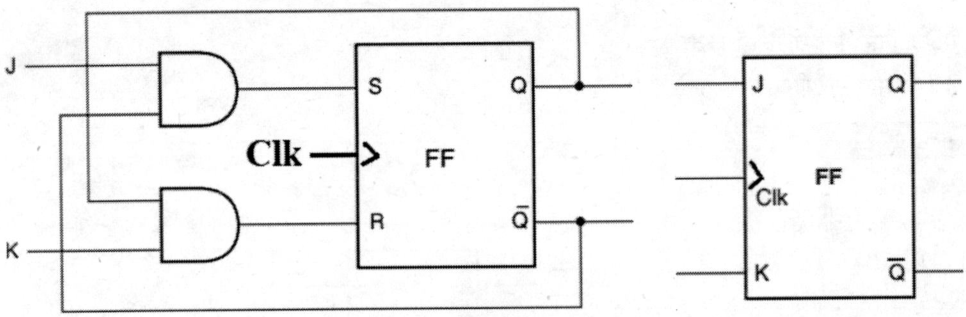

चित्र 4.8: J-K FF का परिपथ आरेख और खंड आरेख

सकारात्मक किनार उत्प्रेरित J-K FF के लिए खंड आरेख और परिपथ आरेख को चित्र 4.8 में दर्शाया गया है । JK FF के लिए सत्य सारणी तालिका 4.4 में दी गई है। यहाँ E घड़ी निवेश को सक्षम कर रहा है। सकारात्मक स्तर उत्प्रेरित लैच के लिए, E = 1 है , जबकि किनार उत्प्रेरित के लिए E घड़ी संकेत की सक्रिय किनार होती है।

रेस अराउंड स्थिति-J-K FF में चढ़ती या गिरती किनार को प्राप्त करना बहुत कठिन है। लेकिन यदि हम इसे ऐसा स्तर उत्प्रेरित बनाते हैं जैसा तालिका 4.4 में दिखाया गया है, तो घड़ी संकेत की व्यापक स्पंद की चौड़ाई के लिए और J = K = 1 निवेश समुच्चय के साथ, निर्गत Q की अवस्था का निरंतर बदलना (Toggling) को नियंत्रित करना बहुत कठिन है । यह स्थिति जिसमे घड़ी का सक्रिय स्तर हो और जब J = K = 1 है, तो निर्गत को घड़ी की व्यापक चौड़ाई के लिए लगातार बदलने के लिए बाध्य करता है। इस स्थिति को स्तर उत्प्रेरित JK लैच के लिए **रेस अराउंड स्थिति** के रूप में जाना जाता है । यह स्थिति J-K लैच को उपयोग के लिए कम विश्वसनीय बनाती है क्योंकि निर्गत इस बात पर निर्भर करता है कि यह घड़ी की स्पंद चौड़ाई के आधार पर कितना टॉगल करता है।

तालिका 4.4: JK FF की सत्य सारणी

INPUTS			OUTPUTS		COMMENTS
E	J	K	Q	Q'	
⎍	0	0	Q	Q'	NO CHANGE
⎍	0	1	0	1	RESET
⎍	1	0	1	0	SET
⎍	1	1	Q'	Q	TOGGLE

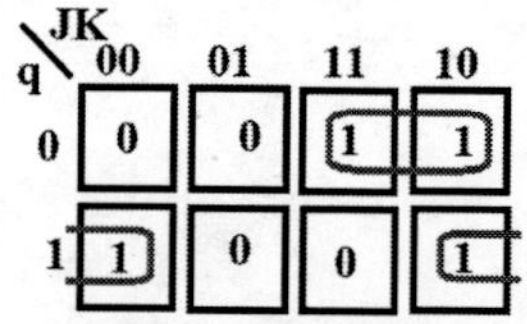

JK FF के लिए विशेषता समीकरण

$$Q = Jq' + K'q$$

जेके लैच में रेस अराउंड स्थिति से बचने के लिए, एक समाधान है JK किनार उत्प्रेरित लैच का उपयोग करना । लेकिन सक्रिय किनार उत्पन्न करना वास्तव में कठिन कार्य है। इसलिए यह किनार उत्प्रेरण मास्टर स्लेव JK FF द्वारा प्राप्त किया जा सकता है। यह रेस अराउंड स्थिति का समाधान देगा और यह वास्तविक JK स्तर उत्प्रेरित कार्यान्वयन है जो मास्टर स्लेव के लिए अलग से होता है।

4.2.5 मास्टर स्लेव J-K FF

चित्र 4.9 में प्रस्तुत मास्टर स्लेव FF को बनाने के लिए दो JK लैच का उपयोग किया जाता है। मास्टर लैच पहला वाला होता है जबकि स्लेव लैच दूसरा होता है। मास्टर लैच के लिए घड़ी उच्च स्तर उत्प्रेरित होती है जबकि स्लेव लैच के लिए यह निम्न स्तर उत्प्रेरित होती है। जब घड़ी स्पंद उच्च होती है तो मास्टर लैच चालू(ON) हो जाता है जबकि स्लेव लैच बंद (OFF) होता है। इस प्रकार मास्टर लैच अवस्था को बदल सकता है लेकिन स्लेव लैच ऐसा करने में असमर्थ है क्योंकि मास्टर के लिए सक्रिय घड़ी का स्तर स्लेव के सक्रिय घड़ी स्तर के समान नहीं होता है। मास्टर लैच निम्न घड़ी संकेत के लिए निष्क्रिय हो जाता है जबकि स्लेव लैच सक्षम हो जाता है। इसलिए, स्लेव JK लैच निम्न घड़ी के लिए अपने JK निवेश पर तर्क अवस्था के अनुसार अपनी अवस्था को बदल देता है। नतीजतन, स्लेव लैच मास्टर लैच की सामग्री प्राप्त करता है जो अब निष्क्रिय (मास्टर) हो जाता है और निर्गत को बदले बिना नए निवेशों को स्वीकार कर सकता है।

यहाँ, यह ध्यान दिया जाना चाहिए कि मास्टर लैच सभी चार निवेश संयोजनों को स्वीकार कर सकता है, लेकिन स्लेव को मास्टर के निर्गत का अनुसरण करने की आवश्यकता है, इसलिए केवल दो संयोजनों J = 0, K = 1 और J = 1, K = 0 स्लेव लैच के लिए निवेश के रूप में उपलब्ध हैं, जो Q और Q' हैं - एक दुसरे के पूरक हैं मास्टर लैच के लिए । इसलिए, घड़ी स्पंद की चौड़ाई जो भी हो, स्लेव का निर्गत टॉगल नहीं करता रहेगा। ध्यान देने योग्य एक अन्य बिंदु है कि स्लेव J = 0, K = 1 के लिए Q = 0 देता है और J = 1, K = 0 के लिए Q = 1 देता है, जो वास्तव में घड़ी की गिरने वाली (ऋणात्मक) किनार पर मास्टर लैच के निर्गत थे। क्योंकि दूसरे लैच के निर्गत पहले वाले (मास्टर लैच) के समान हैं, इसलिए दूसरे लैच को स्लेव लैच कहा जाता है।

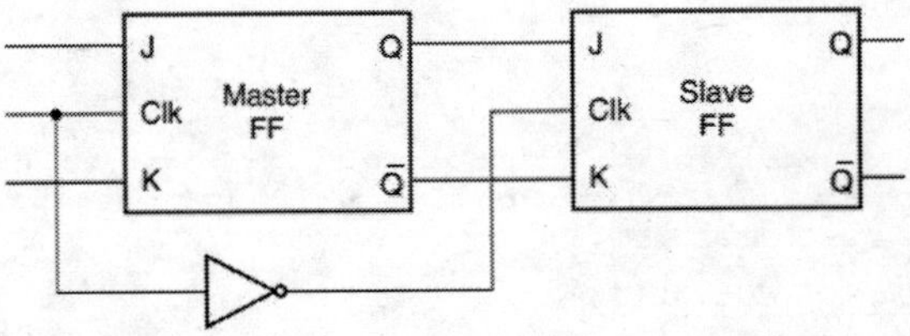

चित्र 4.9: J-K मास्टर स्लेव FF का परिपथ आरेख

4.2.6 विलम्ब(Delay) फ्लिप फ्लॉप/D-FF

विलम्ब फ्लिप फ्लॉप , जिसे प्रायः D FF के रूप में जाना जाता है, एक मूल द्वार नियंत्रित S-R लैच है जिसमें S-R निवेशों को एक इनवर्टर (NOT) द्वार से युग्मित किया जाता है। इसमें केवल एक निवेश D है। कुछ समय बाद, निवेश डेटा, निर्गत पर उभरना प्रारंभ हो जाता है। इसमें निवेश से निर्गत तक डेटा प्राप्त होने में देरी के कारण यह विलम्ब FF के रूप में जाना जाता है, लेकिन डेटा नहीं बदलता है।

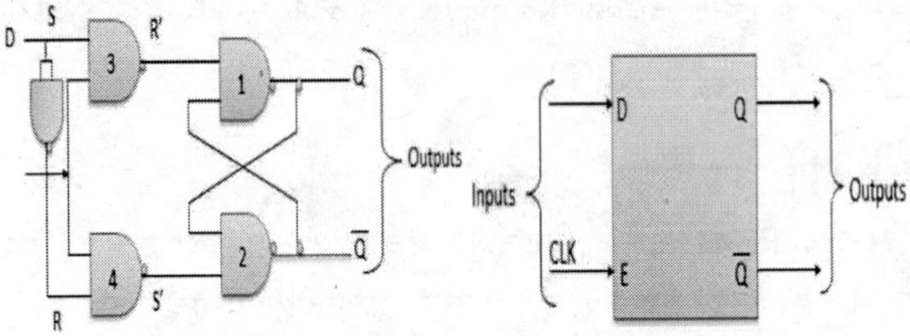

चित्र 4.10: D FF के लिए परिपथ आरेख और खंड आरेख

NOT द्वार के कारण, S और R एक दूसरे के पूरक होंगे जैसा कि चित्र 4.10 में दिखाया गया है। इसलिए, न तो S = R = 0 और न ही S = R = 1 कभी निवेश स्थिति होगी, इस प्रकार अमान्य अवस्था से बचा जाता है।

तालिका 4.5: D FF के लिए सत्य सारणी

INPUTS		OUTPUTS		COMMENTS
E	D	Q	Q'	
1	0	0	1	RESET
1	1	1	0	SET

तालिका 4.6: T FF के लिए सत्य सारणी

INPUTS		OUTPUTS		COMMENTS
E	D	Q	Q'	
1	0	Q	Q'	NO CHANGE
1	1	Q'	Q	TOGGLE

इस प्रकार निर्गत क्रमशः D = 1 या 0 के अनुसार SET और RESET होंगे, जैसा कि तालिका 4.5 में दिखाया गया है। D FF के लिए विशेषता समीकरण को Q = D या Q (t + 1) = D के रूप में दर्शाया जा सकता है।

4.2.7 टॉगल फ्लिप फ्लॉप/T FF

टॉगल FF एक JK FF है जिसके J और K निवेश टर्मिनलों को स्थायी रूप से एक एकल निवेश बनाने के लिए एक साथ जोड़ा हुआ है। चित्र 4.11 में दिखाए गए खंड आरेख में निवेश को सांकेतिक रूप में T अक्षर द्वारा दर्शाया है। खंड आरेख एक सकारात्मक किनार उत्प्रेरित (positive edge triggered) T-FF के प्रतीक को प्रदर्शित करता है। चूँकि निवेश के रूप में T = 1 है तो निर्गत टॉगल (सतत बदलता)करता है जैसा कि तालिका 4.6 में दिखाया गया है, इसलिए, इसे टॉगल या T-FF के रूप में जाना जाता है। इसमें केवल दो प्रकार के निर्गत होते हैं - **कोई परिवर्तन नहीं (No change),** T = 0 के अनुरूप, अन्यथा निर्गत **टॉगल** होगा यदि T = 1 हो जैसा कि तालिका 4.6 में दिखाया गया है । T-FF के लिए विशेषता समीकरण(characteristic equation) को T और q के XOR के रूप में निम्न प्रकार से लिखा जा सकता है :

$Q = Tq' + T'q$

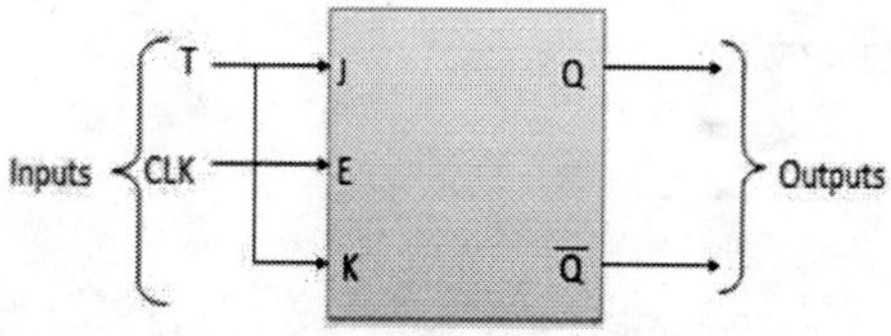

चित्र 4.11: T (टॉगल) FF का खंड आरेख

4.3 FF समय प्राचल (FF Timing parameters)

4.3.1 सेट अप समय और होल्ड समय

सेट अप समय सक्रिय घड़ी परिवर्तन (active clock transition) से पूर्व का वो कम से कम समय है जब निवेश स्थिर हो जाएँ (सतत या कोई परिवर्तन नहीं) जिससे FF का निर्गत उचित रूप से प्रतिक्रिया करने में सक्षम हो । इसे t_{su}(min) द्वारा दर्शाया जाता है। सक्रिय घड़ी की किनार के बाद का वो लघुतम समय, जब निवेश को स्थिर रहना चाहिए जिससे FF सही प्रकार से कार्य कर सके , उस समय को **होल्ड समय -t_{hd}(min)** के रूप में जाना जाता है। सेट अप समय और होल्ड समय दोनों को चित्र 4.12 में समझाया गया है।

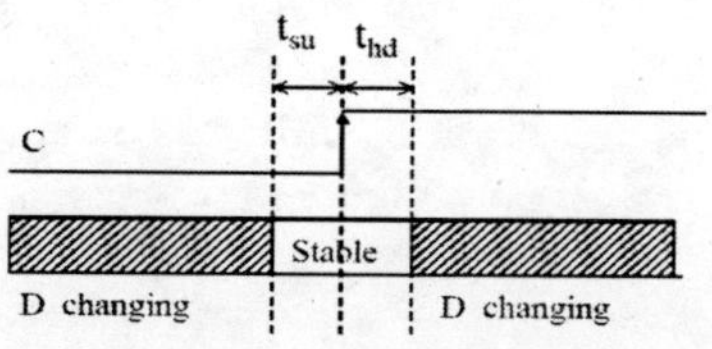

चित्र 4.12: D FF के लिए सेट अप समय और होल्ड समय

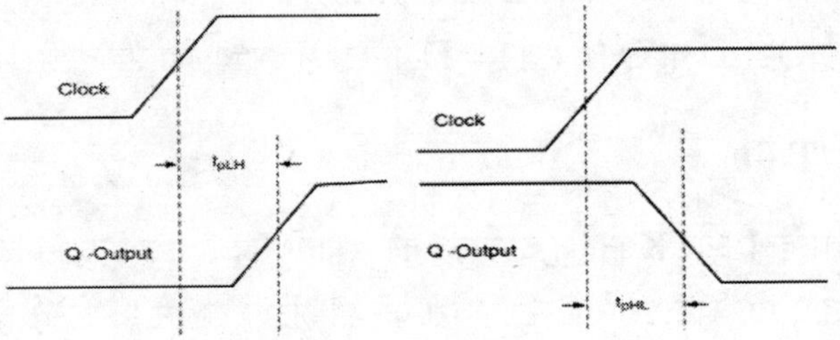

चित्र 4.13: संचरण विलंब

4.3.2 संचरण विलंब (Propagation Delay)

संकेत लगाने के क्षण से लेकर (FF निवेश के द्वारा घड़ी की सक्रिय किनार से सक्रिय किया जाता है), जब तक निर्गत पर वांछित परिवर्तन नहीं मिलता, तब तक सदैव एक विलम्ब होता है जिसे संचरण विलम्ब के रूप में जाना जाता है। उच्च -से -निम्न (t_{pHL}) और निम्न-से - उच्च (t_{pLH}) दोनों के लिए संचरण विलम्ब विशिष्ट रूप से FF डेटा शीट में विनिर्दिष्ट किए जाते हैं। संचरण विलम्ब को चित्र 4.13. में समझाया गया है। यहाँ संकेतों में कुछ वृद्धि समय और गिरावट समय देखा जा सकता है, इसलिए संचरण विलम्ब की गणना करने के लिए संकेत के 50% मान ($v_{dd}/2$) को लिया जाता है।

4.3.3 घड़ी समय प्राचल(Clock Timing parameters)

न्यूनतम समय अवधि जिसके लिए घड़ी संकेत उच्च और निम्न रहना चाहिए, वे क्रमशः, घड़ी स्पंद उच्च समय $t_W(H)$ और घड़ी स्पंद निम्न समय, $t_W(L)$ हैं। इन मानकों का पालन करने में भूल चूक के परिणाम स्वरूप गलत उत्प्रेरण हो सकता है। यहाँ संकेतों में कुछ वृद्धि समय और गिरावट समय है, इसलिए घड़ी संकेत के 50% मूल्य को($v_{dd}/2$) घड़ी स्पंद समय की गणना करने के लिए लिया जाता है जैसा कि चित्र 4.14. में दिखाया गया है।

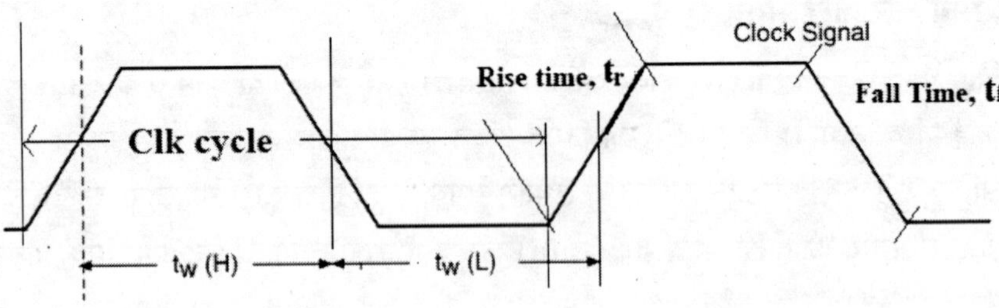

चित्र 4.14: घड़ी स्पंद उच्च और निम्न, वृद्धि और गिरावट समय

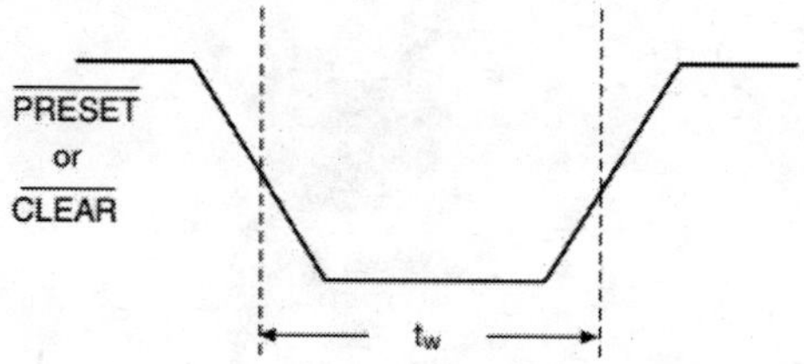

चित्र 4.15: अतुल्यकालिक निवेश सक्रिय स्पंद चौड़ाई

4.3.3.1 घड़ी संक्रमण समय (Clock Transition Times)

निर्माता, अधिकतम वृद्धि समय(t_r) और गिरावट समय (t_f) देते हैं जो निर्गत के लिए इच्छित प्रतिक्रिया करने के लिए पारित होना चाहिए। यदि इन संक्रमण समयों का उल्लंघन किया जाता है तो FF विचित्र रूप से काम कर सकता है या कदाचित् बिल्कुल भी काम नहीं करे । इन्हें चित्र 4.14. में दर्शाया गया है। वृद्धि और गिरावट समय की गणना करने के लिए विभिन्न सिद्धांत हैं। कुछ विशेषज्ञों ने इसकी गणना 10% से 90% तक की है और कम प्रौद्योगिकी नोड(node) पर इसकी गणना V_{dd} के 20% से 80% तक की जाती है।

4.3.3.2 अधिकतम घड़ी आवृत्ति

घड़ी निवेश (आवृत्ति = 1/समय अवधि) पर प्रयुक्त होने वाली अधिकतम आवृत्ति निर्माता द्वारा दी जाती है। यदि आवृत्ति इस मान से अधिक है तो कोई आश्वासन नहीं है कि उपकरण ठीक से काम करेगा ।

4.3.3.3 अतुल्यकालिक (asynchronous) निवेश सक्रिय स्पंद चौड़ाई

यह वो न्यूनतम समय है जिसके लिए कि अतुल्यकालिक निवेश (PRESET या CLEAR) सक्रिय रहना चाहिए जिससे निर्गत सही प्रकार से प्रतिक्रिया दे सके , जो प्रायः निम्न है जैसा कि चित्र 4.15. में प्रस्तुत किया गया है। प्रीसेट (PRESET) और क्लियर(CLEAR), FF के लिए निवेश हैं जो सक्रिय निम्न हैं। PRESET का उपयोग SET Q = 1 के लिए किया जाता है जबकि CLEAR का उपयोग Q = 0 करने के लिए किया जाता है ।. चूँकि ये दोनों संकेत घड़ी के तुल्यकालन(synchronisation) में काम नहीं करते हैं, इसलिए इन्हें अतुल्यकालिक (asynchronous) निवेश कहा जाता है।

4.4 अंकीय काउंटर

काउंटर एक अनुक्रमिक परिपथ है। यह एक प्रकार का अंकीय परिपथ है जिसका उपयोग स्पंदनों को गिनने के लिए किया जाता है। FF का सबसे व्यापक उपयोग काउंटरों के रूप में होता है। एक घड़ी संकेत के साथ, यह FF का एक गुच्छन (cluster) है। काउंटर दो प्रकार के हैं -

i. रिपल/अतुल्यकालिक काउंटर
ii. तुल्यकालिक काउंटर

4.4.1 रिपल/अतुल्यकालिक काउंटर

FF का एक व्यापक विन्यास(arrangement), जिसमे एक FF का निर्गत उसके बाद लगे FF के घड़ी निवेश को चलाता है वह एक रिपल काउंटर के रूप में जाना जाता है, । काउंटर का मापांक(modulus) एक प्राचल(parameter) है जो यह निर्धारित करता है कि कैस्केडेड व्यवस्था, अनुक्रम को दोहराने से पहले कितनी अलग अलग तर्क स्थितियों से गुज़रती है । इससे यह निर्धारित होता है कि कितने FF लगे हैं।

अतुल्यकालिक काउंटर या क्रमिक काउंटर एक रिपल काउंटर के लिए अन्य नाम हैं जिसमें प्रारंभिक फ्लिप फ्लॉप (FF) में बाहरी रूप से प्रयुक्त घड़ी निवेश संकेत होता है और अन्य सभी में पिछले FF के निर्गत से प्राप्त एक तरंगित घड़ी होती है। उदाहरण के लिए, पहले FF का निर्गत दूसरे FF के लिए घड़ी निवेश के रूप में कार्य करता है, दूसरे FF का निर्गत तीसरे FF के घड़ी निवेश में जाता है , आदि। चित्र 4.16 में, 3-बिट अप काउंटर को T-FF का उपयोग करके प्रस्तुत किया गया है। यहाँ Q_0 LSB है जबकि Q_2 MSB है। घड़ी की सकारात्मक किनार को सक्रिय किनार के रूप में उपयोग कर , इस काउंटर को 3- बिट डाउन काउंटर में परिवर्तित किया जा सकता है। चित्र 4.17 3-बिट अप काउंटर की तरंग और अवस्था आरेख को दर्शाता है। यह नीचे के परिपथ में उपयोग किए जाने वाले T-FF के स्थान पर D-FF का उपयोग करके , सामान फ्लिप फ्लॉप पर Q' निवेश को D निवेश पर लागू करके भी कार्यान्वित किया जा सकता है।

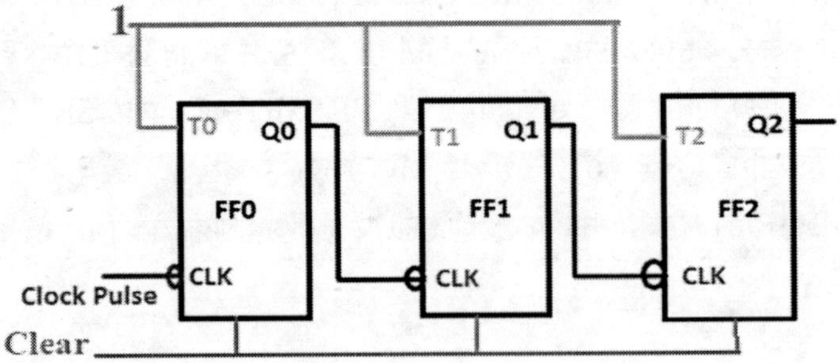

चित्र 4.16: T-FF का उपयोग कर 3-बिट रिप्पल अप- काउंटर का खंड आरेख

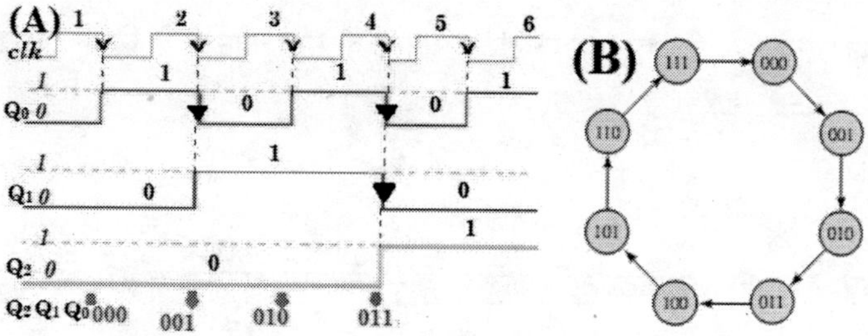

चित्र 4.17: 3-बिट अप काउंटर के लिए (a) तरंग आरेख और (b) अवस्था आरेख

4.4.2 तुल्यकालिक काउंटर

एक तुल्यकालिक (synchronous) काउंटर के सभी FF एक ही घड़ी संकेत का उपयोग करते हैं, जिसे कभी कभी समानांतर काउंटर के रूप में संदर्भित किया जाता है। काउंटर बनाने के लिए चाहे कितने भी FF का उपयोग किया गया हो , इस स्थिति में विलम्ब केवल एक FF का संचरण विलंब होता है है। दूसरे शब्दों में, विलम्ब इस बात पर निर्भर नहीं करता है कि काउंटर कितना बड़ा है।

4.4.2.1 तुल्यकालिक अनुक्रमिक परिपथों के अभिकल्प के लिए प्रक्रम निम्नानुसार है :

1. शाब्दिक वर्णन और इच्छित कार्य के मापदंडों के अनुसार अवस्था आरेख बनाएं ।
2. यदि आवश्यक हो तो अवस्थाओं को कम करें ।
3. अवस्थाओं को द्विअधारी मान निर्दिष्ट करें ।
4. द्विअधारी कोड की हुई अवस्था सारणी प्राप्त करें ।
5. उचित फ्लिप फ्लॉप जिनका उपयोग करना हो उनका चयन करें ।
6. सरलीकृत निवेश समीकरण और निर्गत समीकरण निकालें।
7. तर्कआरेख बनाएं ।

4.4.2.2 एक काउंटर का मापांक (modulus)

एक काउंटर, प्रारंभिक अवस्था में लौटने और गिनती अनुक्रम को फिर से प्रारंभ करने के पूर्व जितनी विभिन्न तर्क अवस्थाओं से गुज़रता है उस संख्या को मापांक या MOD/Modulus या काउंटर के Modulus नंबर के रूप में जाना जाता है। एक n बिट काउंटर का मापांक उन अवस्थाओं की संख्या है जिन्हें वह बिना किसी चूक के गिनता है। जैसा कि हम देख सकते हैं, इस प्रकार के काउंटरों में एक मापांक होता है जो दो की शक्ति होती है जो अभिन्न होती है, जैसे: 2, 4, 8, 16, आदि। 2^n से कम के मापांक तक पहुंचने के लिए, इन्हें आगे के संयोजन तर्क के उपयोग के साथ बदला जा सकता है। सबसे कम पूर्णांक m निकालें जो

वांछित मापांक के बराबर या उससे बड़ा है और एक विनिर्दिष्ट मापांक के साथ काउंटर के निर्माण के लिए आवश्यक FF की संख्या के बराबर है।

4.4.3 मोडुलो 3 (MOD 3) काउंटर

चूँकि $2^1 < 3 < 2^2$, इसलिए, MOD 3 काउंटर अभिकल्पित करने के लिए न्यूनतम दो FF की आवश्यकता होगी और **एक तप्त एनकोडिंग** (one hot encoding) के लिए तीन FF की आवश्यकता होगी । मान लीजिए कि काउंटर तीन अवस्थाएं 00, 01, और 10, गिनता है और चौथी अवस्था 11 मान्य नहीं है। MOD 3 काउंटर के लिए अवस्था आरेख और अवस्था उत्तेजना तालिका यहाँ चित्र 4.18 में प्रस्तुत की गई है।

तुल्यकालिक काउंटर -इस प्रकार के काउंटर में, सभी FF एक ही घड़ी का उपयोग करेंगे। किसी भी अनुक्रमिक परिपथ को अभिकल्पित करने की प्रक्रिया अनुभाग 4.2.1 में प्रस्तुत की गई है। तालिका 4.7 में सभी FF के लिए अवस्था उत्तेजना तालिका प्रस्तुत की गई हैं जिनका उपयोग अनुक्रमिक परिपथों के लिए अवस्था उत्तेजना तालिका बनाने के लिए किया जाएगा।

तालिका 4.7 FF के लिए अवस्था उत्तेजना तालिका

S-R FF Excitation Table

Q(t+1)	Q(t)	S	R
0	0	0	X
0	1	1	0
1	0	0	1
1	1	X	0

D-FF Excitation Table

Q(t+1)	Q(t)	D
0	0	0
0	1	1
1	0	0
1	1	1

JK-FF Excitation Table

Q(t+1)	Q(t)	J	K
0	0	0	X
0	1	1	X
1	0	X	1
1	1	X	0

T-FF Excitation Table

Q(t+1)	Q(t)	T
0	0	0
0	1	1
1	0	1
1	1	0

MOD 3 काउंटर के लिए, अवस्था आरेख, अवस्थाओं A, B, C की उत्तेजना तालिका और प्राप्त बूलीय समीकरणों के बीच संबंध चित्र 4.18. में हैं। यहां हमने अवस्थाएं A = 00, B = 01, C = 10 निर्दिष्ट की हुई हैं । यहाँ काउंटर को लागू करने के लिए **न्यूनतम बिट एनकोडिंग** का चयन किया है, दूसरा मार्ग **एक तप्त एनकोडिंग** है जिसमें आवश्यक अवस्थाओं की संख्या के बराबर बिट होते हैं और केवल एक बार में एक ही बिट उच्च होता है। यहाँ q_1 MSB है और q_0 वर्तमान अवस्थाओं के लिए LSB है और Q_1Q_0 अगली अवस्थाओं के लिए हैं।

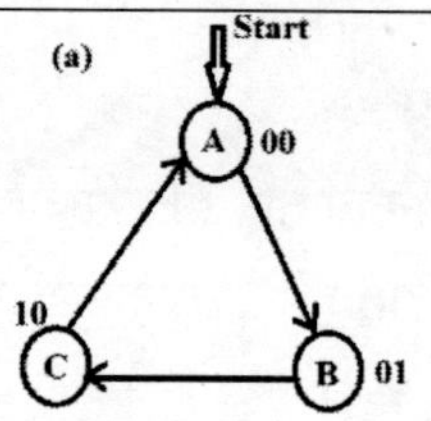

वर्त्तमान अवस्था	अगली अवस्था
A	B
B	C
C	A

वर्त्तमान अवस्था (q1 q0)	अगली अवस्था (Q1 Q0)	FF में निवेश		
		D1 D0 के साथ	JK के साथ	
			J_1 K_1	J_0K_0
00	01	01	0X	1X
01	10	10	1X	X1
10	00	00	X1	0X

FF निवेशों के लिए बूलियन समीकरण अवस्था उत्तेजना सारणी का उपयोग कर लिखे जा सकते हैं –

$D_1 = q_0$; $D0 = q1'\, q0'$;

$J_1 = q_0$; $K_1 = 1$;

$J_0 = q_{1'}$; $K_0 = 1$;

चित्र 4.18 :(a)अवस्था आरेख (b)वर्त्तमान अवस्था और अगली अवस्था के बीच सम्बन्ध (c) अवस्था उत्तेजना सारणी (d) MOD 3 काउंटर के FF निवेशों के बूलियन समीकरण

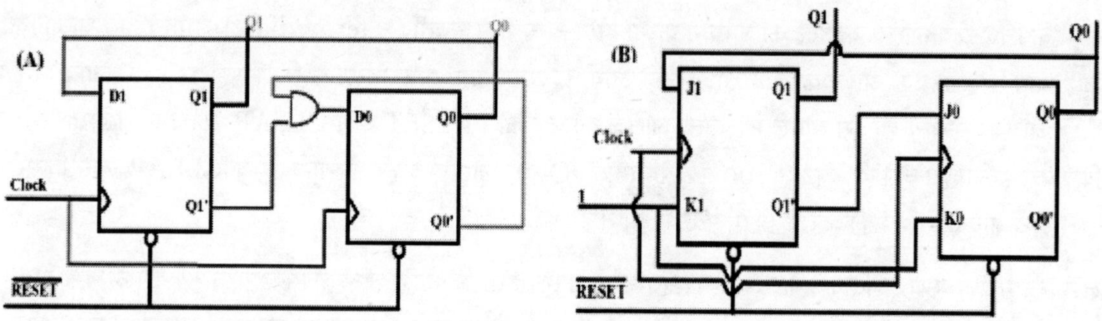

चित्र 4.19: MOD 3 काउंटर- (a) D-FF का उपयोग करके (B) J-K FF का उपयोग करके

4.4.3 मोडुलो 7 (MOD 7) काउंटर

चूँकि $2^2<7<2^3$, इसलिए, MOD 7 काउंटर को अभिकल्पित करने के लिए न्यूनतम तीन FF की आवश्यकता होगी और एक तप्त एनकोडिंग के लिए 7 FF की आवश्यकता होती है। मान लीजिए कि काउंटर 000 से 110 अवस्थाओं तक सात अवस्थाओं को गिनता है, अवस्था 111 मान्य नहीं है।

अतुल्यकालिक अभिकल्प -इसे केवल अतुल्यकालिक अप काउंटर का उपयोग करके अभिकल्पित किया जा सकता है। जैसे ही काउंटर उच्चतम अवस्था (110 इस मामले में) तक पहुंचता है, संयोजन (110) को RESET या CLEAR निवेश पर लागू किया जा सकता है या स्पष्ट निवेश जो इसे वापस 000 अवस्था में लाएगा, जैसा कि चित्र 4.20 में दिखाया गया है।

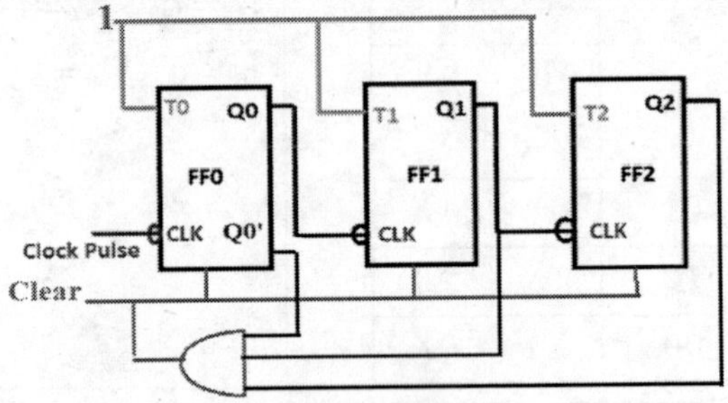

चित्र 4.20: अतुल्यकालिक MOD 7 काउंटर

टीप - यदि इसके स्थान पर उपयोग की जाने वाली अवस्थाएं निरंतर नहीं हैं, तो दी गई प्रक्रिया अपनाते हुए हमें अभिकल्पित करने के लिए तुल्यकालिक काउंटर का उपयोग करना होगा अन्यथा मध्यवर्ती (intermediate) अमान्य अवस्थाओं को छोड़ने का ध्यान में रखते हुए अतुल्यकालिक काउंटर का उपयोग करना होगा । उदाहरण के लिए, यहाँ 111 के बजाय, मान लीजिए 101 अवस्था अमान्य है। इस मामले में अतुल्यकालिक काउंटर को PRESET और CLEAR का उपयोग करके अभिकल्पित किया जा सकता है। जैसे ही काउंटर 100 तक पहुंचता है, Q_2Q_1 को प्रीसेट करें , जबकि Q_0 कोCLEAR करें जिससे अवस्था 101 छूट जाए और अप काउंटर में 110 अवस्था प्राप्त हो ।

लॉक की गई अवस्था : यदि एक बार अमान्य अवस्था में प्रवेश करने के बाद एक अनुक्रमिक परिपथ केवल अमान्य अवस्था में ही रहता है, तो इसे **लॉक की गई अवस्था** के रूप में जाना जाता है। ऐसा करने से बचना चाहिए जब अमान्य अवस्थाओं में don't care स्थिति का उपयोग किया गया हो । इसे उदाहरण 4.2 में समझाया गया है।

4.4.5 रिंग काउंटर

रिंग काउंटर एक शिफ्ट रजिस्टर (पंजी) है जिसमें प्रत्येक FF का निर्गत इसके बाद के निवेश से युग्मित होकर एक वलय (ring) का निर्माण करता है। जब n FF का उपयोग किया जाता है, तो प्रायः प्रत्येक n घड़ी चक्रों को दोहराने के लिए एक एकल बिट नमूने का उपयोग किया जाता है। इसका प्रारंभ में PRESET और CLEAR निवेशों का उपयोग करके विन्यास किया

जाता है ताकि मात्र एक FF की अवस्था 1 हो और अन्य सभी की अवस्था 0 हो। रिंग काउंटर **एक तप्त एन्कोडिंग** का उपयोग करता है; इसलिए, FF की संख्या काउंटर की अवस्थाओं की संख्या के बराबर होगी। चित्र 4.21में रिंग काउंटर के लिए तर्क आरेख और सत्य सारणी दर्शाई गई है। यहाँ FF0 को प्रारंभ में 1 पर PRESET किया है और अन्य सभी को OR1 संकेत का उपयोग करके 0 से CLEAR किया है ताकि प्रारंभिक अवस्था 1000 हो ।

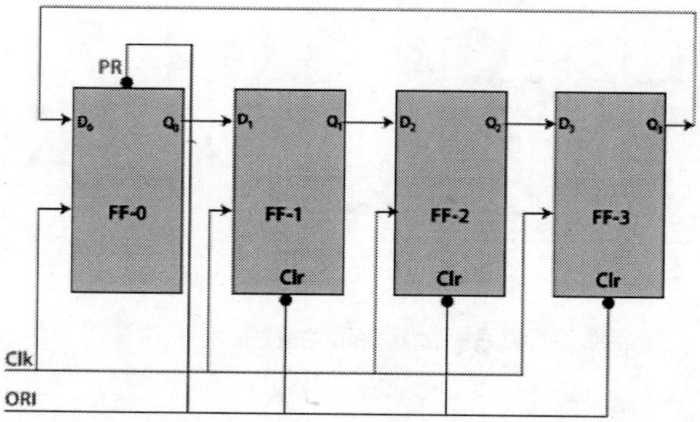

State	Q0	Q1	Q2	Q3
A	1	0	0	0
B	0	1	0	0
C	0	0	1	0
D	0	0	0	1

चित्र 4.21: 4-बिट रिंग काउंटर का खंड आरेख और सत्य सारणी

4.4.6 जॉनसन काउंटर

एक संशोधित रिंग काउंटर को जॉनसन काउंटर के रूप में जाना जाता है जो अंतिम चरण के निर्गत को प्रारंभिक फ्लिप फ्लॉप में पुनः भेजने से पहले उलट देता है। रजिस्टर कई बार बिट स्वरुप की एक श्रृंखला के माध्यम से गुज़रता (चक्र करता) है जिनकी लंबाई काउंटर में स्थानांतरण रजिस्टर की लंबाई से दोगुनी होती है। यह अंकीय से अनुरूप परिवर्तकों में अधिक बार पाया जा सकता है। चित्र 4.22 में जॉनसन काउंटर के लिए तर्क आरेख और सत्य सारणी प्रस्तुत है। प्रत्येक FF को प्रारंभ करने पर CLEAR करके 0 किया जाता है, इसलिए प्रारंभिक अवस्था 0000 होती है। इस 4-बिट जॉनसन काउंटर में लंबाई 4 है और विभिन्न अवस्थाएं 8 हैं।

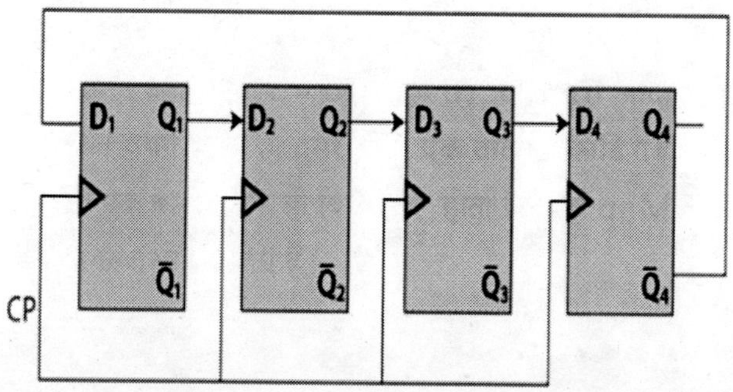

State	Q1	Q2	Q3	Q4
A	0	0	0	0
B	1	0	0	0
C	1	1	0	0
D	1	1	1	0
E	1	1	1	1
F	0	1	1	1
G	0	0	1	1
H	0	0	0	1
I	0	0	0	0

चित्र 4.22: 4-बिट जॉनसन काउंटर का खंड आरेख और सत्य सारणी

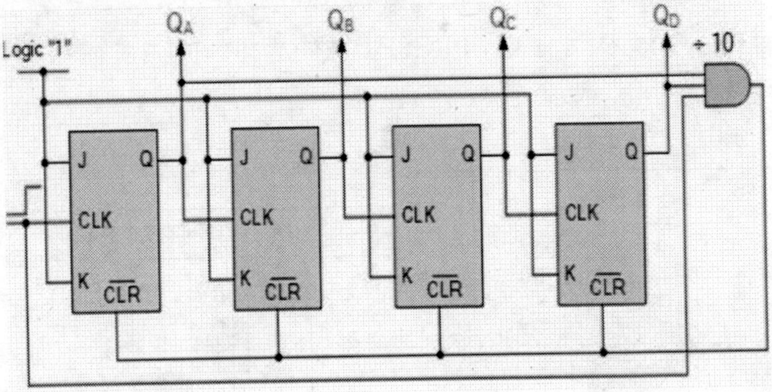

State	QA	QB	QC	QD
0	0	0	0	0
1	0	0	0	1
2	0	0	1	0
3	0	0	1	1
4	0	1	0	0
5	0	1	0	1
6	0	1	1	0
7	0	1	1	1
8	1	0	0	0
9	1	0	0	1

चित्र 4.23: दशक काउंटर का खंड आरेख और सत्य सारणी

4.4.7 दशक (MOD 10) काउंटर

मूल दशक काउंटर एक विद्युत परिपथ है जिसमें एक निवेश संकेत और एक 4- बिट द्विआधारी निर्गत (जिसे घड़ी कहा जाता है) होता है। प्रत्येक घड़ी स्पंद पर निर्गत बढ़ता जाता है और 1001 पर पहुँचने के उपरांत खाली (CLEAR) होकर 0000 हो जाता है और एक नवीन घड़ी स्पंद प्राप्त होती है । दशक काउंटरों के कुछ उपयोग जैसे घड़ी परिपथ, आवृत्ति विभाजक (frequency dividers), अवस्था मशीनें और अनुकलक (sequencers) उल्लेखनीय हैं। दशक काउंटर के लिए तर्क आरेख और सत्य तालिका चित्र 4.23. में दिखाए गए हैं। यहाँ इसे अतुल्यकालिक रिपल काउंटर का उपयोग करके अभिकल्पित किया गया है। इसे अनुभाग 4.2.1 में सूचीबद्ध तुल्यकालिक प्रक्रिया का उपयोग करके भी अभिकल्पित किया जा सकता है।

उदाहरण 4.1

दिए गए परिपथ का समय आरेख पूर्ण करें

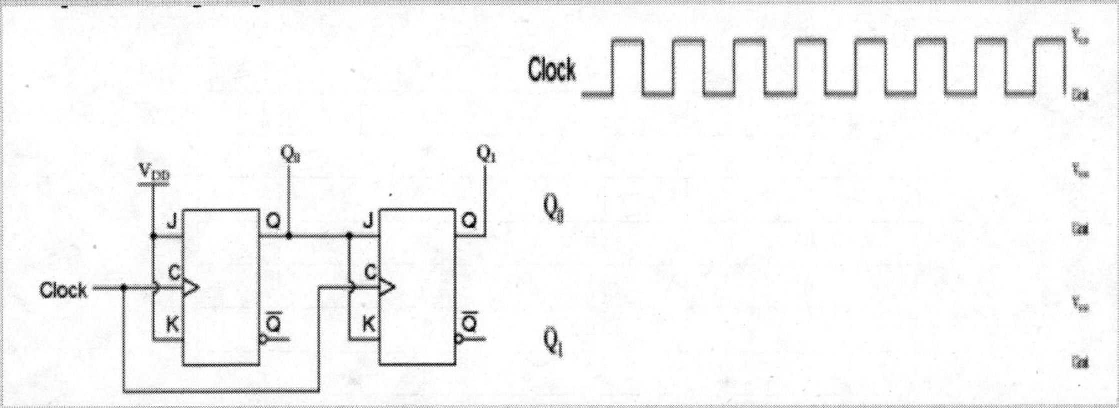

समाधान :

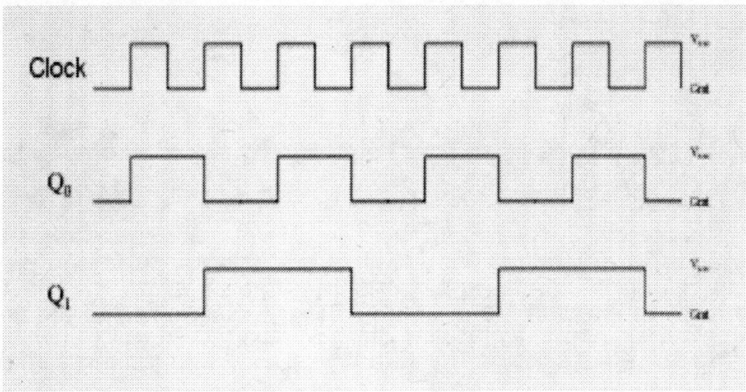

उदाहरण 4.2

T FF का उपयोग करके एक काउंटर बनाएं जो दिए गए द्विआधारी क्रम को दोहराता है-0,1,3,7,6 एवं 4 । यह दर्शाएँ कि 010 और 101 इन द्विआधारी अवस्थाओं को 'डोन्ट केयर' अवस्थाएं मानने पर काउंटर उचित रूप से कार्य नहीं करेगा । इस अभिकल्प को सही करने का तरीका भी सुझाएँ ।

समाधान :

Present State			Next State			Flip-Flop Inputs		
A	B	C	A	B	C	T_A	T_B	T_C
0	0	0	0	0	1	0	0	1
0	0	1	0	1	1	0	1	0
0	1	0	X	X	X	X	X	X
0	1	1	1	1	1	1	0	0
1	0	0	0	0	0	1	0	0
1	0	1	X	X	X	X	X	X
1	1	0	1	0	0	0	1	0
1	1	1	1	1	0	0	0	1

$T_A = A \oplus B; T_B = B \oplus C$

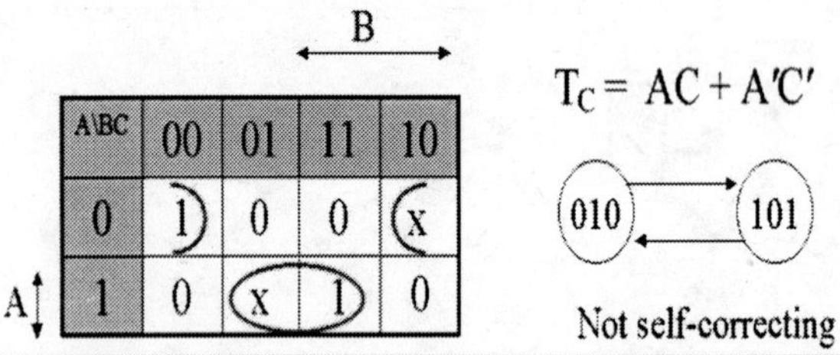

यह अभिकल्प एक ऑटो लॉक स्थिति का नेतृत्व करता है, इसलिए हमें इससे बचना चाहिए।

अभिकल्प को सही करने के लिए, यह अनुमान लगाया जाता है कि 010 की अगला अवस्था XX0 हैः

$T_A = A \oplus B; T_B = B \oplus C$

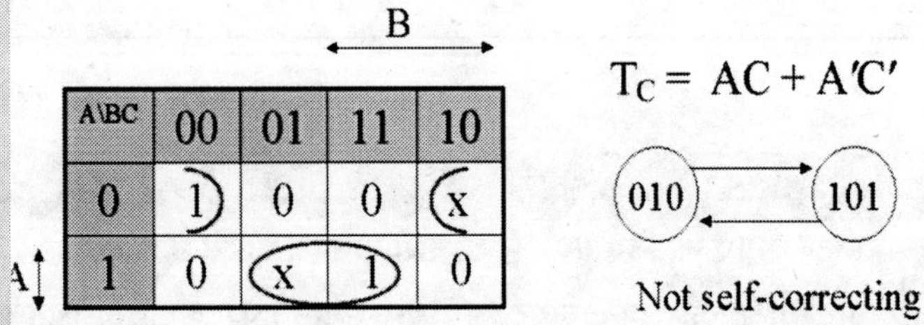

A\BC	00	01	11	10
0	1	0	0	0
1	0	x	1	0

$$T_C = AC + A'B'C'$$

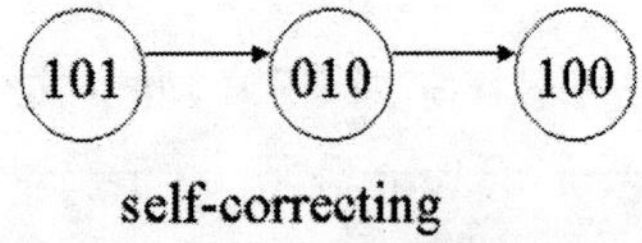

इस मामले में अवांछित अवस्थाओं में प्रवेश किया हुआ काउंटर एक वैध/मान्य अवस्था में वापस आता है। इसलिए हमें इस अभिकल्प पर विचार करना चाहिए।

उदहारण 4.3

यह दर्शाएँ कि अतुल्यकालिक CLEAR और NAND द्वार सहित एक 4- बिट रिप्पल काउंटर, जो 1010 की गिनती ज्ञात कर सके , का उपयोग करके BCD रिप्पल काउंटर बनाया जा सकता है ।

समाधान :

जैसे ही अवस्था 1010 आती है , घड़ी स्पंद के लिए रुके बिना ही वह काउंटर को सभी फ्लिप फ्लॉप निवेशों में अतुल्यकालिक CLEAR का उपयोग कर अवस्था 0000 पर पहुंचा देता है ।

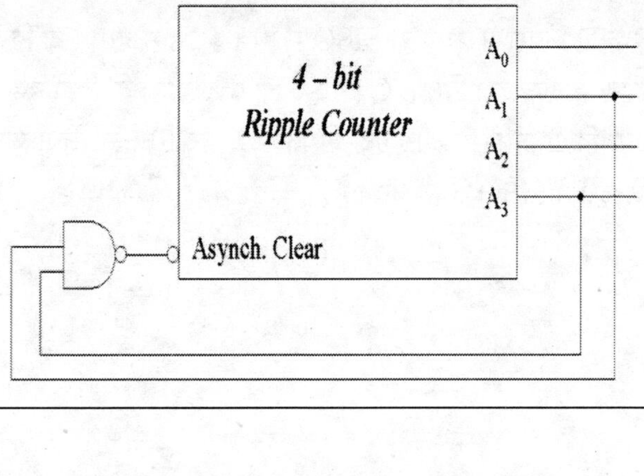

4.5 रजिस्टर

FF 1-बिट स्मृति कोष्ठिका है जिसका उपयोग अंकीय जानकारी को संग्रहीत करने के लिए किया जा सकता है। FF का एक गुच्छन करके बिटों का भंडारण करने कि क्षमता थोड़ी बढ़ सकती है। रजिस्टर, FF का एक संग्रह है। एक n-बिट शब्द को n-बिट रजिस्टर में संग्रहीत किया जा सकता है, जो n FF से बना होता है।

द्विआधारी डेटा को एक FF से अगले FF में स्थानांतरित किया जा सकता है। शिफ्ट (विस्थापन) रजिस्टर ऐसे रजिस्टर हैं जो इस प्रकार के डेटा स्थानांतरण की अनुमति देते हैं। एक शिफ्ट रजिस्टर का उपयोग चार पद्धतियों में से किसी भी एक में एक में किया जा सकता है:

- क्रमिक निवेश क्रमिक निर्गत
- क्रमिक निवेश सामानांतर निर्गत
- सामानांतर निवेश क्रमिकनिर्गत
- सामानांतर निवेश सामानांतर निर्गत

Shift Registers

4.5.1 क्रमिक निवेश क्रमिक निर्गत (Serial Input Serial Output-SISO)

SISO शिफ्ट रजिस्टर में, डेटा को क्रमिक रूप से या तो बाईं ओर (बायाँ शिफ्ट रजिस्टर) या दाईं ओर (दायाँ शिफ्ट रजिस्टर) स्थानांतरित किया जाता है। यदि मान लेते हैं कि सभी FF RESET अवस्था में प्रारंभ होते हैं, जो कि Q_n =....= = Q2 = Q1 = 0 हैं । यदि n-बिट द्विआधारी संख्या 1... 11 को रजिस्टर में प्रविष्ट किया जाना है, तो LSB बिट को D_{in} बिट पर लागू किया जाना चाहिए जिसके बाद प्रत्येक अगले घड़ी चक्र में प्रत्येक उच्च क्रम(order) बिट का अनुसरण किया जाना चाहिए। क्रमिक डेटा निवेश D_{in} FF के D निवेश से हुआ है। SISO में चित्र 4.24 में प्रस्तुत दो विन्यास हो सकते हैं। यदि D_{in} में डेटा D_1 पर FF पर लागू किया जाता है और डेटा निर्गत Q_n पर, FF_n से लिया जाता है तो यह **दायाँ शिफ्ट रजिस्टर** है। यदि डेटा ($D_{in)}$ FF_n-पर D_n पर लागू किया जाता है और डेटा निर्गत Q_1 पर FF_1 से लिया जाता है तो यह **बाँया शिफ्ट रजिस्टर** कहलाता है। सभी शिफ्ट रजिस्टरों में SISO सबसे धीमा है।

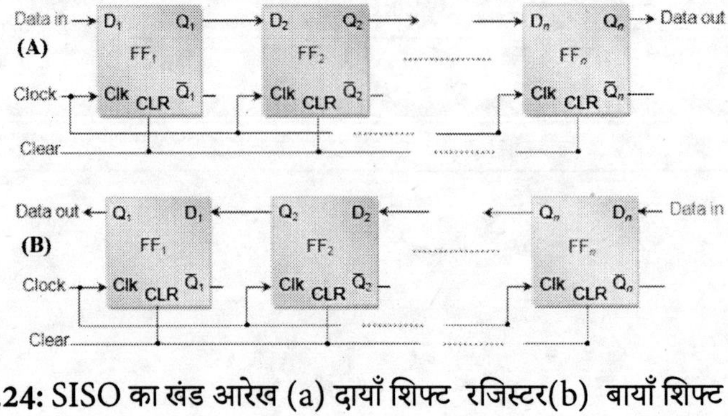

चित्र 4.24: SISO का खंड आरेख (a) दायाँ शिफ्ट रजिस्टर(b) बायाँ शिफ्ट रजिस्टर

SISO दायाँ शिफ्ट रजिस्टर को चित्र 4.25 में दिखाई गई तरंगों के रूप में समझाया गया है। यह देखा जा सकता है कि डेटा निवेश का पहला बिट LSB, n घड़ी चक्रों के बाद ही FF_n के निर्गत से निकल पता है । प्रत्येक n घड़ी चक्रों के बाद, प्रत्येक निवेश बिट प्रत्येक घड़ी चक्र में प्राप्त किया जा सकता है, इसलिए MSB , 2n-1 चक्रों के बाद प्राप्त किया जाएगा।

4.5.2 क्रमिक निवेश समानांतर निर्गत (Serial Input Parallel Output -SIPO)

इसमें डेटा का प्रवेश क्रमिक रूप किया जाता है और एक साथ निर्गत होता है। बिट प्रति बिट करके, डेटा भारित किया जाता है। डेटा भारण के दौरान निर्गत निष्क्रिय किए जाते हैं। डेटा के सफलतापूर्वक भारित होने पर

FF निर्गतों को एक साथ या समानांतर निर्गत रेखाओं पर डेटा प्राप्त करने के लिए सक्रिय किया जाता है। एक n- बिट शब्द को n घड़ी चक्रों में भारित किया जाना चाहिए। इसलिए डेटा केवल n^{th} घड़ी चक्र पर उपलब्ध है। नतीजतन, SIPO विधा की संचालन गति SISO विधा की गति के समान है। चित्र 4.26 SIPO को क्रमिक निवेश सामानांतर निर्गत के साथ प्रस्तुत करता है ।

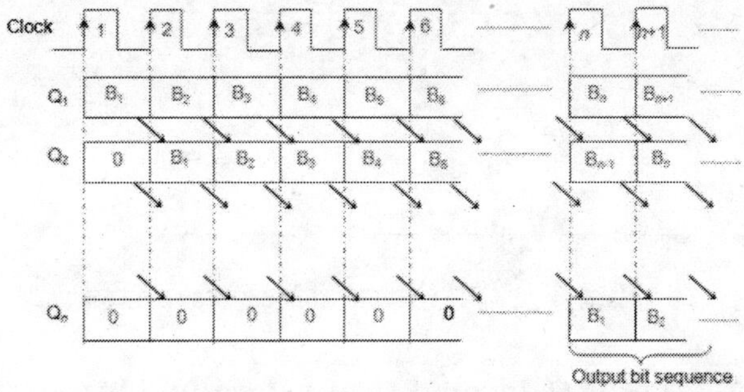

चित्र 4.25: SISO दाँया शिफ्ट रजिस्टर की तरंग

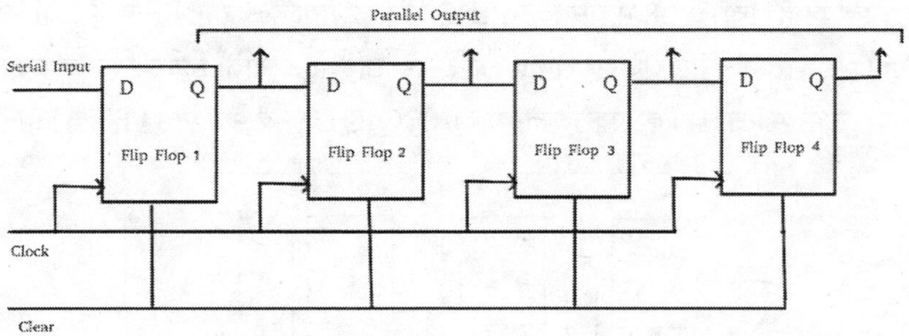

चित्र 4.26: SIPO शिफ्ट रजिस्टर का खंड आरेख

4.5.3 समानांतर निवेश क्रमिक निर्गत (Parallel Input Serial Output-PISO)

PISO शिफ्ट रजिस्टर में, डेटा समानांतर रूप में रजिस्टर में प्रवेश करता है और इसे क्रमिक रूप से प्राप्त किया जाता है। यहाँ डेटा का 1 घड़ी चक्र में प्रवेश कराया जाता है और n बिट शब्द के लिए **निर्गत 1 से n^{th} घड़ी चक्र तक प्रारंभ किया जाता है।** चित्र 4.27, 4-बिट सामानांतर निवेश क्रमिक निर्गत PISO को प्रस्तुत करता है। **शिफ्ट = "0"** का उपयोग समानांतर डेटा भार के लिए किया जाता है जबकि शिफ्ट = "1" का उपयोग डाटा को क्रमिक रूप से (दाईं ओर खिसकाने के लिए किया जाता है- SISO।

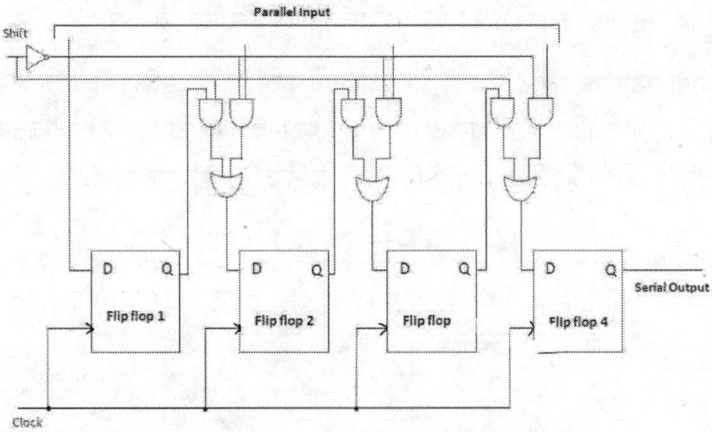

चित्र 4.27: PISO शिफ्ट रजिस्टर का खंड आरेख

4.5.4 समानांतर निवेश समानांतर निर्गत (Parallel Input Parallel Output-PIPO)

इस विधा में डेटा समानांतर रूप से प्रवेश करता है और निर्गत पर समानांतर रूप से इसे प्राप्त किया `जा सकता है, इसलिए स्थानांतरण में केवल एक घड़ी चक्र लगता है। PIPO में स्थानांतरण, शब्द के माप से स्वतंत्र होता है। यह सभी शिफ्ट रजिस्टरों के बीच **सबसे तेज विस्थापन** है। चित्र 4.28 में चार बिट PIPO दिखाया गया है। चार FF में डेटा निवेश "D" पर, द्विआधारी निवेश बिट दिए गए हैं। सकारात्मक घड़ी किनार लगाई जाने पर सारे द्विआधारी निवेश बिट समानांतर रूप से FF में प्रवेश करेंगे । निर्गत पक्ष पर सभी भारित बिटों को एक ही बार में $Q_1Q_2Q_3Q_4$ के रूप में सभी D FF के निर्गत पर देखा जा सकेगा ।

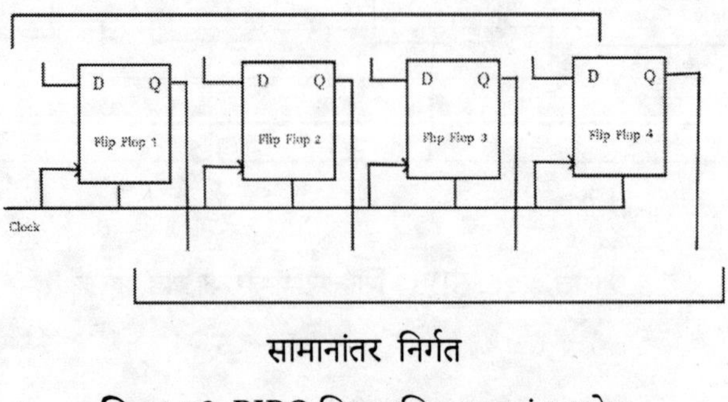

सामानांतर निर्गत

चित्र 4.28: PIPO शिफ्ट रजिस्टर का खंड आरेख

4.5.5 सार्वत्रिक शिफ्ट रजिस्टर (Universal Shift Register)

इस प्रकार के रजिस्टर का उपयोग SISO, SIPO,PISO,PIPO, के रूप में किये जाने की क्षमता होती है । चित्र 4.29 एक n-बिट सार्वत्रिक शिफ्ट रजिस्टर प्रस्तुत करता है। चूँकि कुल 4 विधाएं हैं और एक समय में इनमें से किसी एक विधा के काम करने की अपेक्षा है, इसलिए 2 चयन रेखाओं के साथ एक 4x1 MUX लिया जाता है।

विधा का चयन S_0S_1 के द्वारा किया जाता है। डेटा को क्रमिक या समानांतर रूप से भारित करने के लिए विभिन्न विधाओं (mode) का चयन किया जा सकता है या समान डेटा को बनाए रखने के लिए $S_0S_1 = 00$ का उपयोग करने वाले बाएं शिफ्ट या दाएं शिफ्ट के लिए,-$S_0S_1 = 01$ क्रमिक निवेश दाएं शिफ्ट रजिस्टर के लिए, $S_0S_1 = 10$ क्रमिक निवेश बाईं ओर के लिए, $S_0S_1 = 11$ समानांतर निवेश के लिए है। निर्गत, Q_1 से Q_n तक समानांतर रूप से प्राप्त किया जा सकता है, या क्रमिक रूप में Q_1 से (बाईं ओर के मामले में) या Q_n से (दाईं ओर के मामले में) प्राप्त किया जा सकता है।

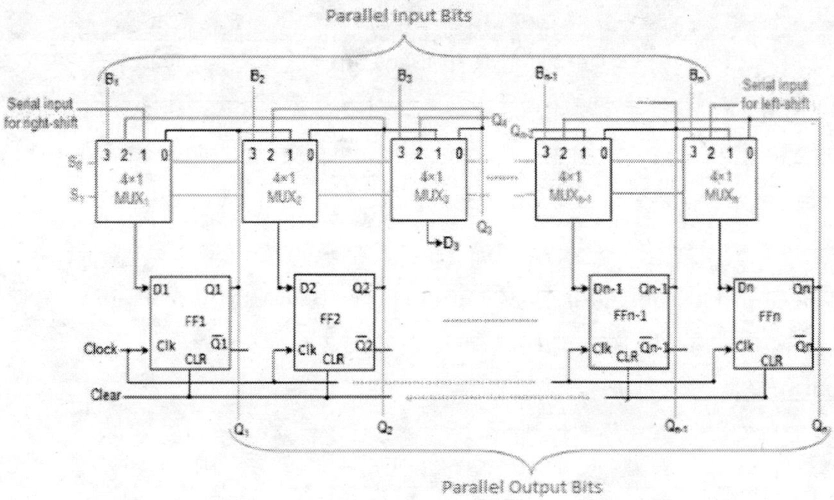

चित्र 4.29: सार्वत्रिक शिफ्ट रजिस्टर

उदाहरण 4.4

शिफ्ट रजिस्टर और FF का उपयोग करके एक क्रमिक “2 का पूरक देने वाला” (2’s complementer) अभिकल्प बनाएं । द्विआधारी संख्या एक तरफ से बाहर स्थानांतरित होती है और और '2' का पूरक, शिफ्ट रजिस्टर की दूसरी ओर स्थानांतरित होता है ।

समाधान :

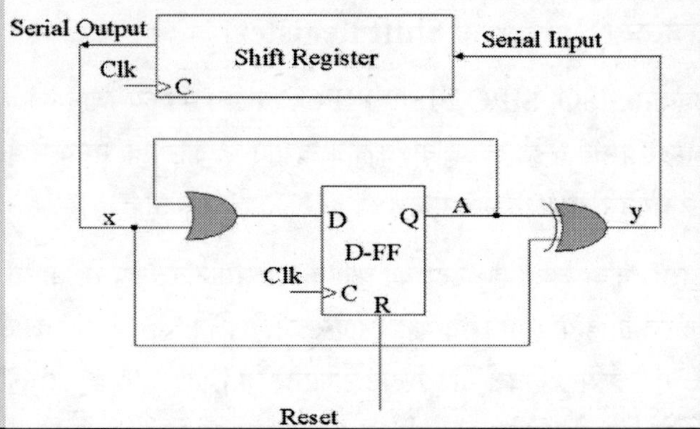

उदहारण 4.5

D FF का उपयोग कर , एक 4-बिट शिफ्ट रजिस्टर सामानांतर भार के साथ अभिकल्पित करें । शिफ्ट और भारित , ये दो नियंत्रण निवेश हैं ।जब शिफ्ट = 1 हो तो, रजिस्टर की अंतर्वस्तु दाईं ओर एक स्थिति से स्थानांतरित होती है । जब load = 1 हो और shift =0 हो, तो शिफ्ट रजिस्टर में नया डाटा भारित होता है ।यदि दोनों नियंत्रण निवेश शून्य हों तो रजिस्टर कि अंतर्वस्तु नहीं बदलती ।

समाधान :

रजिस्टर के लिए सामान्य k^{th} FF दर्शाया गया है । नीचे दिए चित्र में ,यदि k=1 है तो क्रमिक निवेश लिया जाता है अन्यथा A_{k-1} लिया जाता है । B_k सामानांतर भार के लिए निवेश है ।

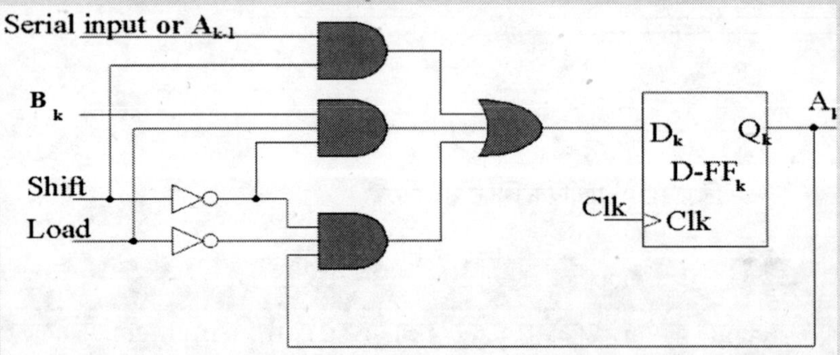

उदहारण 4.6

4 FF और 4x1 बहुसंकेतकों का उपयोग करके 4-बिट रजिस्टर का तर्क आरेख बनाएं जिसमे s1 और s0 विधा(mode) चयन रेखाएं हैं ।रजिस्टर निम्न फलन तालिका के अनुसार कार्य करता है ।

S_1	S_0	रजिस्टर कार्य
0	0	कोई बदलाव नहीं

0	1	चार निर्गातों का पूरक लें
1	0	रजिस्टर को 0 पर क्लियर करें (सिंच)
1	1	सामानांतर डाटा को भारित करें

समाधान :

यहाँ रजिस्टर का i th फ्लिप फ्लॉप दर्शाया गया है । I_i सामानांतर डाटा का ith बिट है जो लोड किया जाना है ।

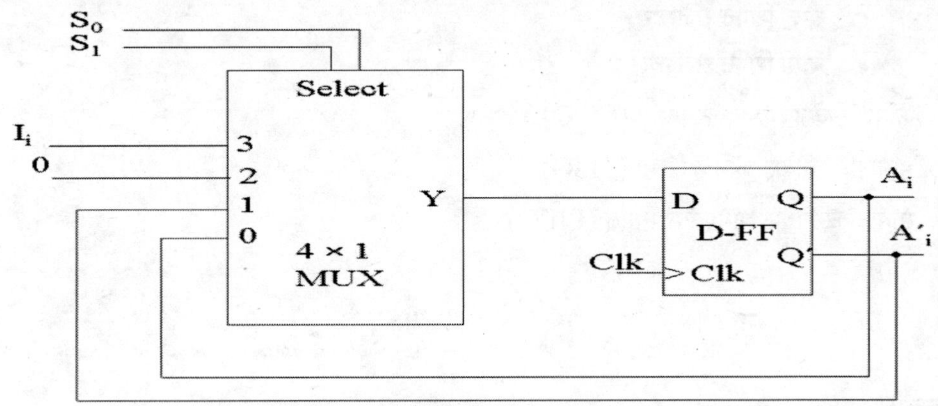

इकाई सारांश

- ➢ FF मूल स्मृति कोष्ठिका होते हैं।
- ➢ यदि एक लैच सक्रिय किनार के साथ काम करता है तो यह FF के रूप में जाना जाता है।
- ➢ चार प्रकार के FF होते हैं -SR, JK, T, D
- ➢ S = D और R = D' 'लागू करके SR FF को D-FF में परिवर्तित किया जा सकता है।
- ➢ T फ्लिप फ्लॉप JK निवेशों को एक साथ बांधकर तैयार किया जाता है।
- ➢ रजिस्टर एक स्मृति भंडारण तत्व है जिसमें आधार कोष्ठिका के रूप में FF होता है।
- ➢ काउंटर दी गई अवस्थाओं की गिनती के लिए अनुक्रमिक परिपथ हैं।

➢ mod 5 काउंटर केवल दी गई 5 अवस्थाओं की गिनती करता है जो निरंतर या अनुक्रम के बिना हो सकती हैं।

➢ काउंटर तुल्यकालिक हो सकता है (सभी FF के लिए घड़ी समान हो सकती है) या अतुल्यकालिक (सभी FF के लिए घड़ी समान नहीं होती है)।

➢ चार प्रकार के शिफ्ट रजिस्टर हैं जो डेटा को स्थानांतरित कर सकते हैं।

- क्रमिक निवेश क्रमिक निर्गत (SISO)
  - दायाँ शिफ्ट रजिस्टर
  - बायाँ शिफ्ट रजिस्टर
- क्रमिक निवेश सामानांतर निर्गत (SIPO)
- सामानांतर निवेश क्रमिक निर्गत (PISO)
- सामानांतर निवेश सामानांतर निर्गत (PIPO)

अभ्यास

बहु विकल्पीय प्रश्न

1. एक रिपल काउंटर की गति को निम्न में से किसके विलम्ब समय द्वारा बाधित किया जाता है:

   A. प्रत्येक FF के

   B. द्वार और सभी FF के

   C. मात्र FF के द्वारों सहित

   D. केवल द्वारों से

2. रिंग काउंटर प्रारंभ करने से पहले निम्नलिखित आवश्यक हैं:

   A. सभी FF को CLEAR (0 अवस्था)करना

   B. मात्र एक FF को PRESET कर अन्य FF को CLEAR करना

   C. एक FF को CLEAR करते हुए अन्य FF को PRESET करना

   D. प्रत्येक FF RESET करना।

3. किस प्रकार का रजिस्टर पूरी द्विआधारी संख्या को रजिस्टर में एक समय में एक बिट को प्रवेश करने की अनुमति देगा और संग्रहीत बीटों को एक एक बिट प्रति पल निकलने (हटाने) दिया जाएगा?

A. PIPO B. SISO C. SIPO D. PISO

4. रिंग काउंटरों के विपरीत तुल्यकालिक काउंटरों में कोई विलंबता समस्याएँ नहीं होती हैं क्योंकि:

A. पहले और अंतिम चरण ही केवल ऐसे होते हैं जिन्हें निवेश घड़ी स्पंद प्राप्त होते हैं।

B. केवल अंतिम चरण को निवेश घड़ी स्पंद दिए जाते हैं ।

C. काउंटर चरणों में से कोई भी निवेश घड़ी स्पंदों द्वारा सक्रिय नहीं होता है।

D. प्रत्येक चरण को एक साथ निवेश घड़ी स्पंद प्राप्त होते हैं।

5. अतुल्यकालिक काउंटरों का उपयोग करने वाले मुख्य बिंदुओं में से एक यह है:

A. आंतरिक संचरण(propagation) विलम्ब कम आवृत्ति के अनुप्रयोगों को सीमित करता है।

B. आंतरिक संचरण विलम्ब उच्च आवृत्ति अनुप्रयोगों को सीमित करता है।

C. अतुल्यकालिक काउंटर उच्च और निम्न आवृत्ति गणना अनुप्रयोगों में उपयोग के लिए उपयुक्त हैं और उनकी कोई महत्वपूर्ण सीमाएं नहीं हैं।

D. अतुल्यकालिक काउंटरों का उपयोग उच्च आवृत्ति अनुप्रयोगों में नहीं किया जा सकता है क्योंकि उनमें संचरण देरी की कमी है।

6. रिंग और जॉनसन काउंटर की तुलना से पता चलता है कि:

A. रिंग काउंटर में कम FF होने साथ अतिरिक्त डिकोडिंग सर्किट्री की आवश्यकता होती है।

B. रिंग काउंटरों में एक उत्क्रम प्रतिपुष्टि मार्ग होता है और

C. जॉनसन काउंटर कम विकोडक परिपथों का उपयोग करता है लेकिन अधिक FF लगते हैं ।

D. जॉनसन काउंटर में एक उत्क्रम प्रतिपुष्टि(inverted feedback) मार्ग होता है।

7. काउंटर परिपथ का कौन सा रूप समान दूरी वाले घड़ी स्पंदों की एक श्रृंखला का सहजता से उत्पादन कर सकता है?

A. शिफ्ट रजिस्टर अनुक्रमक (sequencer)

B. घड़ी

C. जॉनसन

D. द्विआधारी

8. रजिस्टर को समानांतर में भारित करने का क्या अर्थ है?

A. सभी FF में समवर्ती डेटा का स्थानांतरण ।

B. डेटा को दो FF में भारित किया जा सकता है।

C. एक साथ सभी चार FF में डेटा भारित किया जाता है।

D. संक्षिप्त रूप से तुल्यकालिक RESET और SET निवेश को बंद करना।

9. एक ऐसे शिफ्ट रजिस्टर का नाम क्या है जो डेटा को बाएं या दाएं धकेल सकता है और एक समानांतर निवेश को स्वीकार कर सकता है?

A. त्रि-अवस्था B. एंड अराउंड (end around) C. दो दिशाओं वाला सार्वत्रिक D. रूपांतरण

10. एक अतुल्यकालिक द्विआधारी डाउन (नीचे की ओर) काउंटर में, एक घड़ी स्पंद के आने पर , समकालिक निर्गत शब्द पर क्या प्राप्त होता है?

A. अंतिम शब्द 1 से कम हो जाता है

B. शब्द का निर्गत 2 से कम हो जाता है

C. शब्द का निर्गत 1 अक्षर से बढ़ जाता है

D. अंतिम शब्द 1 से बढ़ जाता है

11. MOD-6 और MOD-12 काउंटरों के लिए सबसे विशिष्ट अनुप्रयोग हैं:

A. आवृत्ति काउंटर

B. बहुसंकेतिक प्रदर्शन (multiplexed displays)

C. अंकीय घड़ी

D. उर्जा खपत मीटर

12. SIPO शिफ्ट रजिस्टर एक समानांतर डेटा बस से दूसरे समानांतर डेटा बस पर एक ही रेखा पर डेटा भेजता है, एक समय में एक बिट

A. सत्य B. असत्य

13. एक बिट को एक समवर्ती बस की एक रेखा से दूसरी रेखा में SISO रजिस्टर का उपयोग करके स्थानांतरित किया जाता है।

A. हाँ B. नहीं

14. रिपल काउंटर एक अतुल्यकालिक काउंटर होता है।

A. सत्य B. असत्य

15. गणन यन्त्र का उपयोग प्रायः अंकीय घड़ियों में किया जाता है।

A. हाँ B. नहीं

16. एक अतुल्यकालिक काउंटर की प्रत्येक अवस्था एक ही स्पंद द्वारा निर्धारित की जाती है।

A. सत्य B. असत्य

17. सभी डेटा बिटों को एक साथ एक समानांतर निवेश , क्रमिक निर्गत (PISO) शिफ्ट रजिस्टर में डाला जाता है , जो प्रत्येक बिट को एक एक करके बाहर भेजता है।

A. सत्य B. असत्य

18. एक काउंटर का मापांक उसकी उच्चतम गिनती(N) के बराबर होता है।

A. सत्य B. असत्य

19. एक आंशिक रूप से कार्यान्वित T-FF से निर्मित, 2 बिट काउंटर जो निम्न क्रम से चलता है 0-2-3-1-0 नीचे दिया गया है

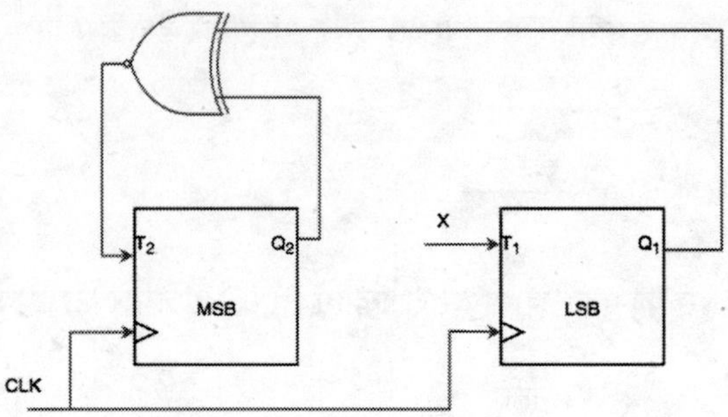

इस परिपथ को पूर्ण करने के लिए X निवेश होना चाहिये:

A. Q2

B. Q2 + Q1

C. (Q1 XOR Q2)'

D. Q1 XOR Q2

20. एक चार बिट द्विआधारी काउंटर में नियंत्तण संकेत होते हैं जो नीचे की तालिका के अनुसार काम कर रहे हैं। काउंटर का कार्यान्वयन नीचे के आरेख के अनुसार है (अगले पृष्ठ पर देखें) -

मान लीजिये कि काउंटर एवं द्वार विलम्ब बहुत ही कम हैं । यदि काउंटर 0 से शुरू होता है तो निम्न में से किस क्रम से चलता है? :

(A) 0,3,4 (B) 0,3,4,5 (C) 0,1,2,3,4 (D) 0,1,2,3,4,5

Clear	Clock	Load	Count	Function
1	X	X	X	clear to 0
0	X	0	0	No change
0	↑	1	X	Load input
0	↑	0	1	Count next

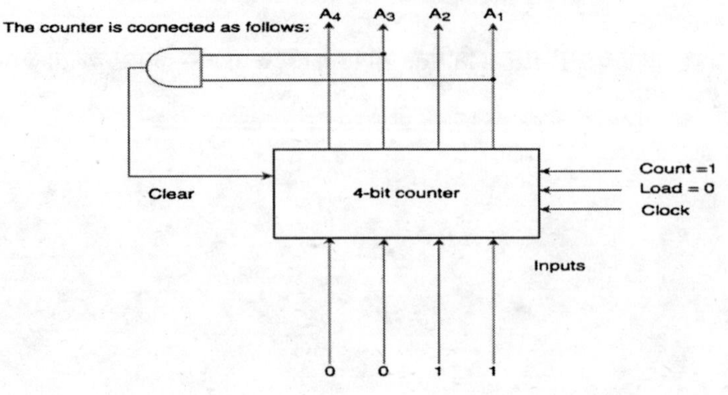

बहु विकल्पीय प्रश्नों के उत्तर

1.A	2.B	3.B	4.D	5.B	6.D	7.A	8.C	9.C	10.A
11.C	12.B	13.B	14.A	15.A	16.B	17.A	18.A	19.D	20.C

लघु और दीर्घ उत्तरीय प्रश्न

1. रिप्पल काउंटर क्या है?
2. मॉड 5 काउंटर क्या है?
3. काउंटर के मान की गणना कैसे की जाती है? (संकेत: काउंटर अवस्थाएं, FF)
4. 3 FF का उपयोग करके MOD -3 काउंटर कैसे अभिकल्पित किया जा सकता है ? (संकेत: एक तप्त एन्कोडिंग)?
5. 3 FF काउंटर का मापांक क्या है ? कारण सहित समझाएं।
6. J-K FF और D-FF दोनों के लिए सत्य सरणियाँ और अवस्था आरेख लिखें।
7. दो NAND द्वारों को SR लैच अभिकल्पित करने के लिए युग्मित किया गया है, यदि दोनों SR निवेश 0 हैं, तो निर्गत प्राप्त करें।
8. केवल NAND द्वार और केवल NOR द्वारों का उपयोग करके सक्रिय उच्च निवेश SR लैच अभिकल्पित करें। दोनों अभिकल्पों की तुलना करें।

संख्यात्मक प्रश्न

1. एक तीन चरण के काउंटर में, RS FF का उपयोग करके, 9 स्पंद देने के बाद काउंटर का मान क्या होगा?
2. हम एक तुल्यकालिक काउंटर अभिकल्पित करना चाहते हैं जो अनुक्रम 0-1-0-2-0-3 को गिनता है और फिर दोहराता है। इस काउंटर को कार्यान्वित करने के लिए आवश्यक JK FF की न्यूनतम संख्या क्या है?
3. निम्नलिखित अवस्थाओं से जाने के लिए एक तुल्यकालिक काउंटर अभिकल्पित करें: 1, 4, 2, 3, 1, 4, 2, 3, 1, 4,.................
4. यदि Q_1Q_0 प्रारंभ में 00 हैं, तो Q_1Q_0 के अगले चार निर्गत प्राप्त करें

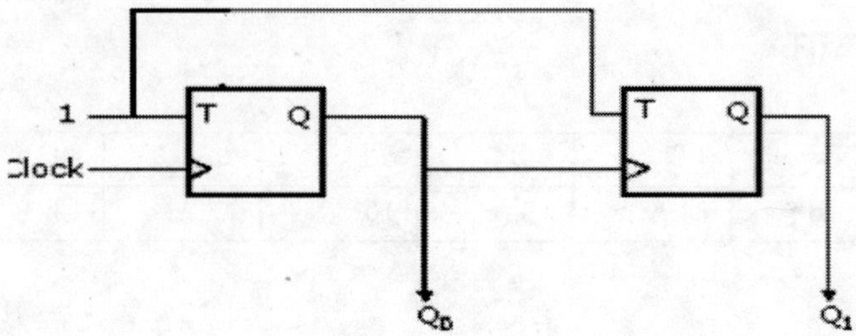

5. एक 4- बिट द्विआधारी काउंटर में नियंत्रण संकेत की कार्य शैली नीचे तालिका में दी गई है –

और काउंटर नीचे दिए आरेख में दिखाया गया है

Clear	Clock	Load	Count	Function
1	X	X	X	Clear to 0
0	X	0	0	No Change
0	↑	1	X	Load input
0	↑	0	1	Count next

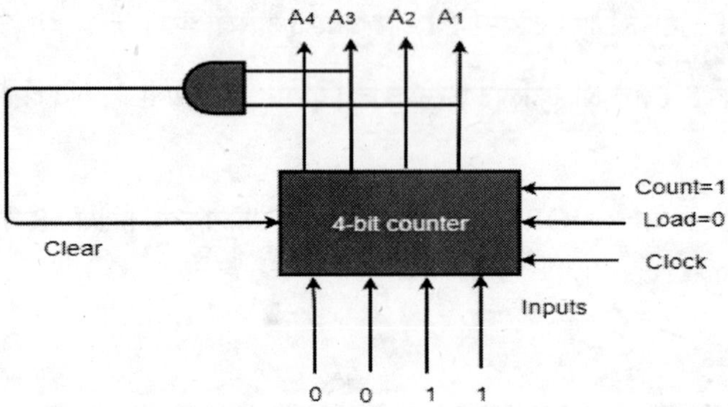

यदि काउंटर 0 पर प्रारंभ होता है और सभी विलम्ब नगण्य हैं , तो काउंटर की अवस्थाएं ज्ञात करें ।

6. T-FF का उपयोग करके 2-बिट काउंटर को पूर्ण करें जिसमें 0->2->3->1> 0 अनुक्रम होना चाहिए, X ज्ञात करें। ।

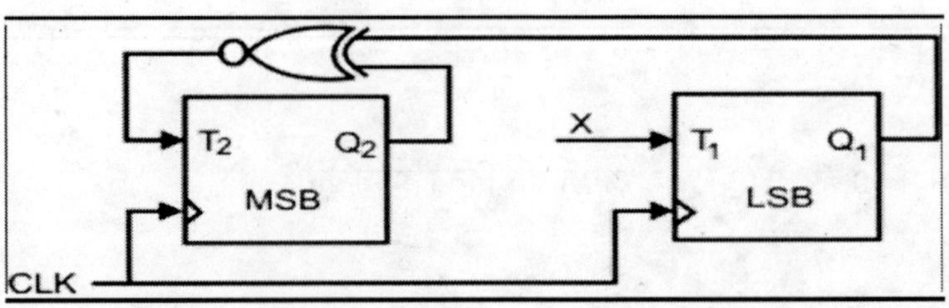

7. आरंभिक अवस्था $Q_0Q_1 = 00$ मान लीजिए। D-FF में 20ns का सेटअप समय निर्धारित किया है और 2ns का होल्ड समय निर्धारित है। यहाँ X और C के लिए दिए गए समय आरेख के लिए, C<=40ns की घड़ी अवधि के लिए , Y निर्गत का आरेख बनाएं ।

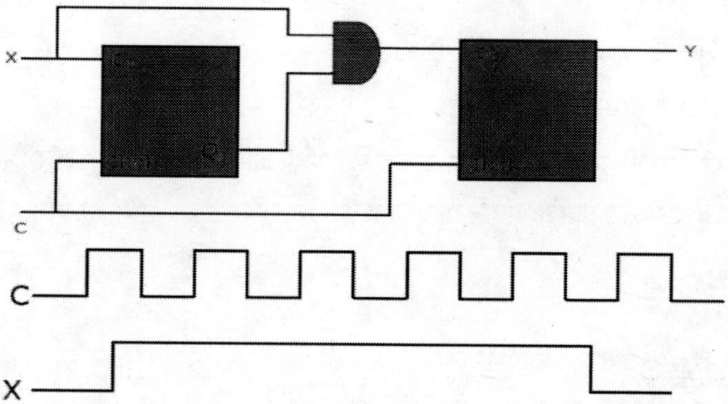

8. नीचे दिए क्रमिक परिपथ में आरंभिक अवस्था $Q_0Q_1Q_2 = 100$ है। परिपथ के लिए सामान्य अवस्था को $4Q_2 + 2Q_1 + Q_0$ द्वारा दर्शाया गया है। परिपथ के अवस्था अनुक्रम को खोजें।

(**उत्तर:मॉड** -8 काउंटर निम्न अनुक्रम के साथ-4-1-2-5-6-7-3-1-4)

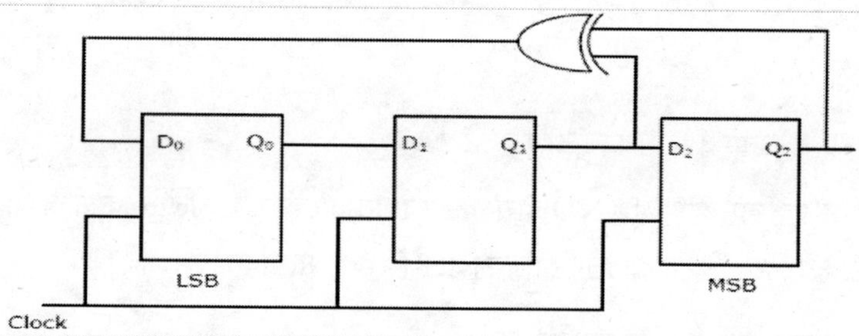

9. चार बिट जॉनसन काउंटर की प्रारंभिक अवस्था को 0000 मान लें । इस काउंटर के लिए गिनती अनुक्रम निकालें ।

10. नीचे के मास्टर स्लेव FF की प्रारंभिक अवस्था PQ = 01 है। चार घड़ी चक्र के बाद निर्गत ज्ञात करें ।

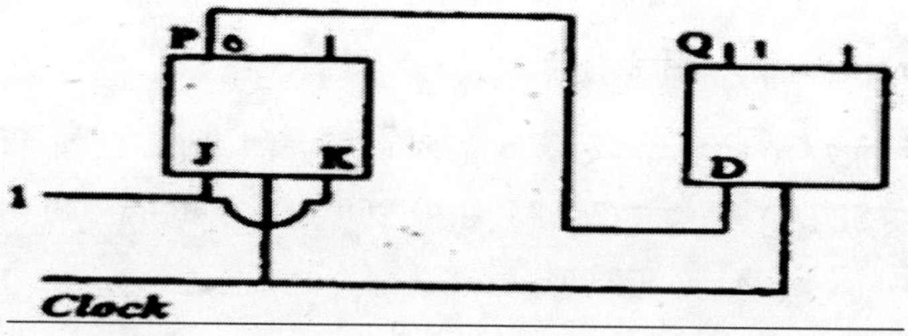

प्रायोगिक

अंकीय आइसियों का उपयोग करके प्रयोगशाला में प्रयोग किए जा सकते हैं।

-ई-मेल आईडी का उपयोग करके EDA प्लेग्राउंड वेबसाइट पर प्रयोग किए जा सकते हैं (ई-मेल आईडी का उपयोग करके लॉगिन की आवश्यकता होती है।)

https://edaplayground.com

-आभासी प्रयोगशालाओं में भी प्रयोग किए जा सकते हैं। यहाँ आईआईटी मुंबई और आईआईटी खड़गपुर से आभासी प्रयोगशालाओं के लिए क्यूआर कोड क्रमशः प्रदान किए जाते हैं।

QR code for Virtual - Lab IIT Kharagpur

QR code for Virtual - Lab IIT Bombay

प्रयोग 6. SR, D, JK और T फ्लिप फ्लॉप के कार्यों का सत्यापन।

आवश्यक उपकरण -

अंकीय आईसी D-7474, JK- 7476, T-7473। प्रयोग में सभी आइसियों केआंतरिक विवरण दिए गए हैं ।

आरेख और सत्य सारणी

SR फ्लिप फ्लॉप- कृपया अनुभाग 4.2.1 को संदर्भित करें ।

SR FF -को एक के पीछे एक लगे हुए NAND द्वारों का उपयोग करके अभिकल्पित किया जा सकता है जैसा कि चित्र 4.2 में दिखाया गया है और सक्रिय निम्न निवेशों के लिए तालिका 4.1 (a) का सत्यापन करें ।

D फ्लिप फ्लॉप-कृपया अनुभाग 4.3.6 को संदर्भित करें।

D-FF का सत्यापन आईसी 7474 का उपयोग करके किया जाता है जैसा की नीचे के आरेख में दिखाया गया है। इसमें दो D FF होते हैं। यह PRESET से SET Q = 1 और CLEAR से RESET Q = 0 के साथ आता है। प्रीसेट और क्लियर दोनों सक्रिय निम्न निवेश हैं।

J K फ्लिप फ्लॉप-कृपया अनुभाग 4.2.4 को देखें।

JK FF का सत्यापन आईसी 7476 का उपयोग करके किया जाता है जैसा कि नीचे के आरेख में दिखाया गया है। इसमें दो JK FF हैं। यह PRESET से SET Q = 1 और CLEAR से RESET Q = 0 के साथ आता है। PRESET और CLEAR दोनों सक्रियनिम्न निवेश हैं। JK FF के लिए अन्य आईसी 7473 है।

T फ्लिप फ्लॉप-कृपया अनुभाग 4.2.7 को संदर्भित करें।

T-FF को जेके FF आईसी का उपयोग करके और निर्गत J और K दोनों को एक साथ बांधकर तैयार किया जा सकता है। JK-FF 7476 या 7473 के एक आईसी का उपयोग किया जा सकता है। आईसी 7473 के लिए, सक्रिय निम्न CLEAR निवेश के साथ RESET निर्गत Q = 0 के साथ आती है।

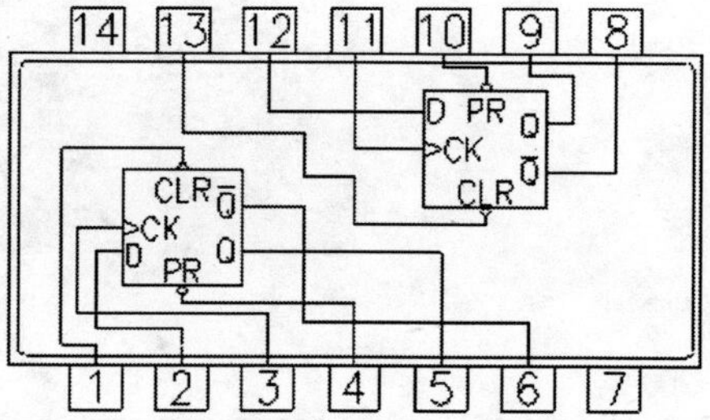

7474
Dual D Flip-Flop
with Preset and Clear

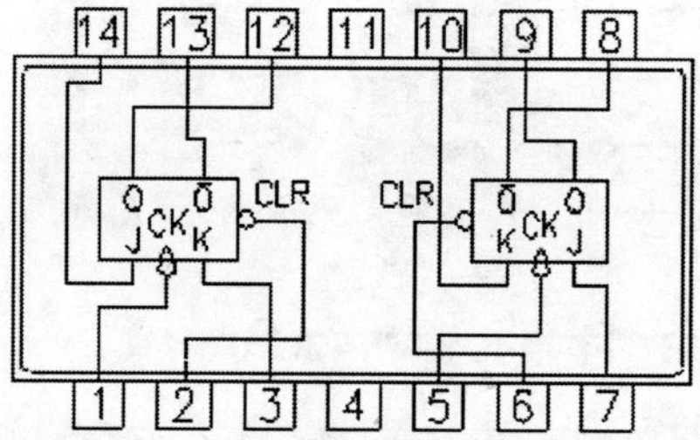

7473
Dual J-K M/S Flip-Flop
with Clear

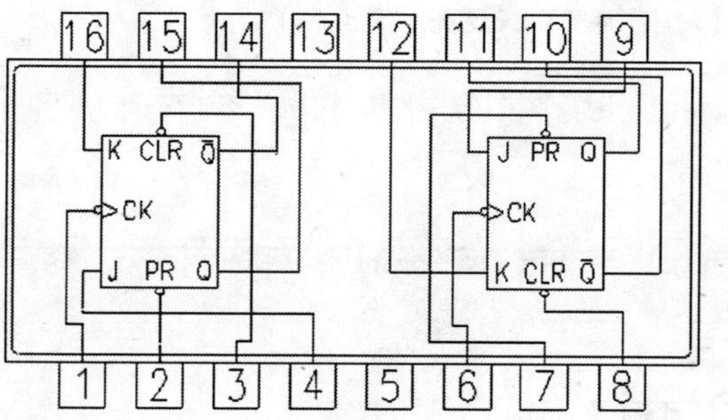

7476
Dual J/K M/S Flip-Flop
with Preset and Clear

अवलोकन: उचित निवेश पैटर्न लागू करके और निर्गत का अवलोकन करके और इसकी शुद्धता का सत्यापन करके प्रत्येक फ्लिप फ्लॉप की सत्य सारणी को पूरा करें।

निष्कर्ष : अंकीय आइसियों का उपयोग करके S-R, JK, D, T फ्लिप फ्लॉप्स के कार्यों का सत्यापन किया गया है।

वेब पेज देखें :D फ्लिप फ्लॉप-FPGA4student.com के लिए वेरीलॉग कोड ।

प्रयोग 7: अभिकल्प नियंत्रित स्थानांतरण रजिस्टर।

उपकरण: शिफ्ट रजिस्टर IC 74HC595

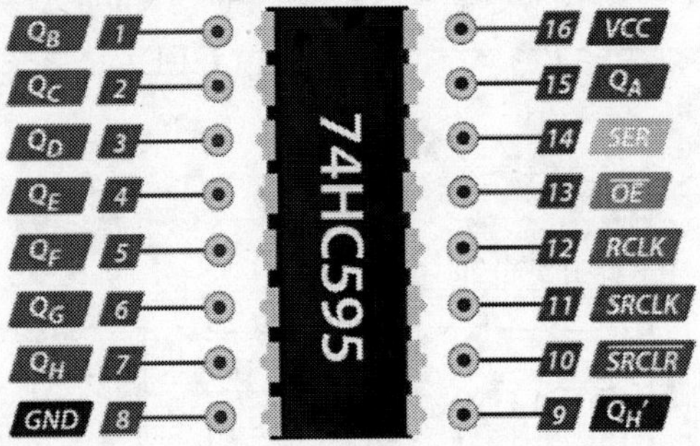

शिफ्ट रजिस्टर कि पिनों के विषय में विस्तृत से

Q_A से QH_8 निर्गत पिन हैं और इन्हें किसी तरह के निर्गत जैसे LED, 7 सेगमेंट display इत्यादि से जोडें ।

(SRCLR')मास्टर रिसेट-यह सभी निर्गतों को निम्न कर देता है । सामान्य कार्य के लिए यह उच्च रहता है।

(SRCLK) clock-यह घड़ी पिन है जिसमे घड़ी संकेत MCU/MPU से दिया जाता है ।

(RCLK)लैच-लैच पिन डाटा को निर्गत पिनों पर अद्यतन करती है ।

(OE') निर्गत सक्षम (Output enable))-निर्गत सक्षम निर्गतों को बंद करती है । सामान्य कार्य के लिए यह निम्न होना चाहिए ।

(SER)क्रमिक डाटा (Serial Data)- यह पिन डाटा को क्रमिक रूप से बिट दर बिट शिफ्ट रजिस्टर में भेजने का कार्य करती है ।

GND और VCC ग्राउंड एवं विद्युत् स्त्रोत हैं।

(Q_H') क्रमिक निर्गत -यह पिन, एक से अधिक 74HC595 को एक के बाद एक लगाने के कम आती है (पिन 9 डाटा निर्गत है जिसे अन्य शिफ्ट रजिस्टर से जोड़ने के लिए उपयोग किया जाता है , इस पिन को अगले शिफ्ट रजिस्टर आईसी में लगाएं,यदि जुड़ जाए) ।

अवलोकन-SER पिन पर भेजे गए निवेश बिट को अगले घड़ी चक्र में क्रमिक रूप से सभी निर्गतों में देखा जा सकता है।

निष्कर्ष :74HC595 आईसी का उपयोग करके -बाएँ शिफ्ट रजिस्टर संचालनों का सत्यापन किया जाता है।

प्रयोग 8:एक 7-अनुभाग प्रदर्शन(7-segment display) के साथ एक प्रोग्रामयोग्य अप डाउन काउंटर को अभिकल्पित करना

उपकरण: आईसी 7476,7486, जोड़ने के लिए तार

More about IC 74HC595

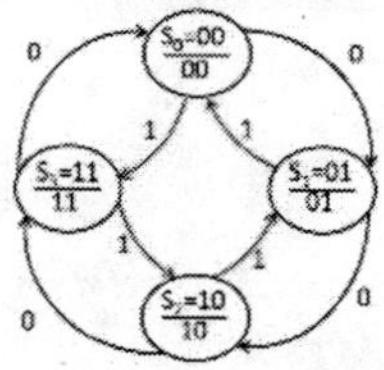

$Y_A=Q_A$ and $Y_B=Q_B$

$J_A=K_A=Q_B \oplus X$

$J_B=K_B=1$

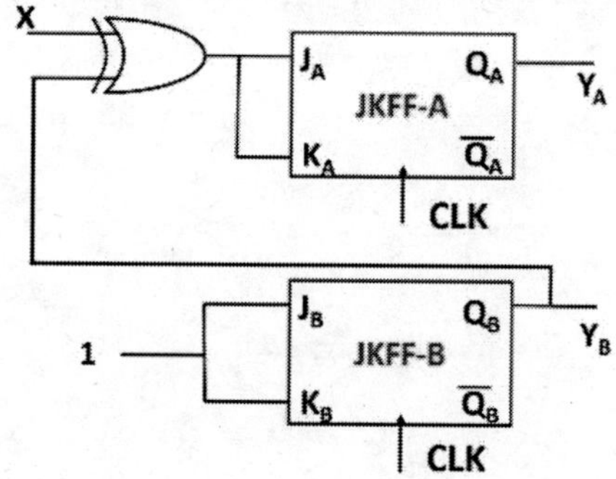

जैसा कि अवस्था आरेख में दर्शाया गया है यहाँ निवेश X UP COUNTER अवस्था में कार्य करता है जब $X = 0$ हो और DOWN COUNTER अवस्था में कार्य करता है जब $X = 1$ होता है ।

जेके FF आईसी 7476 या 7473 और XOR द्वार आईसी 7486 की मदद से इसे उपरोक्त तर्क आरेख में किए गए जोड़ों के रूप में अभिकल्पित किया जा सकता है।

अवलोकन: $X = 0$ और $X = 1$ निवेश पैटर्नों के लिए अवस्था आरेख को पूरा करें और निर्गत का अवलोकन करें और UP काउंटर और DOWN काउंटर के लिए इसकी शुद्धता को सत्यापित करें।

निष्कर्ष:अंकीय आईसी का उपयोग करके UP और DOWN काउंटरों की कार्यक्षमताओं का सत्यापन किया गया है।

Verilog code for Counter

वेरिलोग अभिकल्प और D FF के लिए टेस्ट बेंच

D Flip Flop Design

```
module D_FF(D,clk,sync_reset,Q);

input D; // Data input
input clk; // clock input
input sync_reset; // synchronous reset
output reg Q; // output Q

always @(posedge clk)
begin
 if(sync_reset==1'b1)
  Q <= 1'b0;
 else
  Q <= D;
end

endmodule
```

D -FF Test Bench

```
`timescale 1ns/1ps;
module tb_DFF();
reg D, clk, reset;
wire Q;
D_FF dut (D,clk,reset,Q);
initial begin
  clk=0;
    forever #10 clk = ~clk;
end
initial begin
 reset=1;
 D <= 0;
 #100;
 reset=0;
 D <= 1;
 #100;
 D <= 0;
 #100;
 D <= 1;
end
endmodule
```

अधिक जानें

अर्धचालक आधारित स्मृति (मेमोरी) विशेष रूप से फ्लिप फ्लॉप आधारित होने से पहले, डेटा को चुंबकीय स्मृति में संग्रहीत किया गया था। चुंबकीय स्मृति के उदाहरण वे टेप हैं जो ऑडियो और वीडियो दोनों को रिकॉर्ड करने के लिए उपलब्ध थे। डेटा को संग्रहीत करने के लिए कॉम्पैक्ट डिस्क (सीडी) और डीवीडी जैसे ऑप्टिकल स्मृति उपकरण भी उपलब्ध थे। अब डेटा के बहुत बड़े आकार (भण्डारण क्षमता) का भण्डारण करने के लिए पेन ड्राइव, हार्ड डिस्क SD कार्ड उपलब्ध हैं।

संदर्भ और पठनीय सुझाव

1. M. Morris Mano and Michael Ciletti,"Digital Design", 5th edition Pearson.

2. Digital Electronic Circuits - Course (nptel.ac.in)

Dynamic QR Code for Further Reading

-QR codes are embedded in the chapter with the topics

5 स्मृति उपकरण

इकाई विशेष

इस इकाई के माध्यम से हमने निम्नलिखित पहलुओं पर चर्चा की है:

- स्मृतियों (Memories) का सामान्य वर्गीकरण
- रैम (RAM) और रॉम (ROM) संगठन
- विभिन्न रैम और रॉम के प्रकार
- विभिन्न स्मृतियों के लाभ और हानि

आगे जिज्ञासा और रचनात्मकता उत्पन्न करने के साथ साथ समस्या का हल ढूँढने की क्षमता में सुधार के लिए यहाँ विषयों के व्यावहारिक अनुप्रयोगों पर चर्चा की गई है।

इसके अलावा, इस इकाई में बड़ी संख्या में बहु विकल्पीय प्रश्न देने के साथ साथ लघु एवं दीर्घ उत्तरीय प्रश्न जो कि दो श्रेणियों(ब्लूम के वर्गीकरण के निम्न और उच्च क्रम (order) में चिन्हित हैं, कई संख्यात्मक समस्याओं पर आधारित नियत कार्य , संदर्भों की सूची और पठनीय सुझाव दिए गए हैं ताकि कोई भी उनके द्वारा अभ्यास कर सके। यह ध्यान रखना महत्वपूर्ण है कि अपने पसंद के विभिन्न विषयों के संदर्भ में अधिक जानकारी प्राप्त करने के लिए विभिन्न अनुभागों में कुछ क्यूआर कोड प्रदान किए गए हैं जिन्हें संबंधित सहायक ज्ञान के लिए स्कैन किया जा सकता है।

संबंधित प्रायोगिक कार्य के बाद, विषय वास्तु के आधार पर, "अधिक जानकारी" अनुभाग(section) दिया गया है। इस अनुभाग को सावधानी पूर्वक बनाया गया है ताकि इस भाग में प्रदान की गई पूरक जानकारी पुस्तक के उपयोगकर्ताओं के लिए लाभदायक हो। यह अनुभाग मुख्य रूप से प्रारंभिक गतिविधियों , कुछ रोचक तथ्यों के उदाहरण, साद्दश्य, विषय के विकास का इतिहास, जो संबंधित विषयों के विकास से लेकर वर्तमान समय तक की समय सीमा, हमारे दैनिक वास्तविक जीवन के लिए विषय वस्तु के अनुप्रयोग या/और विभिन्न पहलुओं पर औद्योगिक अनुप्रयोगों, पर्यावरण स्थिरता से संबंधित मामलों सामाजिक और नैतिक मुद्दे जो भी लागू हों, और अंत में इकाई के जिज्ञासा उत्पन्न करने वाले विषयों पर प्रकाश डालता है ।

औचित्य (Rationale)

यह मूल इकाई कंप्यूटर में उपयोग की जाने वाली विभिन्न प्रकार की स्मृतिओं के अवलोकन के साथ कंप्यूटर हार्डवेयर के मूल सिद्धांतों पर ध्यान केंद्रित करती है। इकाई स्मृतियों के वर्गीकरण के साथ प्रारंभ होती है और फिर प्रत्येक प्रकार की स्मृति

(memory) का विवरण देती है। यह विभिन्न प्रकार की स्मृतियों के संचालन और उनके अनुप्रयोगों के बारे में बताती है। यह ये भी स्पष्ट करती है कि दिए गए डेटा का उपयोग करके स्मृति के आकार की गणना कैसे की जाए।

अंकीय इलेक्ट्रॉनिक्स का दायरा स्वास्थ्य देखभाल, सॉफ्टवेयर, स्वचालन, डिजिटल बैंकिंग, स्मार्ट घड़ियों , स्मार्ट फोन और कई अन्य क्षेत्रों तक विस्तारित होने के कारण, डेटा को कंप्यूटरों में संग्रहीत करने के लिए विभिन्न स्मृतियों का उपयोग किया जाता है। ये किसी भी अंकीय इलेक्ट्रॉनिक्स प्रणाली या कंप्यूटर हार्डवेयर का महत्वपूर्ण भाग हैं और सीडी, डिजिटल कैमरा, डीवीडी, पेन ड्राइव, एमपी3 प्लेयर और कई वहनीय (portable) इलेक्ट्रॉनिक्स में पाई जा सकती हैं।

पूर्व-आवश्यकताएं (Pre-requisites)

तर्क द्वारों की मूल अवधारणा,

इकाई के आउटकम

इस इकाई के आउटकम की सूची इस प्रकार है:

U5-O1: स्मृति के प्रकार को समझना ।

U5-O2: स्मृतियों के संचालन को समझना।

U5-O3: स्मृति के आकार की गणना करना सीखना ।

U5-O4: तर्क द्वारों का उपयोग करके विभिन्न स्मृतियों की संरचना को समझना ।

U5-O5: तर्क द्वारों का उपयोग करके विभिन्न स्मृतियों की संरचना को समझना ।

इकाई 5 आउटकम	कोर्स आउटकम से अपेक्षित मानचित्रण (1- दुर्बल सहसंबंध; 2- मध्यम सहसंबंध; 3- मज़बूत सहसंबंध)					
	CO-1	CO-2	CO-3	CO-4	CO-5	CO-6
U5-O1	-	2	3	3	3	-
U5-O2	-	2	3	3	3	-
U5-O3	-	2	3	3	3	-
U5-O4	-	2	3	3	3	-
U5-O5	-	2	3	3	3	-

"शिक्षा सबसे शक्तिशाली हथियार है जिसका उपयोग आप दुनिया को बदलने के लिए कर सकते हैं।"

-बी. बी किंग

5.1 परिचय

स्मृति(memory) "कंप्यूटर" और कोई भी अन्य "इलेक्ट्रॉनिक प्रणाली" का एक महत्वपूर्ण भाग है। स्मृति का उपयोग डेटा, प्रोग्राम और उसे निष्पादित करने के लिए उपयोग किए जाने वाले निर्देशों को संग्रहीत करने के लिए किया जाता है। इसका उपयोग अस्थायी भंडारण या स्थायी भंडारण के लिए किया जा सकता है। स्मृति,कंप्यूटर की केंद्रीय संसाधन इकाई (Central processing unit-CPU) का एक भाग है। एक "सीपीयू" में "अंकगणितीय तार्किक इकाई ए एल यू (Arithmetic Logic Unit-ALU)," नियंत्रण इकाई (Control unit-CU) "और" स्मृति इकाई "होती है। स्मृति के साथ कंप्यूटर प्रणाली का सामान्य खंड आरेख चित्र 5.1 में दिखाया गया है।

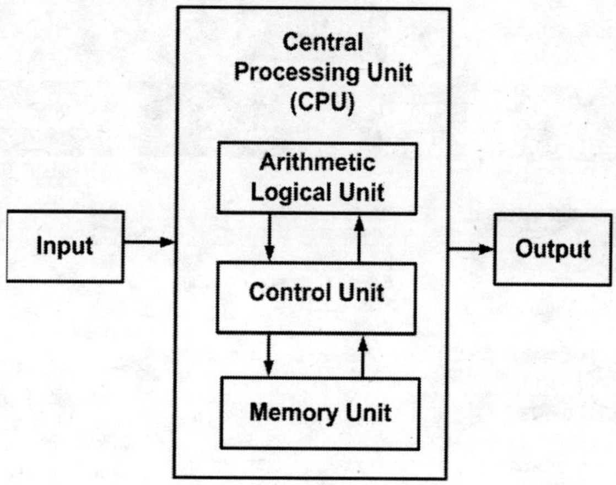

चित्र 5.1: स्मृति इकाई के साथ कंप्यूटर प्रणाली का खंड आरेख

5.2 स्मृतियों का वर्गीकरण

स्मृति का वर्गीकरण चित्र 5.2 में दिया गया है। स्मृति के दो व्यापक प्रकार होते हैं -

1 . प्राथमिक स्मृति-यह आंतरिक स्मृति है।

- "रैम"
  - "स्थैतिक रैम (Static RAM- SRAM)," "गतिक रैम (Dynamic RAM-DRAM)"
- "रॉम"
  - प्रॉम (PROM), ईप्रॉम(EPROM), ईईप्रॉम(EEPROM),

2. द्वितीयक स्मृति- यह बाहरी स्मृति है।

- हार्ड डिस्क
- पेन ड्राइव

अन्य स्मृति -

3. कैश स्मृति(Cache memory)-यह प्रक्रमक के भीतर आंतरिक स्मृति है।
4. रजिस्टर स्मृति

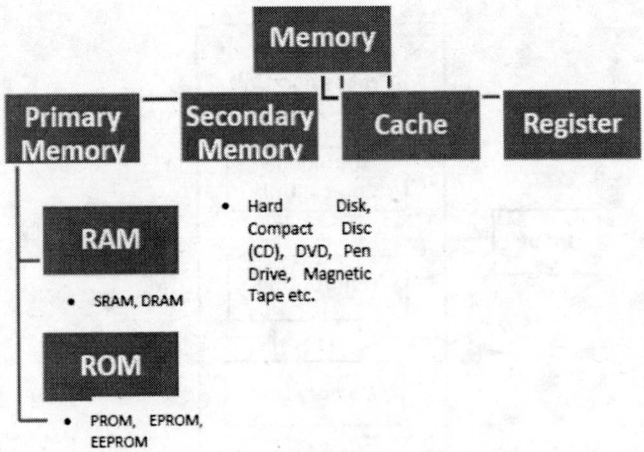

चित्र 5.2: स्मृति का वर्गीकरण

5.3 स्मृति संरचना: पता और आकार

स्मृति "भंडारण कोष्ठिका" का एक संग्रह है, जो डेटा और जानकारी को बिटों के समूह (जिसे *शब्द* कहते हैं) में भण्डारण करता है । एक शब्द '0' और '1' का एक अनुक्रम है और प्रत्येक शब्द को एक स्मृति स्थान(memory location) में संग्रहीत किया जाता है, जिसे पते (address) के रूप में जाना जाता है। आठ बिटों के समूह को *बाइट* के रूप में जाना जाता है और स्मृति द्वारा संग्रहीत बाइटों की कुल संख्या को *स्मृति का आकार* या *स्मृति की क्षमता* (memory capacity) के रूप में जाना जाता है।

स्मृति इकाई का सामान्य "खंड आरेख" चित्र 5.3. में दिखाया गया है। इसमें "m पता रेखाएँ" होती हैं जिसका अर्थ है कि यह "2^m स्थानों/पतों" का उपयोग कर सकती है। इसमें "n डेटा रेखाओं" (निवेश/निर्गत रेखाओं) द्वारा डाटा को स्मृति में और स्मृति से बाहर स्थानांतरित किया जाता है। "Read (पठन)," "Write(लेखन)" रेखाओं को "नियंत्रण रेखाएँ" "या" "नियंत्रण निवेश" "कहा जाता है। लेखन पोर्ट के द्वारा द्विअधारी डेटा को स्मृति में स्थानांतरित करने के लिए और *पठन* पोर्ट के कारण द्विआधारी डेटा को स्मृति स्थान से स्मृति से बाहर स्थानांतरित किया जाता है।

स्मृति उपकरण का **सामान्य संगठन** चित्र 5.4. में दिखाया गया है। एक पता विकोडक(address decoder), लिखने या पढ़ने के लिए स्मृति व्यूह(memory array) की किसी एक पंक्ति का चयन करता है। उदाहरण के लिए, यदि $(101)_2 = (5)_{10}$ को पता रेखाओं पर रखा जाता है, तो स्मृति की पांचवीं पंक्ति का चयन किया जाएगा और डेटा रेखाओं से जोड़ा जाएगा (यह मानते हुए कि पहली पंक्ति , *पंक्ति*-1 है)।

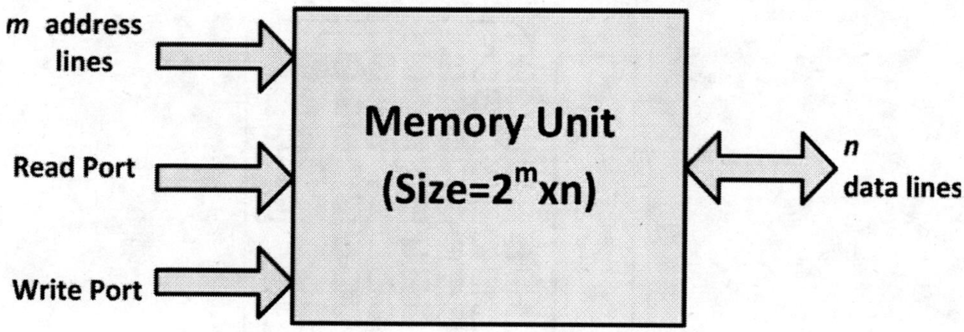

चित्र 5.3: स्मृति इकाई की मूल संरचना

लेखन सक्षम (write enable) और पठन सक्षम (Read Enable) से यह स्पष्ट होता है कि स्मृति व्यूह की चयनित पंक्ति में, डेटा को लिखा जा रहा है या पंक्ति के डेटा को पढ़ा जा रहा है। इन संकेतों को " $R/\overline{W}$ " के रूप में भी लिखा जा सकता है। यहाँ " $R/\overline{W}$ =1" यह बताता है कि डेटा पढ़ा जा रहा है और " $R/\overline{W}$ =0" यह बताता है कि डेटा लिखा जा रहा है ।

चिप चयन (chip select) एक सक्रिय निम्न संकेत है जिसका उपयोग स्मृति उपकरण को सक्षम या निष्क्रिय करने के लिए किया जाता है। इसे CS का पूरक $\overline{CS}$ के रूप में दर्शाया जा सकता है; यदि $\overline{CS}$ = 0 है , तो स्मृति निष्क्रिय हो जाती है (डेटा निवेश और निर्गत रेखाओं से अलग हो जाती है) और यदि $\overline{CS}$ = 1 है , तो स्मृति, डेटा अंतरण के लिए सभी निवेश और निर्गत रेखाओं को सक्षम करती है।

5.4 याद्दच्छिक अभिगम स्मृति (Random access memory) RAM (रैम)

याद्दच्छिक अभिगम स्मृति (रैम) , "कंप्यूटर" प्रणाली में एक हार्डवेयर उपकरण है जो डेटा "और" "प्रोग्राम" "को संग्रहीत करता है ताकि प्रक्रमक द्वारा जल्दी से अभिगमित किया जा सके । यह वाष्पशील स्मृति है जिसका अर्थ है कि यह डेटा को स्थायी रूप से संग्रहीत नहीं कर सकती है; यह डेटा कंप्यूटर को बंद करने पर चला जाता है और डेटा तभी तक रैम में रहता है जब तक कंप्यूटर चालू हो । रैम (RAM) कंप्यूटर की प्राथमिक स्मृति है और *इसे पठन /लेखन स्मृति* (Read write Memory-*RWM)* के रूप में भी जाना जाता है क्योंकि यह पठन और लेखन संचालन दोनों कर सकती है।

रैम का आंतरिक संगठन चित्र 5.6. में दिखाया गया है। इसमें रजिस्टर बैंक (B0, B1, B2, और B3), बिट एड्रेसेबल क्षेत्र और स्क्रैच पैड क्षेत्र होते हैं।

चित्र 5.4 को सामान्य स्मृति संगठन खंड आरेख के रूप में भी दर्शाया जा सकता है जैसा कि चित्र 5.5 में दिखाया गया है। 5.5.

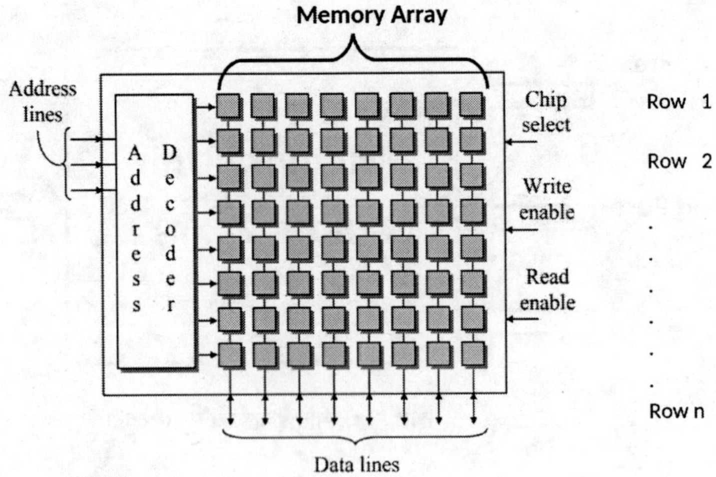

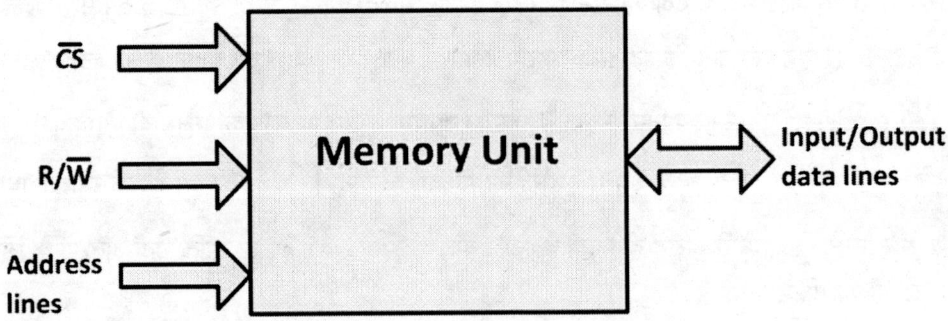

चित्र 5.4: स्मृति उपकरण का सामान्य संगठन

रजिस्टर बैंकः रैम में चार रजिस्टर बैंक (B0, B1, B2 और B3) होते हैं और प्रत्येक में 8-बिट सामान्य उद्देश्य रजिस्टर(general purpose register) होते हैं- R0-R7 । इन रजिस्टरों के स्मृति स्थान चित्र 5.6. में दिखाए गए हैं।

बिट एड्रेसेबल क्षेत्र:

इसमें "बिट एड्रेसेबल रजिस्टर" होते हैं और इसका उपयोग "अनुप्रयोग प्रोग्राम " से "बिट चर" को संग्रहीत करने के लिए किया जाता है जैसे कोई "निर्गत उपकरण" की स्थिति हो । इसमें 128 पते हैं 00h से लेकर 07h तक जो कि डाटा भण्डारण का स्थान बताते हैं । इन्हें 20h से 2Fh तक के पतों पर अभिकल्पित किया गया है।

स्क्रैच पैड क्षेत्र:

इसमें बाइट एड्रेसेबल रजिस्टर होते हैं और अनुप्रयोग प्रोग्राम से बाइट चरों को संग्रहीत करने के लिए उपयोग किया जाता है। इन्हें 30h से 7Fh तक के पतों से अभिकल्पित किया गया है।

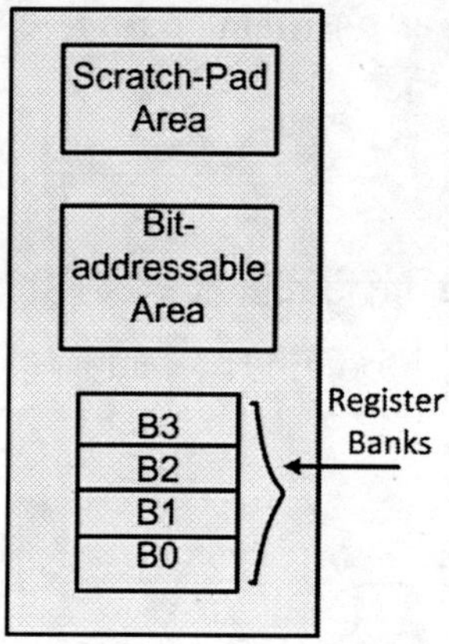

Know more RAM

चित्र 5.5: रैम का आंतरिक संगठन

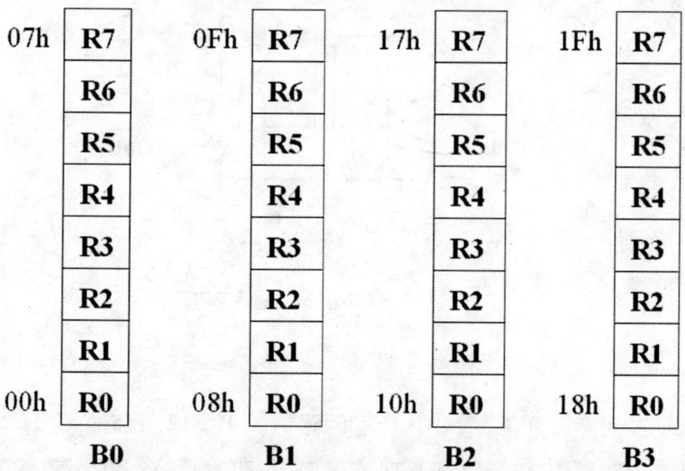

चित्र 5.6: रजिस्टर बैंक और रैम में उनके स्मृति स्थान

5.4.1 रैम के प्रकार्

रैम को स्थिर रैम और गतिक रैम में वर्गीकृत किया गया है। स्थिर रैम द्विध्रुवीय या मॉस (MOS) फ्लिप फ्लॉप हो सकती है और गतिक रैम एक प्रकार का मॉस (MOS) परिवार है। अर्धचालक (semiconductor) स्मृतियों में बहुत ज्यादा भंडारण क्षमता होती है और अधिकांश इलेक्ट्रॉनिक/कंप्यूटर प्रणालियों में उपयोग किया जाता है।

5.4.2 स्थैतिक रैम (SRAM)

SRAM एक "वाष्पशील स्मृति" है जिसका अर्थ है कि डेटा तब तक संग्रहीत रहता है जब तक कि बिजली की आपूर्ति चालू है। "स्थिर" पद का अर्थ है कि उसे डेटा को अद्यतन (update) करने के लिए अथवा "ताज़ा " करने की आवश्यकता नहीं है। यह दो प्रकार कि होती है: द्विध्रुवीय (bipolar) एस रैम और धातु ऑक्सी(metal oxide) अर्धचालक MOS आधारित SRAM। SRAM का उपयोग ***कैश स्मृति*** में किया जाता है।

द्विध्रुवीय SRAM:

मूल द्विध्रुवीय SRAM चित्र 5.7. में दिखाई गई है। इसमें दो क्रॉस युग्मित द्विध्रुवीय ट्रांजिस्टर (BJT) और कलेक्टर टर्मिनलों से जुड़े दो प्रतिरोधक होते हैं। दो क्रॉस युग्मित ट्रांजिस्टर एक द्विस्थैतिक (bipolar) लैच बनाते हैं। एमिटर कनेक्शन से कोष्ठिका का चयन करने और डेटा को पढ़ने में मदद होती है ।

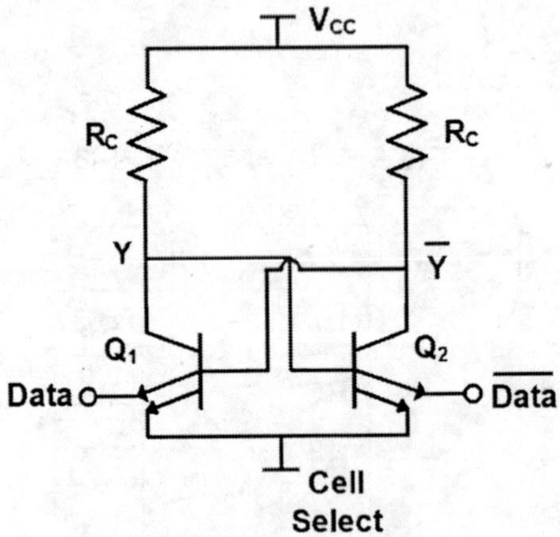

चित्र 5.7: द्विध्रुवीय SRAM कोष्ठिका

MOS आधारित SRAM:

MOS आधारित *SRAM* में दो क्रॉस युग्मित NMOS ट्रांजिस्टर (M1, M2) होते हैं जो एक द्विस्थैतिक लैच और P1, P2 को भार के रूप में बनाते हैं। यहाँ, P1 और P2 के लिए ,प्रतिरोधकों या nMOS ट्रांजिस्टर का उपयोग किया जा सकता है । WL "शब्द रेखा " है जिसका उपयोग "अभिगम ट्रांजिस्टर " (nMOS) M3 और M4 को " चालू करने के लिए किया जाता है । अभिगम ट्रांजिस्टर डेटा को पढ़ने या लिखने के लिए स्मृति कोष्ठिका को सक्षम बनाते हैं । बिट –लाइन और बिट लाइन का

पूरक (BL और $\overline{BL}$)डेटा को पढ़ने या लिखने के लिए निवेश या निर्गत रेखाओं के रूप में कार्य करते हैं। MOS आधारित SRAM की मूल संरचना चित्र 5.8 में दिखाई गई है।

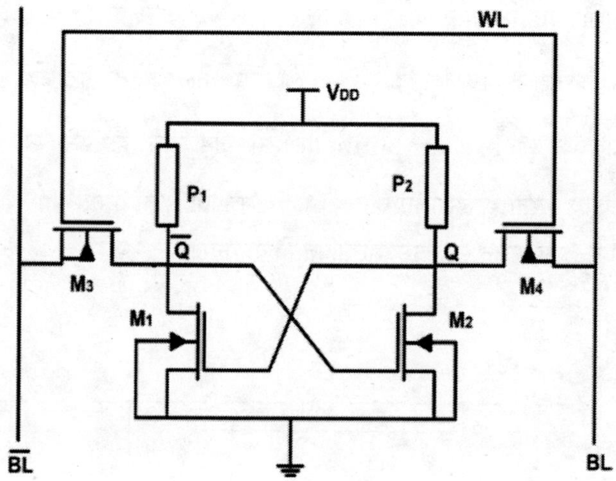

चित्र 5.8: MOS आधारित SRAM कोष्ठिका

CMOS आधारित SRAM:

“SRAM” कोष्ठिका आधारित पूरक मॉस या CMOS चित्र 5.9. में दिखाई गई है । इसमें एक “ तिर्यक युग्मित इन्वर्टर” है जो (PMOS (P1, P2) और NMOS (N1, N2) और दो अभिगम ट्रांजिस्टर(N3,N4) का संयोजन होता है)। जैसा की चित्र 5.9 में दिखाया गया है , इसमें "दो क्रॉस युग्मित ट्रांजिस्टर " (P1-N1 और P2-N2) और दो"अभिगम ट्रांजिस्टर “ (nMOS-N3, N4) हैं । BL और $\overline{BL}$ का उपयोग स्मृति कोष्ठिका से डेटा को पढ़ने, निवेश रेखाओं के रूप में और स्मृति कोष्ठिका में डेटा को लिखने के लिए निर्गत रेखाओं के रूप में किया जाता है । इस SRAM में 6 ट्रांजिस्टर होते हैं इसलिए इसे 6T SRAM कोष्ठिका कहा जाता है ।ट्रांजिस्टर की संख्या के आधार पर अन्य रूप भी उपलब्ध हैं जैसे 7T, 8T SRAM कोष्ठिका आदि ।

SRAM का कार्य - SRAM कोष्ठिका में पठन/ लेखन संचालन करने के लिए शब्द रेखा को HIGH रखा जाता है

<u>**पठन संचालन**</u> -SRAM कोष्ठिका में संगृहीत बिट को पढ़ने के लिए स्मृति का कुछ मान होना चाहिए । पहले , BL बिट रेखा और $\overline{BL}$ बिट रेखा, दोनों रेखाओं पर उच्च वोल्टेज का उपयोग करके एक बार पूर्व में ही चार्ज करने के बाद दोनों बिट रेखाओं से उच्च वोल्टेज को हटा दिया जाता है । अब पढ़ने के लिए WL रेखा पर उच्च वोल्टेज V_{dd} लागू करें ।

स्थिति 1-. मान लीजिये कि Q = 1 और Q'= 0 को स्मृति में संगृहीत किया जाता है। $\overline{BL}$ /BL और WL को उच्च करने पर N4/N3 "ON" हो जाते हैं । इसलिए , ये ट्रांज़िस्टर , पास ट्रांज़िस्टर के जैसे कार्य करते हैं । N3 ट्रांज़िस्टर के लिए Q और BL दोनों उच्च हैं, इसलिए यह केवल उच्च ही रहेगा, लेकिन N4 के लिए, Q'= 0 है लेकिन $\overline{BL}$ रेखा उच्च है, इसलिए, ट्रांजिस्टर N4, तब तक चालू है जब तक कि $\overline{BL}$ को निम्न वोल्टेज तक नीचे नहीं लाया जाता है। (BL) और BL का पूरक $\overline{BL}$ संवेद प्रवर्धक (sense amplifier) से जुड़े होते हैं, इस रूप में संवेद प्रवर्धक तुलनात्मक (comparator) के रूप में कार्य करता है, इसलिए जब $\overline{BL}$ कम होता है तो निर्गत "1" होगा। इसलिए निवेश Q = 1 है और हमें निर्गत 1 के रूप में प्राप्त हुआ, पठन संचालन सत्यापित किया गया।

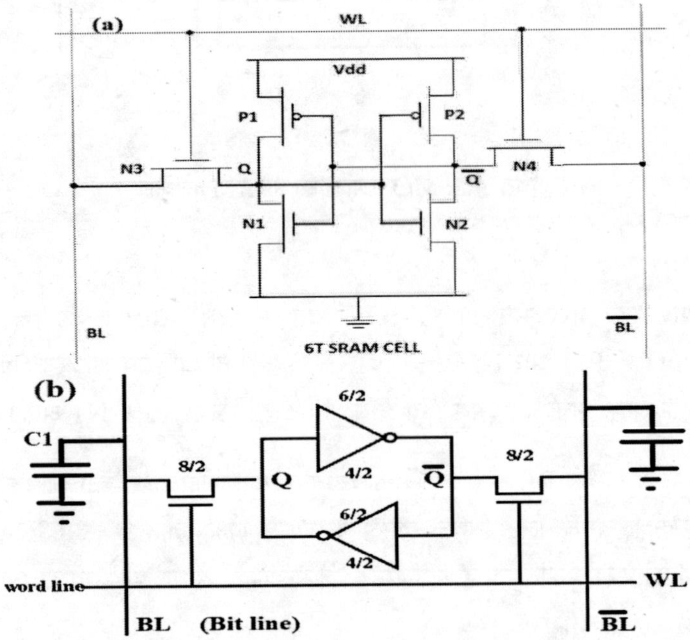

चित्र 5.9: (a) CMOS आधारित SRAM कोष्ठिका (b) बिट रेखाओं पर संधारित्रों के साथ सरलीकृत संरचना

स्थिति 2-. मान लीजिये कि Q = 0 और Q'= 1 को स्मृति में संग्रहीत किया जाता है। $\overline{BL}/BL$ और WL को उच्च करने पर N4/N3 "ON" हो जाते हैं । इसलिए, ये ट्रांजिस्टर, पास ट्रांजिस्टर के जैसे कार्य करते हैं। N4 ट्रांजिस्टर के लिए दोनों Q' और $\overline{BL}$ उच्च हैं, इसलिए यह केवल उच्च ही रहेगा, लेकिन N3 के लिए, Q = 0 है लेकिन BL रेखा उच्च है, इसलिए, ट्रांजिस्टर N3 तब तक चालू (ON) है जब तक BL को निम्न वोल्टेज तक नहीं लाया जाता ।

BL और $\overline{BL}$ संवेद प्रवर्धक से जुड़े होते हैं, यह संवेद प्रवर्धक एक तुलनात्मक के रूप में कार्य करता है, इसलिए जब बीएल (BL) कम होता है तो निर्गत "0" होगा। इसलिए हमें निवेश Q = 0 और निर्गत "0" के रूप में प्राप्त हुआ, पठन संचालन सत्यापित किया गया।

विभिन्न नोड(node) के वोल्टेज को सीमा वोल्टेज से नीचे लाने के लिए PMOS/NMOS का अनुपात पर्याप्त होना चाहिए। यह पठन बाधा है। निर्गत को "0" तक नीचे लाने के लिए NMOS को मजबूत होना चाहिए, जबकि निर्गत को V_{dd} तक ऊपर खींचने के लिए PMOS को मजबूत होना चाहिए।

<u>**लेखन संचालन**</u>-स्मृति कोष्ठिका में लिखने के लिए WL रेखा उच्च करें ।

स्थिति - 1. Q = 1 और Q' = 0 को लिखने के लिए -ऐसा मान लें कि पहले **स्मृति में संग्रहीत Q = 0 और Q'= 1 है** और अब इसे नए डेटा Q = 1 और Q' = 0 द्वारा बदलने की आवश्यकता है। इसलिए, इस नए Q को BL रेखा पर और नए Q' को $\overline{BL}$ रेखा पर लागू करें। क्योंकि WL रेखा भी उच्च है, इसलिए, N3 और N4 दोनों ट्रांजिस्टर चालू हैं और पास ट्रांजिस्टर की तरह काम कर रहे हैं। क्योंकि यहाँ BL रेखा उच्च है और $\overline{BL}$ निम्न पर है, यह Q (संग्रहीत नोड(node)) को BL (उच्च) तक आवेश(charge) करने के लिए और और Q' को $AB + \bar{A}\bar{B}$ निम्न तक विसर्जित करता है। एक बार जब ये $V_{dd}/2$ वोल्टेज स्तर को पार कर जाते हैं, तो अभिवर्धकों के क्रॉस युग्मन से Q को उच्च में और Q' को निम्न में तेज गति से लाया जाता है। इस प्रकार, नया डेटा एस रैम कोष्ठिका में लिखा जाता है।

स्थिति 2- Q = 0 और Q' = 1 लिखने के लिए-यह मान लीजिए कि पहले **स्मृति में संग्रहीत Q = 1 और Q' = 0 है** और अब इसे Q = 0 और Q' = 1 द्वारा बदलने की आवश्यकता है। इसलिए, इस Q को BL रेखा और Q' को $A.B + \overline{A+B}$ रेखा पर लागू करें। क्योंकि WL रेखा भी उच्च है, इसलिए, N3 और N4 दोनों ट्रांज़िस्टर चालू हैं और पास ट्रांजिस्टर की तरह काम कर रहे हैं। क्योंकि यहाँ BL निम्न पर है और $A.B + \overline{A+B}$ उच्च पर है, यह और Q (संग्रहीत नोड(node))' को BL (निम्न) तक विसर्जित और Q' को $A.\bar{B} + \bar{A}.B$ (उच्च) तक आवेश करता है । एक बार जब ये $V_{dd}/2$ वोल्टेज स्तर को पार कर जाते हैं, तो अभिवर्धकों के क्रॉस युग्मन से Q को निम्न और Q' को उच्च में तेजी से ले जाता है। इस प्रकार, नया डेटा एस रैम कोष्ठिका में लिखा जाता है।

होल्ड (HOLD) संचालन -SRAM कोष्ठिका में संग्रहीत डेटा को रखने के लिए होल्ड संचालन का उपयोग किया जाता है। यह WL रेखा को निम्न मान पर रखकर और N3 और N4 ट्रांज़िस्टर को OFF (खुला परिपथ) बनाकर किया जाता है। पीछे-पीछे से जुड़े हुए प्रवर्धक एक फ्लिप फ्लॉप की तरह मान को बनाए रखेंगे। एस रैम स्मृति कोष्ठिका में डेटा को समय समय पर अद्यतन करने की आवश्यकता नहीं है।

5.4.3 गतिक रैम (DRAM)

1966 में, आईबीएम में रोबर्ट डेनार्ड ने "गतिक यादृच्छिक अभिगम स्मृति(DRAM) का आविष्कार किया। DRAM अन्य प्रकार की स्मृति की तुलना में बहुत अलग प्रकार से काम करती है। "DRAM" "एक प्रकार की" "अर्धचालक स्मृति" है जिसमें एक ट्रांजिस्टर और एक संधारित्र (capacitor) होता है। यह "डेटा के प्रत्येक" बिट "को एक "संधारित्र" में संग्रहीत करती है। यह संधारित्र के आवेश/विसर्जन पर काम करती है और तदनुसार '1'/'0' तार्किक अवस्था प्रदान करती है। इसके लिए आवधिक(periodic) रिफ्रेश संचालन की आवश्यकता होती है क्योंकि संधारित्र में संग्रहीत आवेश कुछ समय बाद रिसने लगता है। DRAM की सामान्य संरचना चित्र 5.10 में दिखाई गई है। यह एक बहुत ही सरल संरचना है क्योंकि इसमें केवल एक ट्रांजिस्टर और एक संधारित्र है।

संधारित्र को अभिगमित करने के लिए , *शब्द रेखा* nMOS ट्रांजिस्टर के द्वार टर्मिनल से जुड़ी होती है । यदि *शब्द रेखा* = "1" है तो , अभिगम ट्रांजिस्टर ON होगा और संधारित्र *बिट रेखा* के वोल्टेज अनुसार आवेश /विसर्जन करेगा ।

बिट रेखा ट्रांजिस्टर के स्रोत टर्मिनल से जुड़ी होती है ।यह कोष्ठिका में संगृहीत चार्ज को पढ़ने और कोष्ठिका में नया मान लिखने के लिए वोल्टेज प्रदान करने का कार्य करती है ।

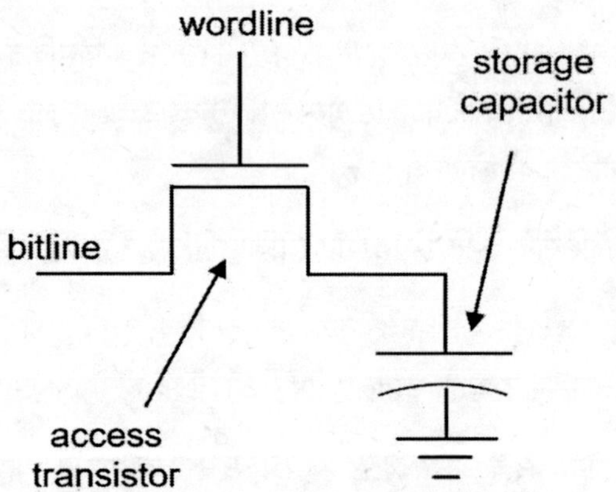

चित्र 5.10 :DRAM कोष्ठिका

DRAM कार्य

DRAM कोष्ठिका में कोई भी संचालन (पठन/लेखन) के लिए शब्द रेखा WL को उच्च रखा जाता है।

पठन संचालन - DRAM कोष्ठिका में संगृहीत कोई भी बिट को पढ़ने के लिए , **स्मृति में चार्ज के स्वरुप में कुछ मान संगृहीत होना चाहिए(चार्ज Q = C.V)**। पहले **BL बिट रेखा को $V_{dd}/2$ तक प्री-चार्ज करें(बिट रेखा संधारित्र का उपयोग करके),** तत्पश्चात शब्द रेखा WL को HIGH करें , जिससे अभिगम ट्रांजिस्टर चालू (शॉर्ट) हो जाए और BL संधारित्र या तो अधिक आवेश हो जाए (यदि भण्डारण संधारित्र V_{dd} पर था तो) या अभिगम संधारित्र से विसर्जित हो जाए (यदि भण्डारण संधारित्र "0"

पर था तो) । यह वास्तविक रूप से BL संधारित्र के आवेश को बदल देता है और यह बदलाव संवेद प्रवर्धकों द्वारा भांप कर यह पता लगाया जाता है कि "1" बिट संगृहीत किया गया था(BL की धारिता $V_{dd}/2$ वोल्टेज से भी अधिक तक आवेश हो जाएगी) या "0" बिट संगृहीत किया गया था(BL की धारिता $V_{dd}/2$ वोल्टेज से भी कम तक विसर्जित हो जाएगी)। ध्यान रहे कि संवेद प्रवर्धक एक मूल तुलनात्मक है जिसने बिट रेखा की तुलना $V_{dd}/2$ से करी है।

लेखन संचालन-स्मृति कोष्ठिका में लिखने के लिए WL रेखा को उच्च करें । लिखे जाने वाले बिट को BL रेखा पर रखें । WL रेखा उच्च होने से और क्रमशः बिट रेखा BL को उच्च ("1" लिखने के लिए) या निम्न("0" लिखने के लिए) रखने पर, अभिगम ट्रांज़िस्टर चालू हो जाता है और भंडारण संधारित्र Vdd तक आवेश कर जाता है या "0" तक विसर्जित हो जाता है ।

होल्ड संचालन- होल्ड संचालन का उपयोग डेटा को DRAM स्मृति में बनाए रखना है । यह WL रेखा को निम्न मूल्य पर रखकर और अभिगम ट्रांजिस्टर को OFF (खुला परिपथ) करके किया जाता है ।यह धारण संधारित्र को उसके पूर्व धारण मूल्य पर बनाए रखता है क्योंकि कोई अभिगम ट्रांजिस्टर के माध्यम से कोई आवेश या विसर्जन पथ नहीं है । अभिगम ट्रांज़िस्टर (MOSFET) के माध्यम से एक उप-सीमा (निर्धारित स्तर से कम) रिसाव होता है, इसलिए कुछ समय बाद संधारित्र को विसर्जित कर दिया जाता है, इसलिए इसे आवधिक रूप से DRAM स्मृति डेटा को ताज़ा करने की आवश्यकता होती है।

लाभ:

- सरल संरचना
- SRAM की तुलना में कम लागत
- SRAM की तुलना में उच्च सघनता(density) प्रदान करती है।
- उच्च सघनता के कारण अधिक डेटा संग्रहीत किया जा सकता है।
- DRAM का उपयोग मुख्य स्मृति में किया जाता है जबकि SRAM का उपयोग कैश स्मृति में किया जाता है।

हानियाँ:

- यह SRAM की तुलना में धीमी है।
- इसके लिए रिफ्रेश (ताज़गी) संचालन की आवश्यकता होती है जो SRAM में आवश्यक नहीं है।
- सतत रिफ्रेश संचालन के कारण SRAM की तुलना में अधिक बिजली की खपत ।
- विद्युत् आपूर्ति को हटाने के बाद डेटा को बनाए नहीं रखा जा सकता है ।

5.4.4 दुगनी डेटा दर तुल्यकालिक गतिक रैम (DDR SDRAM)

DDR SDRAM रैम एक प्रकार की रैम है जिसका उपयोग आधुनिक प्रकार के पक्रमकों में किया जाता है। ये ऐसी स्मृतियाँ हैं जो डेटा को नियमित स्मृतियों की तुलना में दोगुना तेज गति से स्थानांतरित कर सकती हैं। DDR SDRAM का मुख्य लाभ यह है कि यह "घड़ी संकेत" की "चढ़ती और गिरती हुई दोनों किनारों पर डेटा प्राप्त कर सकती है, इस प्रकार "घड़ी आवृत्ति" के लिए

"डेटा दर को दोगुना" कर सकती है। DDR SDRAM रैम के प्रकार हैं-DDR1, DDR2, DDR3 और वे आपूर्ति वोल्टेज 2.5V, 1.8V, 1.5V पर क्रमशः कार्य करते हैं ।

लाभ:

- नियमित DRAM की तुलना में बहुत तेज गति ।
- प्रत्येक पीढ़ी को अद्यतन किया जाता है जैसे DDR2, DDR3, DDR4 ।"

हानियाँ:

- इसका उपयोग पुराने मदरबोर्ड में नहीं किया जा सकता है।
- पिनआउट दूसरों से अलग होता है।
- विद्युत् की खपत अधिक होती है।

5.5 केवल पठनीय स्मृति (ROM)

रॉम एक "अर्धचालक स्मृति" है जिसका उपयोग स्थायी रूप से डेटा/जानकारी को संग्रहीत करने के लिए किया जाता है। यह गैर वाष्पशील है जिसका अर्थ है कि बिजली की आपूर्ति बंद (OFF) होने के बाद भी स्मृति में डेटा को बनाए रखा जाता है। जैसा कि नाम इंगित करता है इससे केवल पठन संक्रिया का कार्य किया जा सकता है या एक उपयोगकर्ता स्थायी रूप से संग्रहीत डेटा को बदल नहीं सकता है। इसे विनिर्माण के दौरान एक विशेष उद्देश्य के लिए अभिकल्पित किया जाता है।

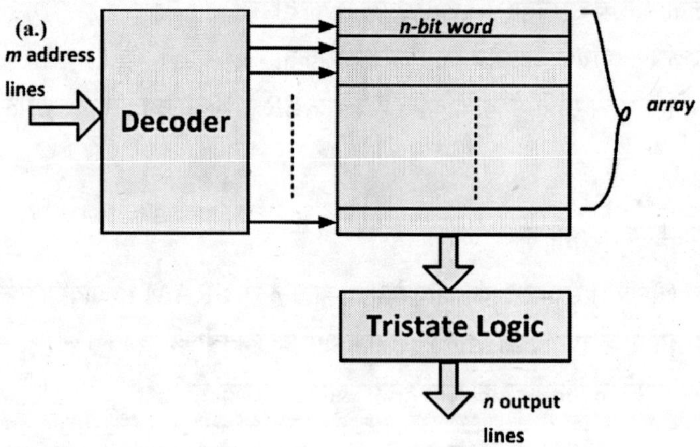

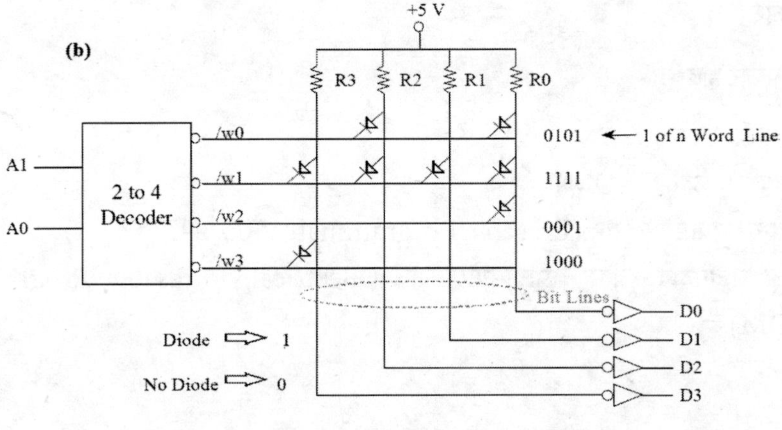

चित्र 5.11: (a) रॉम का खंड आरेख, (b) 4X4 रॉम की आंतरिक संरचना

रॉम मूल रूप से **AND** और **OR व्यूह(array)** का एक संयोजन है जो एक उपयोगकर्ता द्वारा बूलीय कार्यों को लागू करने के लिए **क्रमादेशित (program)** किया जा सकता है। रॉम का सामान्य "संगठन/खण्ड आरेख" चित्र 5.11(a) में दिखाया गया है और चित्र 5.11 (b) रॉम की 4X4 आंतरिक संरचना का प्रतिनिधित्व करता है।

जैसा कि चित्र 5.11 (a), में दिखाया गया है रॉम में विकोडक के लिए "m पता रेखाएं" होती हैं (विकोडक से अल्पपद मिलता है) जिसका अर्थ है कि "2^m स्मृति स्थान" और "n निर्गत रेखाएं" हैं। पता चरों के प्रत्येक बिट संयोजन को "पते" के रूप में जाना जाता है। रॉम को "2^m" शब्दों और प्रति शब्द "बिट संख्या-n" के द्वारा दर्शाया जाता है । रॉम के आकार को 2^m x n के रूप में परिभाषित किया जाता है, जिसका अर्थ है कि रॉम में n बिट के 2^m शब्द होते हैं।

चित्र 5.11 (b) में यहाँ m = 2 और n = 4 के साथ एक 4X4 रॉम दिखाई गई है। इसलिए, $2^m = 4$ पता रेखाएं बनाने के लिए 2X4 विकोडक का उपयोग किया जाता है और प्रत्येक शब्द में n = 4 बिट होते हैं। इसलिए, इस रॉम की कुल भंडारण क्षमता 4 शब्द या 4X4 = 16 बिट है।

AND सतह, विकोडक है जबकि OR सतह, जो भी लघुपद के समुच्चय के लिए डायोड कनेक्शनों का उपयोग करके बनाया जाता है जो सत्य है, हम उस बिट स्थिति को TRUE/सत्य में समाविष्ट करना चाहते हैं। यहाँ D0 से D3 अल्प पदों के लिए OR संचालनों का प्रतिनिधित्व कर रहे हैं जो सत्य हैं। इस प्रकार, इन्हें निम्न प्रकार से दर्शाया जा सकता है -

D3 = A1'A0 + A1A0; D2 = A1'A0' + A1'A0; D1 = A1'A0; D0 = A1'A0' + A1'A0 + A1A0'

इस प्रकार, बूलीय कार्यों को प्रोग्रामयोग्य डायोड का उपयोग करके अल्प पदों को जोड़कर रॉम स्मृति का उपयोग करके कार्यान्वित किया जा सकता है।

5.5.1 रॉम के प्रकार

रॉम के निम्नलिखित प्रकार होते हैं:

- आवरण(मास्क) रॉम
- प्रोग्रामयोग्य रॉम (प्रॅाम/PROM)
- मिटाने योग्य प्रोग्रामयोग्य रॉम (Erasable Programmable ROM-EPROM)
- विद्युत् रूप से मिटाने योग्य प्रोग्रामयोग्य रॉम (Electrically Erasable Programmable ROM-EEPROM)

5.5.2 मास्क रॉम

"मास्क " एक एकीकृत परिपथ (integrated circuit (IC) आईसी) के भागों को संदर्भित करता है जो फोटोमॉस्क से समाविष्ट होता है। आवरण/मास्क " रॉम" "अनुप्रयोग" "के अनुसार निर्माता द्वारा क्रमादेशित की जाती है। यह विनिर्माता द्वारा स्थायी रूप से क्रमादेशित है और किसी भी उपयोगकर्ता द्वारा इसे बदला नहीं जा सकता है। यह अन्य प्रकार की स्मृतियों की तुलना में सस्ती और आम तौर पर छोटी होती है। मास्क रॉम का मुख्य नुकसान यह है कि, यह केवल विनिर्माता पर निर्भर करता है, यदि कोई डेटा में त्रुटि है तो यह पूरी तरह से बेकार हो जाएगी ।

5.5.3 प्रोग्रामयोग्य रॉम –(प्रॉम)(PROM)

प्रॉम एक प्रकार की कंप्यूटर स्मृति है जिसे रिक्त स्मृति के रूप में निर्मित होने के बाद केवल एक बार क्रमादेशित किया जा सकता है। एक बार जब यह क्रमादेशित हो जाती है, तो इसे मिटाया या नहीं जा सकता है और लिखित जानकारी स्थायी होती है। इसे एक कालिक प्रोग्रामयोग्य उपकरण भी कहा जाता है क्योंकि संग्रहीत डेटा को संशोधित नहीं किया जा सकता है। प्रॉम प्रोग्रामिंग प्रक्रम को प्रॉम के ज्वलन के रूप में जाना जाता है और इस उद्देश्य के लिए, एक प्रॉम ज्वालक या प्रॉम प्रोग्रामर का उपयोग किया जाता है। प्रारंभिक कंप्यूटरों में, कंप्यूटर बायोस(BIOS), प्रॉम का एक उदाहरण है। प्रॉम का उपयोग सेल फोन, चिकित्सा उपकरणों, आरएफआईडी टैग और अन्य इलेक्ट्रॉनिक उपकरणों में भी किया जाता है।

Secondary Memory

5.5.4 मिटाने योग्य प्रोग्रामयोग्य रॉम (ईप्रॉम /EPROM)

प्रॉम का मुख्य नुकसान यह है कि इसे केवल एक बार क्रमादेशित किया जा सकता है और डेटा को हटाया या मिटाया नहीं जा सकता है। इस समस्या का समाधान ईप्रॉम का उपयोग करके किया जा सकता है, जिससे डेटा को कुछ समय के लिए विशेष पराबैंगनी(ultraviolet) प्रकाश में रखकर मिटाया जा सकता है। EPROM लम्बवत विकिरण द्वारा प्रारंभिक अवस्था में लौटती है और फिर इसे फिर से क्रमादेशित किया जा सकता है। इसका उपयोग इंटेल 8048 जैसे कुछ सूक्ष्म नियंत्रकों(micro controller) में किया जाता है।

5.5.5 विद्युत् रूप से मिटाने योग्य और प्रोग्राम योग्य रॉम (ईईप्रॉम /EEPROM)

EEPROM ईप्रॉम के समान है, लेकिन इसमें डेटा को पराबैंगनी प्रकाश के बजाय विद्युत संकेत को लागू करके मिटाया जाता है। यह मिटाने में सहजता प्रदान करता है क्योंकि यह तब भी किया जा सकता है जब स्मृति,कंप्यूटर के अंदर हो। यह एक समय में डेटा के केवल एक बाइट को मिटा सकती है या लिख सकती है। इसका उपयोग कंप्यूटर बायोस(BIOS) में किया जाता है।

5.5.6 फ्लैश स्मृति (फ्लैश रॉम)

फ्लैश स्मृति EEPROM का उन्नत संस्करण है। फ्लैश स्मृति में, डेटा के खण्डों को एक समय में मिटाया या लिखा जा सकता है, जबकि, EEPROM में, केवल डेटा के एक बाइट को मिटाया जा सकता है। इस प्रकार, फ्लैश स्मृति EEPROM की तुलना में बहुत तेज़ है।

आधुनिक कंप्यूटरों के पास फ्लैश स्मृति में संग्रहीत उनके बायोस होते हैं और इसका उपयोग मोडेम में भी किया जाता है।

5.6 द्वितीयक स्मृति(Secondary memory)

जो स्मृति उपकरण बाहरी रूप से कंप्यूटर से जुड़े होते हैं या कंप्यूटर में लगे होते हैं, उन्हें द्वितीयक स्मृति/बाहरी स्मृति/सहायक स्मृति कहा जाता है। "जब प्रणाली को बंद किया जाए तब भी यह डेटा को स्थाई रूप से

संगृहीत कर सकती है , इसलिए यह "गैर वाष्पशील स्मृति" है। यह कंप्यूटर द्वारा सीधे अभिगमित नहीं की जा सकती है, सबसे पहले, द्वितीयक स्मृति का डेटा प्राथमिक स्मृति में स्थानांतरित किया जाता है फिर CPU इसको अभिगमित कर सकता है। कुछ द्वितीयक स्मृतियाँ नीचे दी गई हैं -

5.6.1 हार्ड डिस्क

"हार्ड डिस्क" एक "चुंबकीय डिस्क" है जिसका उपयोग "स्थायी रूप से डेटा को संग्रहीत" करने के लिए किया जाता है। यह कंप्यूटर के मदरबोर्ड की ड्राइव इकाई में स्थित है। संग्रहीत डेटा के उदाहरण हैं- स्थापित सॉफ्टवेयर, चित्र, गाने, संगीत वीडियो, दस्तावेज आदि ।

5.6.2 ठोस-अवस्था ड्राइव(Solid State Drive)

"ठोस अवस्था ड्राइव (SSD)" "भंडारण उपकरण का एक और प्रकार है। इसमें हार्ड डिस्क की तुलना में "तेज अभिगम समय" और "कम विद्युत् खपत" होती है। यह कम लागत के कारण हार्ड डिस्क के लिए आदर्श प्रतिस्थापन है। इसका उपयोग अधिकतर आधुनिक लैपटॉप, टैबलेट में किया जाता है।

5.6.3 पेन ड्राइव

पेन ड्राइव या यूएसबी फ्लैश ड्राइव एक सुगठित द्वितीयक भंडारण उपकरण है जो कंप्यूटर से यूएसबी पोर्ट के द्वारा जोड़ी जाती है। डेटा को पेन ड्राइव का उपयोग करके किसी अन्य कंप्यूटर में स्थानांतरित किया जा सकता है। आकार में बहुत छोटी होने के साथ इसकी भंडारण क्षमता 1GB से 64GB या उससे अधिक हो सकती है ।

5.6.4 सुरक्षित डिजिटल कार्ड (Secure Digital Card-SD card)

एक सुरक्षित डिजिटल कार्ड, जिसे SD कार्ड के रूप में भी जाना जाता है, का उपयोग अधिकतर साथ ले जाने योग्य (portable) या मोबाइल उपकरणों में किया जाता है, जिसमें स्मार्टफोन, डिजिटल कैमरा और अन्य स्मार्ट इलेक्ट्रॉनिक उपकरण शामिल हैं।

उपरोक्त उदाहरणों के अतिरिक्त, कुछ अन्य प्रकार की निम्न द्वितीयक स्मृतियाँ हैं:

- कॉम्पैक्ट डिस्क (CD)
- डिजिटल बहुमुखी डिस्क (Digital Versatile Disk -DVD)
- चुंबकीय टेप (Magnetic Tape)
- फ्लॉपी डिस्क (Floppy Disk)
- ब्लू रे डिस्क (Blue Ray Disc)

5.7 कैश स्मृति

कैश स्मृति प्राथमिक स्मृति का एक भाग है जो डेटा या जानकारी को संग्रहीत करती है जिसका प्रायः उपयोग किया जाता है ताकि इसे प्रक्रमक द्वारा कम समय में अभिगमित किया जा सके। एक CPU हमेशा डेटा को अभिगमित करने के लिए कैश स्मृति की जाँच करता है, यदि यह कैश में नहीं पाया जाता है तो फिर प्रक्रमक मुख्य स्मृति में ढूँढता है। कैश स्मृति प्राथमिक स्मृति और सीपीयू के बीच रखी जाती है। कैश स्मृति प्राथमिक स्मृति (रैम) की तुलना में बहुत तेज होती है। खंड आरेख चित्र 5.12 में नीचे दिखाया गया है।

Cache Memory

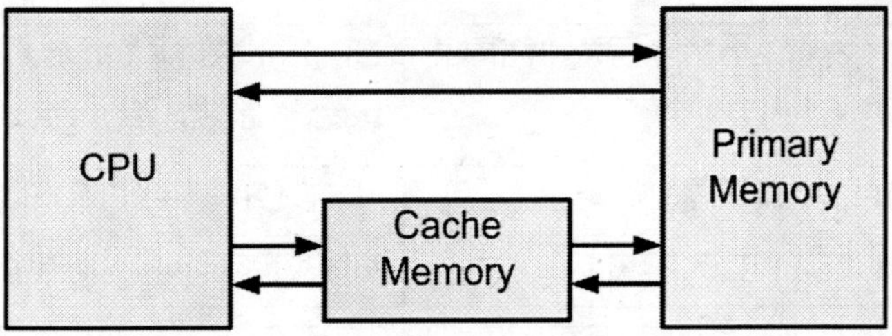

चित्र 5.12: कैश स्मृति का एक सामान्य स्थान

कैश हिट- यदि डेटा कैश स्मृति में पाया जाता है, तो इसे कैश हिट कहा जाता है। कैश हिट और कुल लुकअप (जितनी बार कैश स्मृति में डाटा ढूंडा गया) के अनुपात को कैश हिट अनुपात के रूप में जाना जाता है।

$$Cachehit\ ratio(\%) = \frac{number of\ cache\ hits}{number of\ cache\ hits + number of\ cachemiss} X100\%$$

कैश मिस- अगर डेटा कैश स्मृति में नहीं पाया जाता है, तो इसे कैश मिस कहा जाता है।

क्योंकि SRAM आकार (संधारण क्षमता) (6T) में बड़ी होती है, इसलिए कैश को कम क्षमता (kbites) के साथ रखा जाता है और कभी कभी प्रक्रमक को तेज बनाने के लिए द्वितीयक कैश का उपयोग किया जाता है। प्राथमिक कैश में प्रायः उपयोग किये जाने वाले डेटा को रखा जाता है जबकि द्वितीयक कैश में अपेक्षाकृत कम बार उपयोग किए जाने वाले डेटा को रखा जाता है। पहले, प्रक्रमक प्राथमिक कैश में डाटा की खोज करता है और यदि प्राथमिक कैश, कैश-मिस देता है तो यह द्वितीयक कैश में डेटा की खोज करता है। यदि डेटा द्वितीयक कैश में नहीं पाया जाता है तो यह मुख्य स्मृति में खोज करता है। क्योंकि मुख्य स्मृति की

भण्डारण क्षमता अधिक होती है, इसलिए कैश स्मृति की तुलना में मुख्य स्मृति में डेटा को खोजने में अधिक समय लगता है। द्वितीयक कैश प्राथमिक कैश और मुख्य स्मृति के बीच स्थापित जाती है।

5.8 रैम और रॉम के बीच अंतर

रैम और रॉम के बीच मूल अंतर तालिका 5.1 में दिखाया गया है।

तालिका 5.1: रैम और रॉम की तुलना।

रैम (RAM)	रॉम (ROM)
वाष्पशील स्मृति	गैर वाष्पशील स्मृति
डेटा को पढ़ा जा है सकता और बदला भी जा सकता है ।	डेटा केवल पढ़ा जा सकता है ।
गति अधिक होती है।	रैम की तुलना में गति धीमी है।
CPU सीधे रैम में संग्रहीत डेटा को अभिगमित कर सकता है।	CPU सीधे रॉम में संग्रहीत डेटा को अभिगमित नहीं कर सकता है, इसे रैम में संग्रहीत करने की आवश्यकता है।
आकार (भण्डारण क्षमता) में छोटी होती है।	आकार (भण्डारण क्षमता) में बड़ी होती है।
यह केवल कुछ मेगाबाइट डेटा को संग्रहीत कर सकती है।	यह गिगाबाइट डाटा को संग्रहीत कर सकती है।
इसका उपयोग CPU पर किया जाता है, उदाहरण के लिए कैश मेमोरी SRAM का उपयोग करती है।	इसका उपयोग सूक्ष्म नियंत्रकों में किया जाता है।

उदाहरण 5.1

एक स्मृति में 6K x 8 की क्षमता है। परिकलन करें -

(a)स्मृति की डेटा निवेश और निर्गत रेखाओं की संख्या

(b) पता रेखाओं की संख्या

(c) बाइट में क्षमता

समाधान:

(a) डेटा निवेश और निर्गत रेखाओं की संख्या = 8

(b) पता रेखाओं की संख्या

क्योंकि स्मृति में कुल पते 6K = 6 x 1024 = 6144 $<2^{13}$

इसलिए 13 पता रेखाओं की आवश्यकता है।

(c) 8 बिट = 1 बाइट;बाइट में क्षमता = 6144 बाइट है।

उदाहरण 5.2

4 बाइट के शब्दों के साथ, 2^{24} बिट की भंडारण क्षमता वाली एक स्मृति का निर्माण करें । परिकलन करें -

(a) 2K x 8 बिट की आवश्यक रैम चिप्स की संख्या

(b) स्मृति के लिए आवश्यक पता- रेखाओं की संख्या

समाधान:

(a) यह देखते हुए कि रैम की क्षमता = 2K x 8 बिट = $2 \times 2^{10} \times 2^3$ बिट = 2^{14} बिट

अतः आवश्यक स्मृतिक्षमता = 2^{24} बिट इसलिए, आवश्यक रैम चिपों की संख्या = $2^{24}/2^{14} = 2^{10} = 1024$

(b)यह देखते हुए कि, एक शब्द 4 बाइट का है ,

संभावित शब्दों की संख्या = $2^{24}/(4 \times 8) = 2^{24}/32 = 2^{24}/2^5 = 2^{19}$

इसलिए, पता-रेखाओं की संख्या= 19

5.9 रॉम का उपयोग करके बूलियन तर्क का कार्यान्वयन

रॉम का उपयोग संयोजन तर्क को लागू करने के लिए भी किया जा सकता है। नीचे का उदाहरण देखें -

उदाहरण 5.3

निम्नलिखित फलन को ROM-F_1 (A, B, C) = $\Sigma m(0,2,4)$ और F_2 (A, B, C) = Σm (1,2,5,7) का उपयोग करके लागू करें।

समाधान:

सत्य तालिका:

Truth Table:

A	B	C
0	0	0
0	0	1
0	1	0
0	1	1
1	0	0
1	0	1
1	1	0
1	1	1

$$F_1 = \overline{A}.\overline{B}.\overline{C} + \overline{A}.B.\overline{C} + A.\overline{B}.\overline{C}$$

$$F_2 = \overline{A}.\overline{B}.C + \overline{A}.B.\overline{C} + A.\overline{B}.C + A.B.C$$

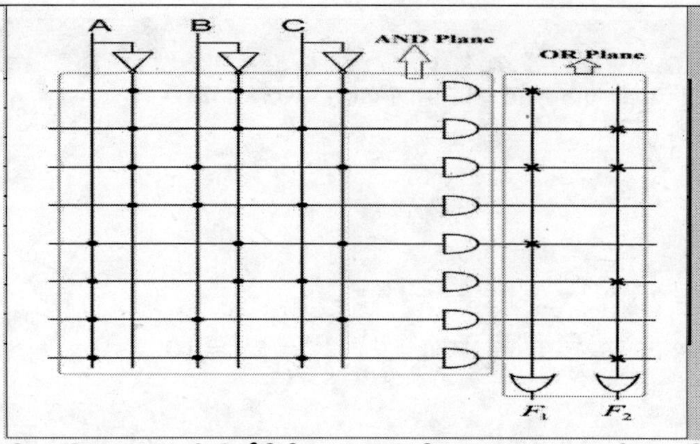

टीप : बिंदु(.), सभी निर्गतों के AND संयोजन का A,B,C के रूप में प्रतिनिधित्व करता है और "क्रॉस (x)", सभी तर्क "1" वाले निर्गतों के OR संयोजनों का प्रतिनिधित्व करता है ।

इकाई सारांश

➢ स्मृति "कंप्यूटर" और किसी भी इलेक्ट्रॉनिक आधारित प्रणाली का एक "महत्त्वपूर्ण भाग" है जिसका उपयोग डाटा , प्रोग्राम एवं निर्देशों को संगृहीत कर प्रोग्राम को निष्पादित करने के लिए किया जाता है।

➢ **स्मृति के प्रकार -**

1. प्राथमिक स्मृति
   - "रैम"- "स्थिर रैम (SRAM), "गतिक रैम (DRAM)"
   - "रॉम"-प्रॉम , ईप्रॉम, ईईप्रॉम
2. द्वितीयक स्मृति
3. कैश स्मृति
4. रजिस्टर स्मृति

➢ "स्मृति" "भंडारण कोष्ठिकाओं का एक संग्रह" है, जो बिटों के समूह में डेटा और जानकारी को संग्रहीत करती है जो शब्दों के रूप में जानी जाती है। एक शब्द, 0 और '1' का एक अनुक्रम है और प्रत्येक शब्द को एक स्मृति

स्थान में संगृहीत किया जाता है , जिसे पते के रूप में जाना जाता है। आठ बिटों के समूह को बाइट के रूप में जाना जाता है और स्मृति द्वारा संग्रहीत बाइटों की कुल संख्या को स्मृति या स्मृति की क्षमता के रूप में जाना जाता है।

➢रैम वाष्पशील स्मृति है जिसका अर्थ है कि यह डेटा को स्थायी रूप से संग्रहीत नहीं कर सकती है जब कंप्यूटर को बंद कर दिया जाता है तो यह डाटा खो जाता/चला जाता है।

➢ "रॉम गैर वाष्पशील स्मृति है" जिसका अर्थ है कि आपूर्ति बंद होने के बाद भी स्मृति में डेटा को बनाए रखा जाता है। रॉम की बनावट में AND सतह के बाद OR सतह आती है। रॉम का उपयोग बूलीय फलनों को लागू करने के लिए भी उपयोग किया जा सकता है।

➢ DDR SDRAM रैम एक प्रकार की रैम है जिसका उपयोग आधुनिक प्रकार के प्रक्रमकों में किया जाता है। ये ऐसी स्मृतियाँ हैं जो डेटा को नियमित स्मृतियों की तुलना में दोगुना तेज गति से स्थानांतरित कर सकती हैं।

➢ "गतिक याद्दच्छिक अभिगम स्मृति (DRAM)" "अर्धचालक स्मृति" " का एक प्रकार है जिसमें एक ट्रांज़िस्टर और एक संधारित्र होता है। यह एक संधारित्र में डेटा के प्रत्येक बिट को संग्रहीत करती है। यह संधारित्र के आवेश/विसर्जन पर काम करती है और तदनुसार '1'/'0' तर्क अवस्थाएं प्रदान करती है।

➢ SRAM एक "वाष्पशील स्मृति" है जिसका अर्थ है कि "जब तक विद्युत् आपूर्ति चालू रहती , है तब तक डेटा को संग्रहीत किया जाता है"। स्थिर पद का अर्थ है कि डेटा को अद्यतन करने के लिए इसे ताज़ा करने की आवश्यकता नहीं है।

➢ कैश स्मृति एसरैम कोष्ठिका से बनाई जाती है। यदि डेटा कैश स्मृति में पाया जाता है तो वह ***कैश हिट*** और नहीं पाया जाता तो वह ***कैश मिस*** कहलाता है ।

➢स्मृति भण्डारण/क्षमता का प्रतिनिधित्व :

- 1 किलो बाइट (1 KB) = 1024 बाइट ; 1 बाइट =8 बिट ; 1 निबल = 4 बिट
- 1 मेगा बाइट (1 MB) = 1024 KB; 1 टेरा बाइट (1 TB) = 1024 GB
- 1 जिगा बाइट (1 GB) = 1024 MB; 1 पीटा बाइट (1 PB) =1024 टेरा बाइट

अभ्यास

बहु विकल्पीय प्रश्न

1.1. स्मृति के लिए, 1MB निम्न में से किसके बराबर है -

(a) 100 KB (b) 1024KB (c) 512KB (d) 2KB

1.2. जो द्वितीयक स्मृति नहीं है -

(a) SRAM (b) हार्ड डिस्क (c) पेन ड्राइव (d) CD

1.3. जो क्षमता में सबसे छोटी होती है-

(a) KB (b) MB (c) GB (d)TB

1.4. गलत कथन की पहचान करें -

(a) 1GB = 1024 MB (b) 1MB = 1024KB
(c) 1KB = 1024 बाइट् (d) 1GB = 1024KB

1.5. जो एक स्थायी स्मृति है-

(a) SRAM (b) DRAM (c) द्विध्रुवी रैम (d) रॉम

1.6. एक DRAM में एक _ _ _ _ _और एक संधारित्र होता है

(a) डायोड (b) प्रतिरोधक
(c) ट्रांज़िस्टर (d) प्रेरक (इंडक्टर)

1.7. _ _ _ _को समय समय पर रिफ्रेश संचालन की आवश्यकता होती है -

(a) SRAM (b) रॉम (c) DRAM (d) सभी

1.8. जो कि EEPROM का उन्नत संस्करण है?

(a) मास्क रॉम (b) प्रॉम (c) फ्लैश स्मृति (d) रॉम

1.9. एक स्मृति में 5 पता-रेखाएं होती हैं, यह कितने शब्दों को संग्रहीत कर सकती है?

(a) 16. (b) 32. (c) 5. (d) 8.

1.10. रैम को _ _ _ _ _ _ _ _ स्मृति के रूप में भी जाना जाता है -

(a) पठन-लेखन (b) पठन (c) लेखन (d)स्थायी

1.11. स्मृति_ _ _ का समुच्चय है

(a) भंडारण कोष्ठिकाओं (b) ट्रांजिस्टर

(c) द्वारों (d) डायोड

1.12. रैम में, बिट एड्रेसेबल क्षेत्र में _ _ _पते हैं

(a) 64 (b) 128 (c) 256 (d) 32

1.13. 2K x 8 आकार के साथ स्मृति के लिए पता- रेखाओं की संख्या है -

(a) 1024 (b) 2048 (c) 512 (d) 4096

1.14. भंडारण की पहचान करने के लिए किसका उपयोग किया जाता है?

(a) पता (b) व्यूह (array) (c) अभिलेख (record) (d) बाइट्

1.15. स्मृति के लिए, 2GB को निम्न प्रकार से भी दर्शाया जा सकता है

(a) 2048 MB (b) 1024 MB (c)100 MB (d) 1000KB

1.16. जो किसी भी स्मृति इकाई का भाग नहीं है?

(a) पता- रेखाएं (b)पठन पोर्ट (c) लेखन पोर्ट (d) पुनः स्थापित(रिसेट)

बहु विकल्पीय प्रश्नों के उत्तर

1.1 b	**1.2 a**	**1.3 a**	**1.4 d**	**1.5 d**	**1.6 b**	**1.7 b**	**1.8 c**
1.9 b	**1.10 a**	**1.11 a**	**1.12 d**	**1.13 b**	**1.14 d**	**1.15 a**	**1.16 d**

लघु और दीर्घ उत्तरीय प्रश्न

श्रेणी 1

1.1. पता रेखाओं, पठन/लेखन पोर्ट और निवेश/निर्गत रेखाओं का प्रतिनिधित्व करने वाली स्मृति की मूल संरचना बनाएं ।

1.2. वाष्पशील और अवाष्पशील स्मृति के बीच क्या अंतर है?

1.3. फ्लैश स्मृति क्या है? यह अन्य रॉम की तुलना में किस प्रकार बेहतर है?

1.4. रैम में रजिस्टर बैंकों के प्रकार को सूचीबद्ध करें और संरचना बनाएं ।

1.5. प्रॉम और ईप्रॉम के बीच अंतर को लिखें ।

1.6. CMOS आधारित SRAM की सामान्य संरचना बनाएं ।

1.7. स्मृति का आकार 6K x 8 है, उसमे लगने वाली जो निवेश/निर्गत रेखाओं और पता- रेखाओं की संख्या निकालें।

1.8. कैश हिट अनुपात क्या है?

1.9. रॉम में OR सतह का कार्य क्या है?

श्रेणी 2

1.1. उपयुक्त आरेख के साथ CMOS आधारित SRAM के प्रचालन को स्पष्ट करें।

1.2. एक अर्ध योजक में निवेश U और V, योग और हासिल निर्गत होते हैं। रॉम का उपयोग करके संरचना को लागू करें ।

1.3. स्मृति का सामान्य संगठन बनाएं और इसके साथ जुड़े प्रत्येक पोर्ट का वर्णन करें ।

1.4. विभिन्न प्रकार की रॉम का वर्णन करें और प्रत्येक रॉम के अनुप्रयोग लिखें ।

1.5. रॉम का उपयोग करके 3-बिट के द्विआधारी कोड से 3-बिट के ग्रे कोड परिवर्तक को अभिकल्पित करें ।

1.6. निम्न पदों को परिभाषित करें (a) स्मृति पता (b) स्मृति कोष्ठिका (c) स्मृति शब्द (d) बिट और बाइट (e) चिप चयन (f) स्मृति रिफ्रेश

1.7. 1T-1C DRAM कोष्ठिका की संरचना बनाएं और 6T-SRAM कोष्ठिका की तुलना में उसकी लाभ और हानियों को लिखें ।

1.8. रॉम का उपयोग करके एक संयोजनात्मक परिपथ अभिकल्पित करें जिसमें "3-बिट निवेश" हैं और "निर्गत" "निवेश के" के 2 के पूरक के बराबर" है।

1.9. रॉम का उपयोग करके एक संयोजनात्मक परिपथ अभिकल्पित करें जिसमें "2-बिट निवेश" हैं और "निर्गत" निवेश का वर्ग मूल (square) है। (संकेत -यदि निवेश 2-बिट है तो वर्ग निर्गत 4- बिट है, सत्य सारणी बनाएं और प्रत्येक निर्गत के लिए अभिव्यक्तियाँ लिखें)

संख्यात्मक प्रश्न

1.1. एक स्मृति में 8K x 12 की क्षमता होती है। परिकलन करें -

(a) स्मृति के "डेटा निवेश" और "निर्गत रेखाओं" की संख्या

(b) पता रेखाओं की संख्या

(c) बिट और बाइट में क्षमता

1.2. आवश्यक विकोडक के प्रकार को निर्धारित करें , यदि 2^{23} बिट (4 बाइट शब्दों के साथ) की क्षमता के साथ एक स्मृति 2K x 8 रैम का उपयोग करके बनाई जाती है।

1.3. 512 x 8 रॉम संगठन के लिए बिट, और बाइट भंडारण क्षमता क्या होगी?

1.4. एक निश्चित स्मृति 16K, 16-बिट के शब्दों को संग्रहीत कर सकती है। निम्न को ज्ञात करें (a) "निवेश रेखाओं की संख्या" और "निर्गत रेखाओं की संख्या " (b) बाइट में "पता-रेखाओं की संख्या" (c) क्षमता की गणना ।

1.5. एक कंप्यूटर कैश स्मृति में 1000 शब्दों की खोज करता है। यह कैश स्मृति में 199 शब्द पाता है। कैश हिट अनुपात निकालें ।

प्रायोगिक

प्रयोग 9. विभिन्न स्मृति आईसियों (ICs) का अध्ययन करें।

SRAM आईसी

(1) LY62256 (LY निर्माता का नाम - लिओन्टेक इंक, 62256 मॉडल संख्या)।

- आमाप = 256Kbit
- डीआईपी(DIP)
- 55ns का तेजी से अभिगम समय
- अति कम विद्युत् खपत
- 15 mA का संचालन करंट(धारा)
- आपातोपयोगी करंट: 1μA
- संचालन तापमान -40°C से 85°C तक होता है।

LY62256 एक (32K X 8) 262144 बिट की कम विद्युत् खपत CMOS स्थिर याहच्छिक अभिगम स्मृति है जिसे 32,768 (32K X 8) शब्दों के रूप में 8 बिटों द्वारा आयोजित किया जाता है। LY62256 को कम विद्युत् खपत अनुप्रयोग के लिए अभिकल्पित किया गया है, और विशेष रूप से बैटरी बैकअप अवाष्पशील स्मृति अनुप्रयोग के लिए उपयुक्त है। LY62256 2.7~5.5 की एकल विद्युत् आपूर्ति से संचालित होता है और सभी निवेश और निर्गत पूरी तरह से TTL संगत होते हैं। इसे LY62256PL-55LLI के रूप में भी लिखा जा सकता है।

P: 28 पिन 600mil P-DIP (प्लास्टिक डीआईपी), L: ग्रीन पैकेज, 55: अभिगम समय LL-अल्ट्रा कम शक्ति, I-(औद्योगिक): -40°C से 85°C तक।

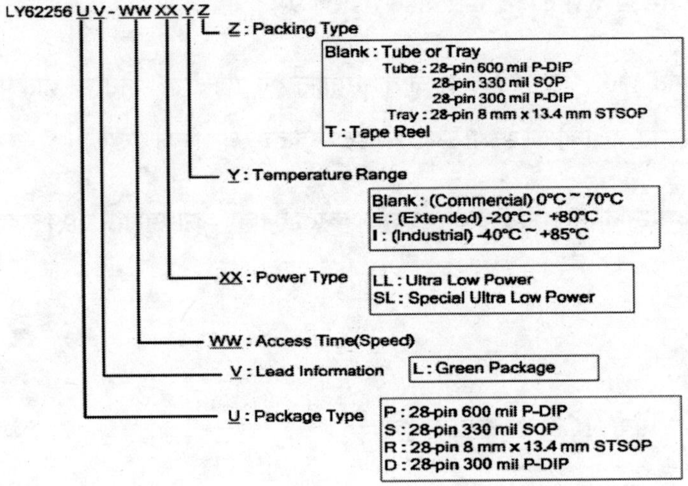

पिन विन्यास (Pin configuration)

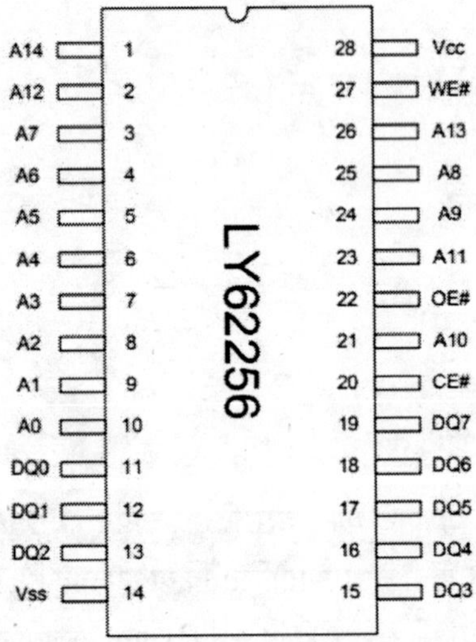

कर्यात्मक खंड आरेख

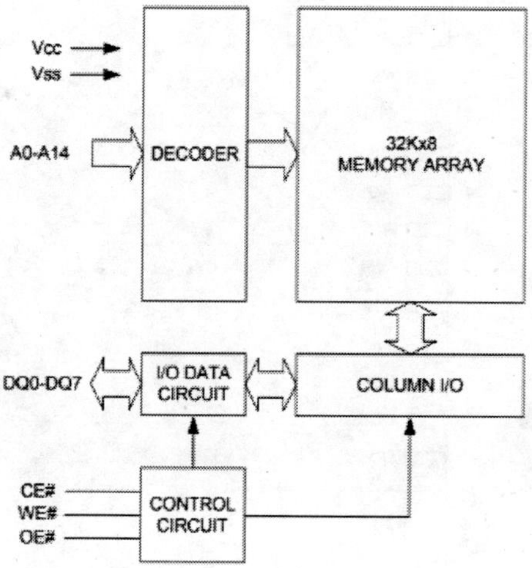

प्रतीक	वर्णन
A0-A14	पता निवेश
DQ0-DQ7	डेटा निवेश/निर्गत
CE#	चिप सक्षम (enable) निवेश
WE#	लेखन सक्षम निवेश
OE#	निर्गत सक्षम निवेश
Vcc	विद्युत् आपूर्ति
Vss	भू

डेटा शीट : https://www.farnell.com/datasheets/1674430.pdf

SRAM आईसी

(2) A6C6264

- 8K X 8 बिट कम विद्युत् शक्ति CMOS SRAM
- अभिगम समय: 55 ns
- संचालन प्रवाह: 15mA, VCC = 3.0V आपातोपयोगी विद्युत् प्रवाह (standby current) : 1μA, VCC = 3.0V
- व्यापक सीमा तक विद्युत् आपूर्ति: 2.7~5.5V
- पूर्ण रूप से स्थिर संचालन
- त्रि अवस्था निर्गत

AS6C6264 एक 65,53 बिट, कम विद्युय खपत CMOS स्थिर याद्दच्छिक अभिगम स्मृति है जिसे 8 बिटों द्वारा 8,192 शब्दों के रूप में आयोजित किया जाता है। यह बहुत उच्च निष्पादन, उच्च विश्वसनीयता CMOS प्रौद्योगिकी का उपयोग करके बने गई

है। AS6C6264 को निम्न शक्ति अनुप्रयोग के लिए अभिकल्पित किया गया है, और विशेष रूप से बैटरी बैकअप अवाष्पशील स्मृति अनुप्रयोग के लिए उपयुक्त है।

पिन विन्यास (Pin configuration)

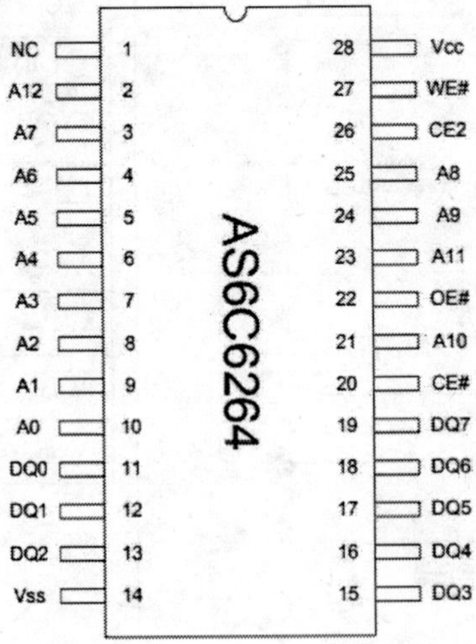

कार्यात्मक खंड आरेख

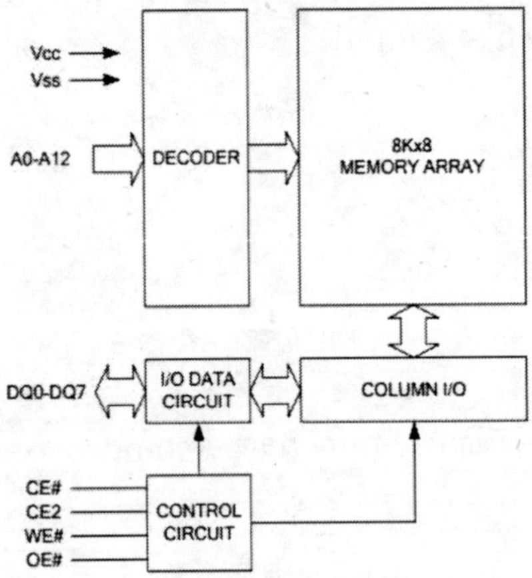

पिन विन्यास

प्रतीक	वर्णन
A0-A12	पता निवेश
DQ0-DQ7	डेटा निवेश/निर्गत
CE#,CE2	चिप सक्षम (enable) निवेश
WE#	लेखन सक्षम निवेश
OE	निर्गत सक्षम निवेश
Vcc	बिजली की आपूर्ति
Vss	भू
NC	कोई संबंध/sampark नहीं

Ordering Codes

Alliance	Organization	VCC range	Package	Operating Temp	Speed ns
AS6C6264-55PCN	8k x 8	2.7-5.5V	28pin 600mil PDIP	Commercial ~ 0° C to 70° C	55
AS6C6264-55SCN	8k x 8	2.7-5.5V	28pin 330mil SOP	Commercial ~ 0° C to 70° C	55
AS6C6264-55SIN	8k x 8	2.7-5.5V	28pin 330mil SOP	Industrial ~ -40°C to 85° C	55
AS6C6264-55STCN	8k x 8	2.7-5.5V	28pin sTSOP (8 x 13.4 mm)	Commercial ~ 0° C to 70° C	55
AS6C6264-55STIN	8k x 8	2.7-5.5V	28pin sTSOP (8 x 13.4 mm)	Industrial ~ -40°C to 85° C	55

Part numbering system

AS6C	6264	- 55	X	X	N
low power SRAM prefix	Device Number 6264	Access Time	Package Options: P = 28 pin 600 mil P-DIP S = 28 pin 330 mil SOP ST = 28 pin sTSOP (8mm x 13.4 mm)	Temperature Range: C = Commercial (0°C to +70° C) I = Industrial (-40° to +85° C)	N = Lead Free ROHS Compliant Part

डेटा शीट: https:// docs.rs-onlinline.com/64ba/0900766b80b7b917.pdf

अन्य उदहारण https://in.element14.com/c/semiconductors-ics/memory/sram

DRAM

MB8116 (MOS 1638 4-बिट डीरैम)

फुजित्सु MB8116 एक पूर्णतया गतिक NMOS DRAM है जो 16384 एक बिट शब्दों के रूप में संगठित की गई है है।

विशेषताएँ:

- 16384x1 रैम
- 16 पिन डीआईपी
- सिलिकॉन द्वार , एकल ट्रांज़िस्टर कोष्ठिका , डबल पॉली NMOS
- निम्न शक्ति 462mW (सक्रिय), 20mW (आपातोपयोगी)
- चक्र(cycle) समयः 375s (न्यूनतम)
- सभी निवेश TTTL सुसंगत(compatible)
- तीन अवस्था TTL संगत निर्गत
- 128 रिफ्रेश चक्र(cycle)

- प्रचालन तापमान: 0 से 70 डिग्री

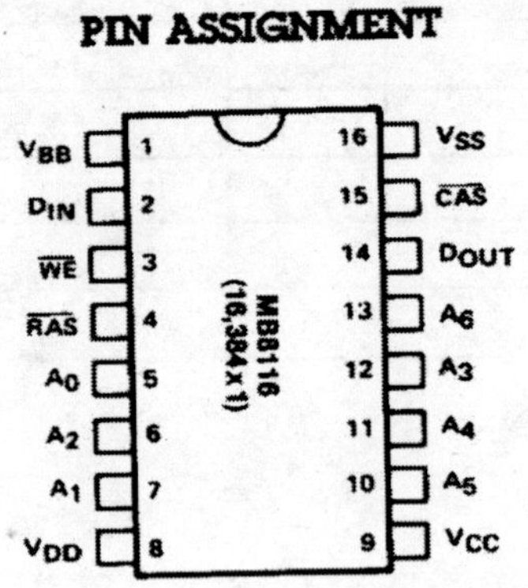

डेटा शीट: https://www.jameco.com/Jameco/Products/ProdDS/41339% 20Fujitsu.pdf

अधिक जानें

पिछले 90 वर्षों में, चुंबकीय ड्रम और टेप से हार्ड डिस्क ड्राइव तक डेटा भंडारण, फिर मिश्रित मीडिया, फ्लैश और अंत में क्लाउड भंडारण के लिए विकसित किया गया। आज हम वहां हैं, और जैसे जैसे हमारे भंडारण की आवश्यकता बढ़ती है, नवाचार कई क्षेत्रों में विकसित होते रहते हैं । क्लाउड विकल्प बड़े डेटा को नियंत्रित करने और इसे विभिन्न सिरों पर एक साथ चित्रित करने के लिए अच्छा है। बिग डेटा की आवश्यकता है क्योंकि अब हम 5G में हैं जहाँ डेटा स्मार्ट वाहनों, स्मार्ट सेंसरों इत्यादि से आ रहा है। डेटा की पूर्वप्रक्रमण(preprocessing) हमें समय से कई संकेत दे सकता है। उदहारण के लिए, अंतरिक्ष उपग्रहों से प्राप्त डेटा की विशेषता यह है कि इससे देश में मौसम की सटीक स्थितियों को जान सकते हैं । अंतरिक्ष उपग्रहों से प्राप्त डेटा से देश के विभिन्न क्षेत्रों में फसलों का उत्पादन पूर्व गणना अनुसार दिया जाता है ।

संदर्भ और पठनीय सुझाव

- Digital Design by M. Morris Mano and Michael D Ciletti, 5th edition, Pearson.

-Digital Electronic Circuits - (nptel.co.in)

Dynamic QR Code for Further Reading

QR codes embedded in the chapter

6 डेटा परिवर्तक

इकाई विशेष

इस इकाई के माध्यम से हमने निम्नलिखित पहलुओं पर चर्चा की है:

- अंकीय से अनुरूप परिवर्तक (DAC): प्रकार और विनिर्देश
- सैंपल और होल्ड (S/H) परिपथ;
- अनुरूप से अंकीय परिवर्तक (एडीसी/ADC): क्वांटाइज़ेशन और एनकोडिंग;
- विनिर्देश और एडीसी परिवर्तकों के प्रकार
- एडीसी और डीएसी परिवर्तक आइसियों(ICs) के उदाहरण

आगे जिज्ञासा और रचनात्मकता उत्पन्न करने के साथ साथ समस्या का हल ढूँढने की क्षमता में सुधार के लिए यहाँ विषयों के व्यावहारिक अनुप्रयोगों पर चर्चा की गई है।

इसके अलावा, इस इकाई में बड़ी संख्या में बहु विकल्पीय प्रश्न देने के साथ साथ लघु एवं दीर्घ उत्तरीय प्रश्न जो कि दो श्रेणियों (ब्लूम के वर्गीकरण के निम्न और उच्च क्रम (order)) में चिन्हित हैं, कई संख्यात्मक समस्याओं पर आधारित नियत कार्य, संदर्भों की सूची और पठनीय सुझाव दिए गए हैं ताकि कोई भी उनके द्वारा अभ्यास कर सके। यह ध्यान रखना महत्वपूर्ण है कि अपने पसंद के विभिन्न विषयों के संदर्भ में अधिक जानकारी प्राप्त करने के लिए विभिन्न अनुभागों में कुछ क्यूआर कोड प्रदान किए गए हैं जिन्हें संबंधित सहायक ज्ञान के लिए स्कैन किया जा सकता है।

संबंधित प्रायोगिक कार्य के बाद, विषय वास्तु के आधार पर, "अधिक जानकारी" अनुभाग (section) दिया गया है। इस अनुभाग को सावधानीपूर्वक बनाया किया गया है ताकि इस भाग में प्रदान की गई पूरक (complement) जानकारी पुस्तक के उपयोगकर्ताओं के लिए लाभदायक हो। यह अनुभाग मुख्य रूप से प्रारंभिक गतिविधियों , कुछ रोचक तथ्यों के उदाहरण, साद्दश्य, विषय के विकास का इतिहास, जो संबंधित विषयों के विकास से लेकर वर्तमान समय तक की समय सीमा, हमारे दैनिक वास्तविक जीवन के लिए विषय वस्तु के अनुप्रयोग या/और विभिन्न पहलुओं पर औद्योगिक अनुप्रयोगों, पर्यावरण स्थिरता से संबंधित मामलों सामाजिक और नैतिक मुद्दे जो भी लागू हों, और अंत में इकाई के जिज्ञासा उत्पन्न करने वाले विषयों पर प्रकाश डालता है ।

औचित्य (Rationale)

कन्वर्टर्स पर यह मौलिक इकाई छात्रों को डिजिटल से एनालॉग (डीएसी) के बारे में एक प्राथमिक विचार प्राप्त करने में मदद करती है और डिजिटल (एडीसी) कन्वर्टर्स के अनुरूप होती है। एक डीएसी कनवर्टर महत्वपूर्ण है क्योंकि यह डिजिटल सिस्टम के बहुमत के उत्पादन में आवश्यक है, जहां यह एक डिजिटल को वर्तमान के एनालॉग वोल्टेज में परिवर्तित करता है ताकि इसे एक चार्ट रिकॉर्डर को खिलाया जा सके, उदाहरण के लिए, माप उद्देश्यों के लिए, एक सर्वो मोटर के, एक नियंत्रण अनुप्रयोग के लिए। जबकि एडीसी कन्वर्टर्स में उपयोग की एक विस्तृत श्रृंखला भी है। यह एनालॉग डेटा वितरित करने के लिए एक डिजिटल संचार प्रणाली के साथ एक महत्वपूर्ण इंटरफ़ेस के रूप में कार्य करता है, जहां संप्रेषित किए जाने वाले एनालॉग सिग्नल को एडीसी कनवर्टर का उपयोग करके भेजने के अंत में डिजीगाल में परिवर्तित किया जाता है। इस अध्याय में एपेरैशनल बेसिक्स, प्रमुख प्रदर्शन मानदंड और उनके महत्व के साथ-साथ डिजिटल-टू-एनालॉग और एनालॉग-टू-डिजिटल कन्वर्टर्स के कई रूपों और उपयोगों पर चर्चा की गई है। अध्याय को प्रभावी ढंग से समझाने के लिए हल किए गए उदाहरणों का उपयोग किया जाता है।

पूर्व आवश्यकताएं

बूलियन बीजगणित, संयोजनात्मक और अनुक्रमिक परिपथ, संख्या प्रणाली, स्मृति प्रणाली,

इकाई के आउटकम

इस इकाई के आउटकम की सूची इस प्रकार है:

U6-O1: DAC का वर्णन करना ।

U6-O2: S/H परिपथ का वर्णन करना ।

U6-O3: ADC का वर्णन करना ।

U6-O4: विनिर्देश और परिवर्तकों के प्रकार ।

U6-O5: ADC परिवर्तक आईसी के उदहारण ।

इकाई 6 आउटकम	कोर्स आउटकम से अपेक्षित मानचित्रण (1- दुर्बल सहसंबंध; 2- मध्यम सहसंबंध; 3- मज़बूत सहसंबंध)					
	CO-1	CO-2	CO-3	CO-4	CO-5	CO-6
U6-O1	2	2	3	-	-	3
U6-O2	-	-	-	-	2	3
U6-O3	2	2	3	-	-	3
U6-O4	-	-	-	-	-	3
U6-O5	-	-	-	-	-	3

"ज्ञान आपको अंतर पैदा करने का अवसर प्रदान करेगा"।

- क्लैयर फेजिन

6.1 परिचय

अंकीय से अनुरूप (DAC) में और अनुरूप से अंकीय (ADC) में रूपांतरण अंकीय और अनुरूप उपकरणों के बीच अंतराफलक(interface) के लिए एक आवश्यक घटक है। विभिन्न अनुप्रयोगों के अतिरिक्त, वे किसी भी प्रणाली के महत्वपूर्ण घटक हैं, विशेष रूप से उन प्रणालियों में जिनमें अंकीय प्रसंस्करण होता है। एक DAC परिवर्तक अंकीय रूप से संसाधित संकेतों को मशीन- मानव अंतराफलक के लिए अनुरूप में परिवर्तित करने के लिए महत्वपूर्ण है, उदाहरण के लिए, स्पीकर, या सर्वो मोटर के नियंत्रण जैसे अनुप्रयोग । DAC परिवर्तक इसलिए भी महत्वपूर्ण है क्योंकि यह विभिन्न प्रकार के ADC परिवर्तकों का एक महत्वपूर्ण घटक है। ADC परिवर्तकों में भी विभिन्न प्रकार के उपयोग होते हैं। सभी अंकीय रीड-आउट परीक्षण और माप उपकरण बिना किसी चूक के इसका उपयोग करते हैं। एक ADC परिवर्तक किसी भी अंकीय मल्टीमीटर के साथ साथ अंकीय भंडारण दोलन(oscilloscope), पीएच मीटर आदि का एक महत्वपूर्ण और अभिन्न भाग है। परिचालन संबंधी आधारीय, प्रमुख निष्पादन मानदंड और उनके महत्व के साथ साथ DAC और ADC के कई रूप और उपयोग इस इकाई में समाविष्ट किये जाएँगे ।

रूपांतरण गति के आधार पर, DAC और ADC दो प्रकार के होते हैं:

1. **नायक्विस्ट दर परिवर्तक**:-यदि रूपांतरण की गति बैंडविड्थ के 1.5 से 10 गुना या बेसबैंड आवृत्ति के 3 से 10 गुना होती है, तो ADC या DAC को नायक्विस्ट दर परिवर्तक कहा जाएगा।

2. **ओवरसैंपलिंग परिवर्तक**-यदि रूपांतरण की गति नायक्विस्ट दर परिवर्तकों से अधिक है, तो ADC या DAC को ओवरसैंपलिं ग परिवर्तक के रूप में जाना जाता है।

6.2 अंकीय से अनुरूप परिवर्तक

जब अंकीय डेटा निवेश (b0, b1, b2 आदि) होता है तो DAC परिवर्तक इसे अनुरूप वोल्टेज या धारा में परिवर्तित करता है जो निवेश बिटों b0, b1, b2 आदि के भारित योग के समानुपातिक होता है। बाद के अनुभागों में विभिन्न प्रकार के DAC पर चर्चा की गई है ।

6.2.1 भारित प्रतिरोध DAC

एक भारित प्रतिरोध या द्विआधारी भारित प्रतिरोध DAC एक अनुरूप निर्गत उत्पन्न करता है जो OPAMP आधारित योजक परिपथ के व्युत्क्रम नोड पर द्विआधारी भारित प्रतिरोधकों का उपयोग करके अंकीय निवेश के लगभग समान होता है जैसा कि चित्र 6.1. में दिखाया गया है।

याद रहे कि एक द्विआधारी बिट में केवल दो संभावित मूल्यों में से केवल एक हो सकता है जो 0 या 1 हो । $b_2b_1b_0$ को 3-बिट द्विआधारी निवेश होने की अनुमति दें। यहाँ अति महत्वपूर्ण बिट (MSB) और कम महत्वपूर्ण बिट (LSB) क्रमशः बिट b_2 और b_0 द्वारा इंगित किए जाते हैं। जब यह संबंधित निवेश बिट = 0 हैं, उपरोक्त आरेख में अंकीय स्विच ग्राउंड(ground) से जुड़े होंगे। इसके समान, जब संबंधित निवेश बिट "1" के बराबर होते हैं, तो चित्र में चित्रित अंकीय स्विच को ऋणात्मक संदर्भ वोल्टेज, V_R से जोड़ा जाएगा। OPAMP के गैर व्युत्क्रम निवेश टर्मिनल को चित्र 6.1. में दिखाए गए परिपथ में ग्राउंड से जोड़ा जाता है जो इंगित करता है कि "0" वोल्ट को OPAMP के गैर व्युत्क्रम निवेश टर्मिनल पर लागू किया जाता है जो बदले में व्युत्क्रम टर्मिनल पर आभासी ग्राउंड बनाता है। इस प्रकार, OPAMP के व्युत्क्रम नोड पर किर्चोफ्फ के वर्तमान नियम को इस प्रकार से लिखा जा सकता है:

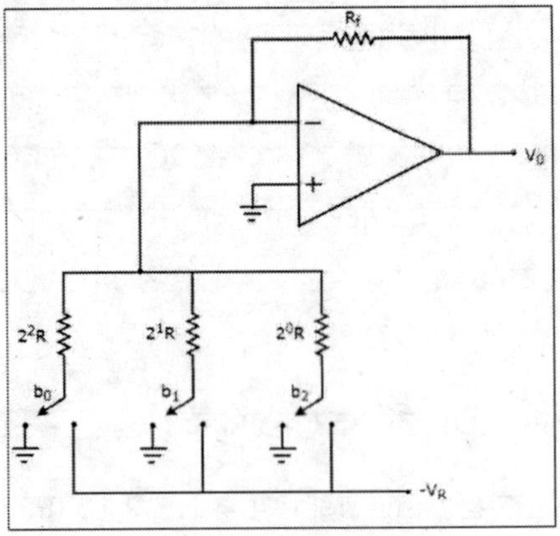

चित्र 6.1 भारित रजिस्टर DAC

$$\frac{0+V_Rb_2}{2^0R}+\frac{0+V_Rb_1}{2^1R}+\frac{0+V_Rb_0}{2^2R}+\frac{0-V_0}{R_f}=0$$

$$=> \frac{V_0}{R_f}=\frac{V_Rb_2}{2^0R}+\frac{V_Rb_1}{2^1R}+\frac{V_Rb_0}{2^2R}$$

$$=> V_0=\frac{V_RR_f}{R}\left\{\frac{b_2}{2^0}+\frac{b_1}{2^1}+\frac{b_0}{2^2}\right\}$$

यह समीकरण 3- बिट द्विआधारी भारित प्रतिरोध DAC के निर्गत के लिए अनुरूप निर्गत V_0 का प्रतिनिधित्व करता है। द्विआधारी निवेश 000 से 111 तक मान ले सकता है और संदर्भ वोल्टेज V_R निश्चित किया गया है। उपरोक्त समीकरण को N-बिट द्विआधारी DAC के लिए निम्न प्रकार से सामान्यीकृत किया जा सकता है।

$$=> V_0 = \frac{V_R}{2}\left\{\frac{b_{N-1}}{2^0} + \frac{b_{N-2}}{2^1} + \ldots + \frac{b_0}{2^{N-1}}\right\}$$

हालांकि इस DAC को अभिकल्पित करना आसान है, लेकिन इस DAC की कुछ कमियाँ हैं:

1. N-बिट DAC के लिए N अलग अलग प्रतिरोध होते हैं जो i^{th} बिट के लिए 2^i के गुणक होते हैं।
2. क्योंकि प्रत्येक प्रतिरोध अलग अलग होता है, इसलिए i^{th} बिट के लिए 2^i के गुणकों में सटीकता बनाए रखना बहुत कठिन है क्योंकि सहनशीलता प्राचल किसी भी रजिस्टर के मान को प्रभावित करता है।

6.2.2 R-2R लैडर DAC परिवर्तक

यह DAC, N अलग अलग प्रतिरोधों के बजाय R-2R लैडर नेटवर्क का उपयोग करता है। R-2R लैडर नेटवर्क केवल दो प्रतिरोध R और N-बिट DAC के लिए उसका केवल दोगुना-2R का उपयोग करता है । DAC का परिपथ आरेख चित्र 6.2 में दिखाया गया है जहाँ प्रतिरोधक नेटवर्क OPAMP के व्युत्क्रम नोड से जुड़ा हुआ है, जबकि गैर व्युत्क्रम टर्मिनल को ग्राउंड किया जाता है जो बदले में व्युत्क्रम टर्मिनल को एक आभासी ग्राउंड के रूप में बदल देता है।

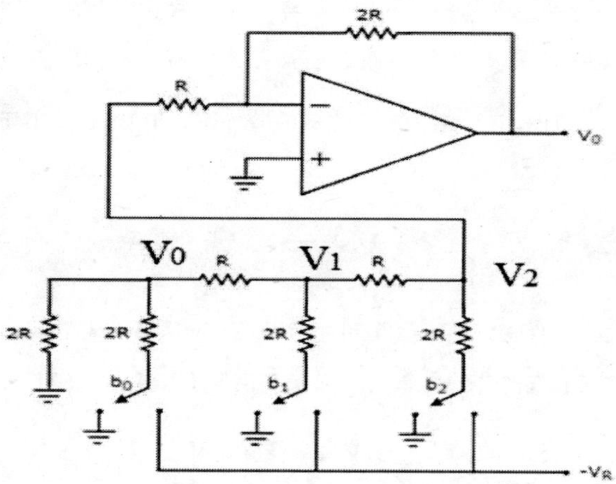

चित्र 6.2: R-2R लैडर DAC

याद रहे कि द्विआधारी संख्या के बिटों के लिए प्रत्येक दो संभावित मानों में से केवल एक ही मान आ सकता है । यह या तो निम्न या उच्च होगा । मान लीजिये कि द्विआधारी निवेश के रूप में $b_2b_1b_0$ हैं जिसमें b_2 और b_0 क्रमशः MSB और LSB के रूप में प्रस्तुत किए गए हैं। उपरोक्त उदाहरण में, जब मिलान निवेश बिट "0" के बराबर होते हैं, डिजिटल स्विच ग्राउंड से जुड़े होते हैं और यदि कोई बिट "1" होता है, तो वह स्विच "V_R" से जुड़ जाता है। विशेष द्विआधारी निवेश संयोजनों के लिए R-2R लैडर DAC के अनुरूप निर्गत वोल्टेज मानों को निर्धारित करना सरल है। नीचे दिए चित्र 6.2 से यह स्पष्ट है कि b_0 शाखा में धारा न्यूनतम है (इसे I_0 से संबोधित करते हैं) और प्रत्येक उच्च i^{th} बिट के लिए, यह धारा $2^i \cdot I_0$ है। यह प्रत्येक नोड पर केसीएल

(KCL)का उपयोग करके सहजता से प्राप्त किया जा सकता है। इस प्रकार, यह केवल भारित प्रतिरोध प्रकार के डीएएसी के अनुरूप परिणाम देता है।

R-2R लैडर DAC के निम्नलिखित लाभ हैं:

1.केवल दो प्रतिरोधक मूल्य समाविष्ट हैं-R और 2R । इसलिए अधिक सटीक प्रतिरोध का चयन करना और बनाना सरल है।

2.यदि अंकीय निवेश में अधिक बिट होते हैं, तो हमें R-2R अनुभागों की आवश्यक संख्या को भी समाविष्ट करना चाहिए।

उदाहरण 1. $\mathbf{b_2b_1b_0} = 100$:-यहाँ क्योंकि $b_1b_0 = 00$, इसलिए $V_0 = 2R||2R = R$ और V1 पर देखा गया कुल प्रतिरोध है -V1 = (R + R)|| 2R = R, क्योंकि $b_2 = 1$, इसलिए यह $-V_R$ से जुड़ा हुआ है। इसलिए, V2 = 2R/(2R + R + R) * (-VR) = (-VR)/2 जो व्युत्क्रम टर्मिनल के लिए निवेश वोल्टेज है। अब व्युत्क्रम टर्मिनल OPAMP फॉर्मूला का उपयोग करते हुए

$$V_0 = \frac{-2R}{R} V_2 = V_R$$

उदाहरण 2-. $\mathbf{b_2b_1b_0} = 110$:-यहाँ, एक से अधिक बिट HIGH हैं , इसलिए विस्थापन प्रमेय(theorem) का उपयोग शुद्ध V_0 की गणना के लिए किया जाना है।

स्थिति 1: मान लीजिए $b_2b_1b_0 = 100$ है : इस मामले में आंशिक निर्गत वही है जो पिछले उदाहरण में प्राप्त किया गया था। इसलिए MSB = 1 के कारण, निर्गत है-

$$V'_0 = -V_R$$

स्थिति 2: मान लीजिए $b_2b_1b_0 = 010$: यहाँ क्योंकि $b_0 = 0$, इसलिए कुल प्रतिरोध $V_0 = 2R$ पर देखा जाता है। 2R| 2R=R । R-2R लैडर को बाहर निकालें और V_2 को खोजने के लिए हल करें।V_1 पर नोडल विश्लेषण लगाते हुए

$$\frac{V''_1}{R+R} + \frac{V''_1 + V_R}{2R} + \frac{V''_1}{3R} = 0$$

$$=> V_1''\left(\frac{1}{2R} + \frac{1}{2R} + \frac{1}{3R}\right) = -\frac{V_R}{2R}$$

$$=> V''_1 = \frac{-V_R/2}{\left(\frac{1}{2} + \frac{1}{2} + \frac{1}{3}\right)} = \frac{3}{2}\left(\frac{-V_R}{4}\right)$$

वोल्टेज विभाजन नियम लगाते हुए $V''_2 = \frac{2R*V_1''}{3R} = \frac{2}{3}\left(\frac{3}{2}\left(\frac{-V_R}{4}\right)\right)$ या $V''_2 = \left(\frac{-V_R}{4}\right)$

अब व्युत्क्रम नोड OPAMP सूत्र का उपयोग करके b_1 बिट के कारण दिया गया निर्गत निम्न प्रकार से है ।

$$V''_0 = -\frac{2R}{R}V_2 = 2\left(\frac{V_R}{4}\right) = \left(\frac{V_R}{2}\right)$$

इस प्रकार कुल निर्गत प्रमेय का उपयोग करके प्राप्त किया जा सकता है -

$$V_0 = V_0' + V_0 = 1.5V_R$$

नोटः यह ध्यान दिया जा सकता है कि V_2 नोड का वोल्टेज MSB = 1 के लिए $\frac{-V_R}{2}$ $_0 = 1$ की स्थिति के लिए भी प्राप्त किया जा सकता है कि

$$V_2 - \frac{V_R}{8} \text{ and } V'''_0 = \frac{V_R}{4}$$

इस प्रकार "111" निवेशों के लिए

$$\mathbf{V_0 = \frac{V_R}{4} + \frac{V_R}{2} + \frac{V_R}{1} = 1.75\ V_R.}$$

6.3 DAC परिवर्तक विनिर्देश

रिज़ॉल्यूशन , सटीकता , गतिक सीमा, रूपांतरण गति, एकीकृत अरैखिक (integrated non linearity INL) और विभेदक अरैखिक (differential non linearity DNL), और एकदिष्टता (monotonicity) DAC परिवर्तक के मुख्य निष्पादन प्राचलों में से हैं।

6.3.1 रिज़ॉल्यूशन

एक n-बिट DAC में रिज़ॉल्यूशन (2^N) अवस्थाओं की वो मात्रा है जिसमें वोल्टेज (v_{ref}) या धारा के पूर्ण पैमाने को विभाजित किया जाता है। बढ़ती हुई बिट गिनती के साथ रिज़ॉल्यूशन में सुधार होता है। 8-बिट DAC में 256 रिज़ॉल्यूशन योग्य स्तर होते हैं। यह दावा किया जाता है कि इसमें 8-बिट रिज़ॉल्यूशन , या (1/256)*100 = 0.39% रिज़ॉल्यूशन है। 12-बिट

DAC का प्रतिशत रिज़ॉल्यूशन (1/4096)*100 = 0.0244% होगा। प्रायः, N-बिट DAC का रिज़ॉल्यूशन, वोल्ट में निम्न प्रकार से दिया जाता है -

$$V_{LSB} = \frac{V_{ref}}{2^N}$$

दो परिदृश्यों में , V_{ref} (संदर्भ वोल्टेज) = 10 V के लिए, मिलीवोल्ट में रिज़ॉल्यूशन क्रमशः 8 और 12 बिट DAC के लिए 40 mV और 2.4 mV है। 1 LSB को DAC के लिए अंकीय स्तर के रूप में परिभाषित किया जाता है जो एक इकाई मात्रा है और गणितीय रूप से इसका प्रतिनिधित्व निम्न रूप से किया जा सकता है (कभी कभी रिज़ॉल्यूशन को 1 LSB के रूप में परिभाषित किया जाता है)।

$$1\,LSB = \frac{V_{LSB}}{V_{ref}} = \frac{1}{2^N}$$

6.3.2 सटीकता

सटीकता का निर्णय, आदर्श निर्गत से वास्तविक निर्गत में विचलन(deviation) द्वारा किया जाता है। **लाभ त्रुटि** (जिसे पूर्ण-पैमाना त्रुटि के रूप में भी जाना जाता है), **ऑफसेट त्रुटि** (जिसे शून्य-पैमाना त्रुटि के रूप में भी जाना जाता है), अरैखिक त्रुटियों के रूप में जानी जाती है, और सभी घटकों का झुकाव त्रुटि स्रोतों के उदाहरण हैं। लाभ और ऑफसेट त्रुटियों को चित्र 6.3 में प्रस्तुत किया गया है, इन्हें प्रायः LSB इकाइयों में मापा जाता है। उदाहरण के लिए , V_{ref} = 5V लिए, 0.1% की सटीकता का अर्थ है कि वास्तविक और आदर्श अनुरूप निर्गत में अधिकतम 5 mV विचलन हो सकता है।

6.3.3 निपटान समय (Settling time)

जब एक अंकीय निवेश में परिवर्तन होता है, तो अनुरूप निर्गत के पास अपने अंतिम मान से पहले अनुमत त्रुटि बैंड के भीतर समाविष्ट होने के लिए पर्याप्त समय होना चाहिए। यह निपटान समय के रूप में जाना जाता है। कई माइक्रोसेकंड सामान्य उद्देश्य DAC परिवर्तकों का निपटान समय है, जबकि कुछ नैनोसेकंड उच्च गति DAC परिवर्तकों का निपटान समय है। उदाहरण के लिए, अनुरूप उपकरण USA के AD 9768 प्रकार के DAC परिवर्तक में 5ns का निपटान समय मानदंड निर्धारित किया गया है ।

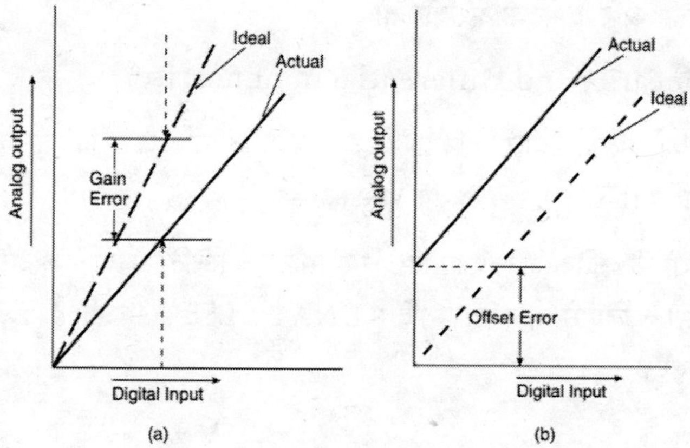

चित्र 6.3 (a) लाभ त्रुटि और (b) ऑफसेट त्रुटि

6.3.4 गतिक सीमा

डेसिबेल के संदर्भ में, यह उच्चतम निर्गत साइनुसोइडल संकेत और सबसे कम शोर के साथ साथ उपस्थित विकृति(distortion) का अनुपात है जो कम से कम 1 LSB का उत्पादन कर सकता है। यह रैखिक DAC परिवर्तकों के लिए $20 * \log_{10}(2^N)$ है, जो मोटे तौर पर 6N डेसीबेल के बराबर होता है, जहाँ n, DAC में बिटों की संख्या है। यह प्रायः 66 या 72 dB होता है जो कमपैनडिंग प्रकार के DAC के लिए होता है।

6.3.4 एक्दिष्टता (Monotonicity)

जैसा कि चित्र 6.4 में दिखाया गया है, द्विआधारी निवेश शब्द को बढ़ाने के लिए एक आदर्श DAC को अनुरूप निर्गत में वृद्धि करनी चाहिए। एक्दिष्टता का अर्थ है कि DAC के निर्गत में हमेशा V_{in} विरुद्ध V_{out} ढलान के लिए एक जैसा संकेत होगा। यदि DAC की DNL त्रुटि ≤ (अपने सबसे खराब स्थिति INL से दोगुना है) है, तो यह एक्दिष्टता को सुनिश्चित करता है अर्थात 1 LSB या DAC में INL 0.5 LSB से कम या उसके के बराबर होना चाहिए।

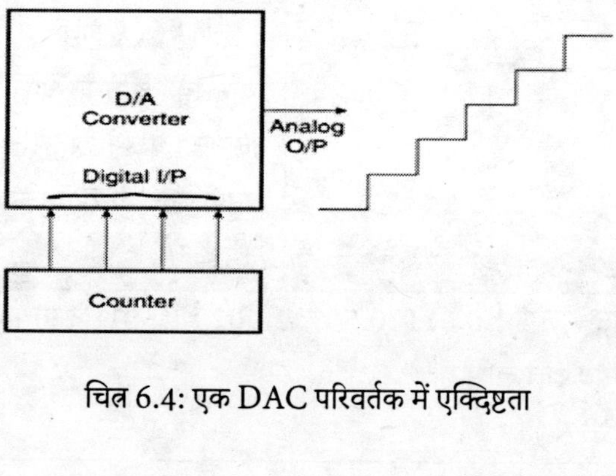

चित्र 6.4: एक DAC परिवर्तक में एक्दिष्टता

6.3.5 एकीकृत अरैखिकता और विभेदक अरैखिकता (integrated linearity and Differential nonlinearity)

एकीकृत अरैखिक (INL) को आदर्श सीधी रेखा निर्गत से अनुरूप निर्गत वोल्टेज के विचलन के रूप में परिभाषित किया जाता है। त्रुटि मुक्त परिवर्तन के लिए INL ±0.5 LSB तक हो सकता है।

आदर्श चरण आमाप से किसी भी क्रमिक अनुरूप निर्गत की सबसे खराब स्थिति को विभेदक अरैखिक (DNL) के रूप में जाना जाता है। त्रुटि मुक्त रूपांतरण के लिए सबसे खराब स्थिति में DNA ±1 LSB हो सकती है। DNL क्रमागत(consecutive) INL त्रुटियों के बीच का अंतर है।

6.3.6 ऑफसेट त्रुटि

जब DAC का द्विआधारी निवेश विशिष्ट रूप से शून्य होता है तो DAC का निर्गत आदर्श रूप से शून्य वोल्ट होना चाहिए। ऑफसेट त्रुटि, बहुत कम निर्गत वोल्टेज के लिए वह पद है जो वास्तव में इस स्थिति में उपस्थित होगा। यदि इस ऑफसेट के मुद्दे को ध्यान न दिया जाए , तो इसे सभी निवेश मामलों के DAC निर्गतों के पूर्वानुमानों में जोड़ा जाएगा। धनात्मक और ऋणात्मक दोनों ऑफसेट त्रुटियाँ संभव हैं। कई DAC पर पाया जाने वाला बाहरी ऑफसेट समायोजन आपको शून्य करने में सक्षम करता है। विशिष्ट रूप से, ऐसा करने के लिए, सभी शून्यों को DAC निवेश पर लागू किया जाता है, और निर्गत को पोटेनशियोमीटर की मदद से एक ऑफसेट समायोजन का उपयोग करके "0" के यथासंभव निकट लाया जाता है।

उदाहरण 6.1	उत्तर एवं स्पष्टीकरण
मान लीजिये कि V_{REF} =10V और R=R = 10KΩ है । तो द्विआधारी भारित DAC के लिए रिज़ोल्यूशन और पूर्ण पैमाने पर निर्गत ज्ञात करें। मान लीजिये कि R_L, R की तुलना में बहुत कम है ।	$I_0 = V_{REF}/ R = 1mA$ यह MSB का भार है। अन्य तीन धाराएं हैं -0.5, 0.25 और 0.125mA । LSB 0.125mA है जो कि रिज़ोल्यूशन भी है ।जब सभी द्विआधारी निवेश उच्च होंगे , तब सभी धारा के स्विच बंद होंगे और I_{OUT} = 1 + 0.5 + 0.25 + 0.125 =1.875mA होगा , तो पूर्ण पैमाने पर निर्गत प्राप्त होगा । ध्यान रहे कि निर्गत धारा, V_{REF} के अनुपातिक है । V_{REF} को बढ़ाने या घटाने पर ,रिज़ोल्यूशन और पूर्ण पैमाने पर निर्गत, अनुपातिक रूप से बदलेगा ।
उदाहरण 6.2	
Vref = 2 V के साथ और मापित मूल्यों [0.011 :0.507: 1.002 : 1.501}के साथ एक 2-ृबिट DAC पर विचार करें। निम्न ज्ञात करें - 1.LSB में ऑफसेट और लाभ त्रुटी । 2.INL और DNL त्रुटियाँ (LSB में)।	

समाधान: यह दिया हुआ है कि 2- बिट DAC का Vref = 2V है , इसलिए V_{LSB} = 2/22 = 0.5 V; इकाई विहीन 1 LSB = V_{LSB}/V_{ref} = 0.25;. डाटा वोल्टेज के संदर्भ में दिया गया है ।

आदर्श डाटा सेट (वोल्टेज के संदर्भ में)={0: V_{LSB}: 2V_{LSB}: 3V_{LSB}}={ 0: 0.5 : 1.0 : 1.5}

1. **ऑफसेट त्रुटी :** वास्तविक डाटा का आरंभ 0 V की जगह 0.011 V है । इस प्रकार ऑफसेट त्रुटी = 11 mV है। LSB के संदर्भ में ऑफसेट =11 mV/ V_{LSB} = 0.022 LSB

   लाभ त्रुटी = (1.501-0.011)-(1.5-0) = -0.01 V

   LSB **में लाभ त्रुटी** = (1.501-0.011)/ V_{LSB}- (2^2 - 1) =- 0.02 LSB या-0.01 V/0.5 = -0.02 LSB

2. वास्तविक डाटा से ऑफसेट और लाभ त्रुटी को हटाकर और फिट आदर्श डेटा से अंतर निकाल कर INL को प्राप्त किया जा

   सकता है ।

ऑफसेट और लाभ त्रुटी को हटाना –

उदाहरण के लिए 1.002 V से सम्बंधित डेटा निम्न प्रकार से प्राप्त किया जा सकता है-

1.01 –ऑफसेट—लाभ * 2/(2^2 - 1)= 1.001 -0.011 + 0.01*2/3 = 0.996V या 1.993 LSB

इस प्रकार ऑफसेट मुक्त और लाभ मुक्त मान होंगे (वोल्टेज के संधर्भ में)

{0 : 0.499 : 0.996 : 1.5 } या LSB के संदर्भ में {0 : 0.9986 : 1.993 : 3}

अतः **INL (LSB के संदर्भ में)** आदर्श से वास्तविक डाटा का अंतर ज्ञात कर प्राप्त किया जा सकता है-

{0:0.9986-1 : 1.993-1: 3-3} - {0: -0.0014: -0.007: :0}

DNL(LSB के संदर्भ में)= { -0.0014: -0.0056: 0.007}

उदहारण 6.3	
अंकीय निवेश 0001 के लिए 5-बिट DAC परिवर्तक V_{OUT} = 0.2V देता है । निवेश 11111 के लिए V_{OUT} ज्ञात करें ।	**उत्तर और स्पष्टीकरण** ज़ाहिर तौर से 0.2V LSB का भार है । इसलिए अन्य बिटों के भार क्रमशः 0.4V, 0.8V, 1.6V और 3.2V हैं । अंकीय निवेश 11111 के लिए , V_{OUT} का मान होगा 3.2V + 1.6V + 0.8V + 0.4V +0.2V = 6.2V

उदहारण 6.4	
उदहारण 2.3 में दिए DAC के लिए , 10001 के अंकीय निवेश के लिए V_{OUT} ज्ञात करें ।	**उत्तर और स्पष्टीकरण** चरण अमाप 0.2V है जो कि अनुपातिक कारक (proportionality factor) है । अंकीय निवेश है 10001 = 1710 । इसलिए : VOUT = (0.2) x17 = 3.4 V
उदहारण 6.5	
एक 10 बिट DAC का चरण अमाप 10 mV है। रिजो़ल्यूशन और पूर्ण पैमाने पर निर्गत वोल्टेज ज्ञात करें ।	10 बिट के साथ 2^{10} - 1, ऐसे 10mV के 1023 स्टेप बनेंगे ।इसलिए पूर्ण पैमाने पर निर्गत होगा 10mV x 1023 = 10.23 V और प्रतिशत रिजोल्यूशन = 10mV/10.23V x 100% ≈ 0.1% N- बिट द्विआधारी निवेश कोड के लिए कुल चरण 2^N - 1 हैं । इसलिए पूर्व उदहारण में प्रतिशत रिजो़ल्यूशन = 1/(2^{10} - 1) x 100% ≈ 0.1%
उदहारण 6.6	
एक निश्चित 8-बिट DAC में , पूर्ण पैमाने पर निर्गत 2mA है और पूर्ण-पैमाना त्रुटी, पूर्ण पैमाने के ±0.5% है ।10000000 के निवेश के लिए, संभावित निर्गतों की सीमा क्या होगी ?	**उत्तर और स्पष्टीकरण** चरण अमाप 2mA/255 = 7.84 μA है । क्योंकि 10000000 = 12810, तो आदर्श निर्गत 128 x 7.84 μA होना चाहिए । त्रुटी ± 0.5% x 2mA = ±10μA जितनी हो सकती है । इसलिए, इस मान से वास्तविक निर्गत , आदर्श निर्गत 1004μA की अपेक्षा विचलित हो सकता है । इसलिए वास्तविक निर्गत 994 से 1014 μA के मध्य हो सकता है ।

6.4 ADC परिवर्तकों के लिए उपयोगी परिपथ

डेटा प्रसंस्करण के लिए, अनुरूप से अंकीय परिवर्तकों का उपयोग करके, विद्युत अनुरूप संकेतों को अंकीय संकेतों में परिवर्तित किया जाता है। बाज़ार में सबसे बड़े ADC परिवर्तकों की जानकारी उन समाधानों के साथ अनुरूप उपकरणों द्वारा प्रदान की जाती है जो निष्पादन, शक्ति, मान और आकार की आवश्यकताओं को पूरा करते हैं। ADC के लिए प्रतीकात्मक प्रतिनिधित्व चित्र 6.5. में दिखाया गया है।

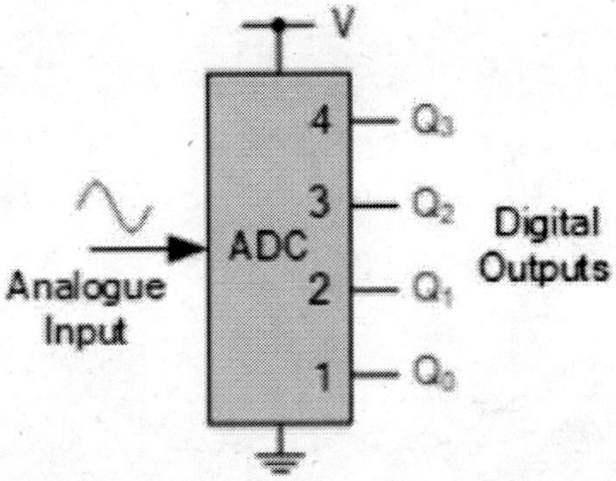

चित्र 6.5 अनुरूप से अंकीय परिवर्तक(ADC) का प्रतीकात्मक प्रतिनिधित्व

A D C परिवर्तक , जो दुनिया में सबसे सबसे अछे हैं , वे □स्वास्थय उर्जा , संचार, उपकरणीकरण (instrumentation) और माप, औद्योगिक संचालन , मोटर और विद्युत् खपत नियंत्रण और वांतरिक्ष -एयरोस्पेस , रक्षा सहित विभिन्न अनुप्रयोगों में सटीक और विश्वसनीय रूपांतरण निष्पादन प्रदान करते हैं । एक अभियान्त्रिक , परियोजना के प्रत्येक चरण में मदद के लिए, घटक चयन से लेकर परिपथ अभिकल्पन तक, कई एडीसी परिवर्तक संसाधनों को अभिगमित कर सकता है ।

सैंपल और होल्ड परिपथ , क्वांटाइज़ेशन और एन्कोडिंग बहुत ही बुनियादी परिपथ हैं जिनका उपयोग ADC के लिए किया जाता है ।

6.4.1 सैंपल और होल्ड परिपथ

सैंपल और होल्ड (S/H) परिपथ ADC के लिए मूल निवेश परिपथ है । S/H परिपथ निवेश से वोल्टेज नमूने बनाता है और फिर उन नमूनों को एक निश्चित अवधि के लिए पकड़ के रखता ह। नमूना समय उस अवधि को संधर्भित करता है जब सैंपल और होल्ड परिपथ निवेश संकेत का एक नमूना उत्पन्न करता है । इसी के समान, धारण समय यह संदर्भित करता है कि परिपथ के लिए गए नमूने के मान को स्मृति में कब तक रखता है। होल्डिं ग समय अनुप्रयोग द्वारा आवश्यक किसी भी मूल्यों को ले सकता है, जबकि नमूना समय विशिष्ट रूप से 1 और 14 सेकंड के बीच होता है ।

एक परिचालन प्रवर्धक (operational amplifier) की सहायता से , सैंपल और होल्ड परिपथ का ढांचा चित्र 6.6 (b) में दिया गया है। परिपथ का ढांचा यह स्पष्ट करता है कि दो OPAMP को जोड़ने के लिए एक स्विच का उपयोग किया जाता है। जब स्विच बंद हो जाता है , तब सैंपलिं ग प्रक्रिया प्रारंभ हो जाएगी, और जब स्विच खुला होता है तो होल्डिंग प्रभाव प्रारंभ हो जाएगा और डेटा संधारित्र पर बना रहता है जो एक अन्य OPAMP के निवेश से जुड़ा है ।

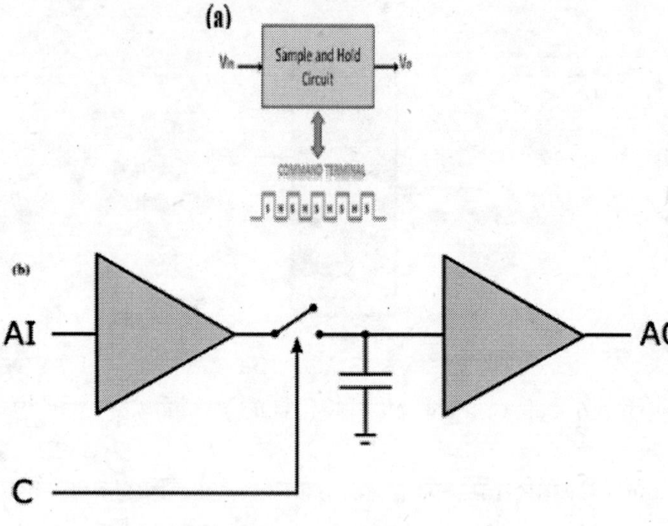

चित्र 6.6 (a) S/H पिरपथ का खडं आरेख (b) OPAMP का उपयोग करके S/H परिपथ का परिपथ आरेख

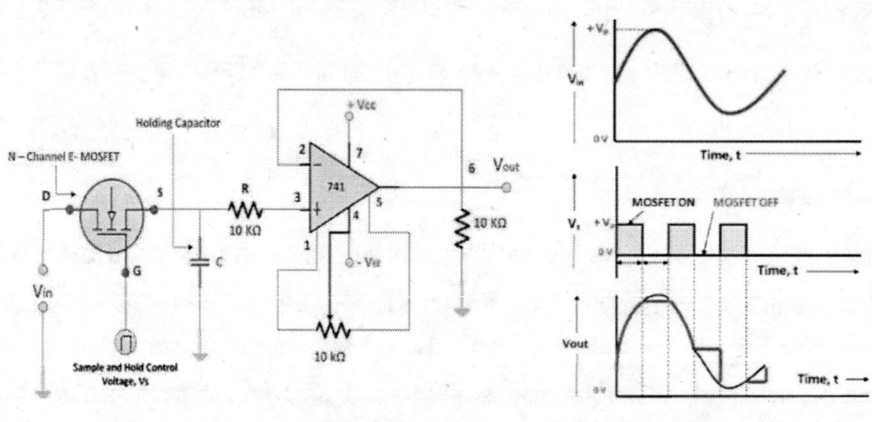

चित्र 6.7: S/H परिपथ का व्यावहारिक परिपथ आरेख और निर्गत

सैंपल और होल्ड(S/H) परिपथ का कार्य:

S/H परिपथ का सबसे सरल रूप क्रमिक रूप से जुड़ा हुआ एक प्रतिरोध-संधारित्र है जहाँ निवेश को प्रतिरोध पर लगाया जाता है और निर्गत को संधारित्र पर लिया जाता है। वही परिपथ चित्र 6.6 में संशोधित प्रारूप में प्रस्तुत किया गया है। निर्गत को घड़ी की बंद अवधि के लिए स्थिर रखा जाता है।

एक उच्च सटीकता वाले एकता (unity) लाभ OPAMP, विद्युत आवेश को संग्रहीत करने और बनाए रखने के लिए एक संधारित्र, और एक N चैनल वृद्धि(enhancement) प्रकार का MOSFET, एक व्यावहारिक S/H परिपथ के प्राथमिक भाग हैं जैसा कि चित्र 6.6. में दिखाया गया है।

एक स्विचिंग घटक के रूप में, N चैनल वृद्धि MOSFET का उपयोग किया जाएगा। इसके अपने ड्रेन टर्मिनल के माध्यम से, अनुरूप निवेश (AI) वोल्टेज लगाया जाता है, और इसके द्वार टर्मिनल से, नियंत्रण वोल्टेज (C) लगाया जाता है। जब C = 1 की आपूर्ति की जाती है तो MOSFET को चालू अवस्था में स्विच किया जाता है और धारक संधारित्र (C_H) MOSFET के माध्यम से अपने अधिकतम तक आवेश तक आवेश का संधारण कर लेता है। जब C = 0 हो , तो MOSFET बंद होता है जिसके परिणाम स्वरूप संधारित्र C_H का आवेश होना बंद हो जाता है। क्योंकि OPAMP की निवेश प्रतिबाधा बहुत अधिक है इसलिए संधारित्र C_H विसर्जन नहीं करता है और यह S/H परिपथ के लिए HOLD चरण है। सैंपल अवधि उस समय की अवधि है जिसके दौरान निवेश वोल्टेज नमूने बनाए जाते हैं। होल्डिंग प्रावस्था(phase) के दौरान, OPAMP के निर्गत को संसाधित किया जाता है। इस प्रकार, OPAMP के लिए धारण अवधि महत्वपूर्ण है। S/H परिपथ का उपयोग संकेत निर्माण फिल्टर, सैंपलिंग दोलन (sampling oscilloscopes), अनुरूप संकेत संसाधन, डेटा वितरण प्रणाली, डेटा रूपांतरण प्रणाली, डिजिटल वोल्टमीटर आदि में किया जाता है।

यह ध्यान दिया जाना चाहिए कि **निवेश डेटा को सैंपलिंग समय के लिए स्थिर रखा जाता** है जब सकारात्मक स्पंद में C = 1 होता है ।

6.4.2. क्वांटाइज़ेशन(quantization) और एनकोडिंग

क्वांटाइज़ेशन और एनकोडिंग का उपयोग ADC में S/H परिपथों के बाद किया जाता है। क्वांटाइज़ेशन वह प्रक्रिया है जिसके द्वारा संदर्भ संकेत को कई क्वांटाइज़ेशन स्तरों में विभाजित करने के बाद निवेश संकेत का उपयुक्त असतत मात्रा के साथ मिलान किया जाता है। जबकि एनकोडिंग में प्रत्येक क्वांटम (क्वांटम स्तरों) को एक विशेष अंकीय कोड दिया जाएगा जिसका उपयोग निवेश संकेत स्तर की पहचान करने के लिए किया जाएगा। चित्र 6.8 क्वांटाइज़ेशन शोर और क्वांटाइजिंग स्तरों और संबंधित एनकोडिंग का एक उदाहरण प्रदान करता है।

यहाँ यह ध्यान दिया जा सकता है कि एक अंतराल) में, वोल्टेज की पूरी सीमा को एकल अंकीय मान द्वारा दर्शाया जाता है। परिणाम स्वरुप , एक त्रुटि होगी, जिसे क्वांटाइजेशन त्रुटि के रूप में जाना जाता है (σ_e जो ± 0.5 LSB तक अनुमत है जैसा कि चित्र 6.8 (a) से स्पष्ट है)। यह वह शोर है जो क्वांटाइज़ेशन प्रक्रिया के कारण आया है। N-bit रिज़ॉल्यूशन ADC और चरण अमाप $(\Delta) = V_{ref}/2^N$ के लिए क्वांटाइज़ेशन स्तर 2^N हैं।

उदाहरण के लिए 3-बिट रिज़ॉल्यूशन में, अनुक्रम में प्रत्येक अगले कोड के लिए $2^3 = 8$ क्वांटाइज़ेशन स्तर, चरण आमाप $(\Delta) = V_{ref}/2^3$(=10/8 = 1.25V नीचे के ग्राफ के लिए) वोल्टेज अंतर के साथ होगा। जबकि 16 बिट में ADC में कुल क्वांटाइज़ेशन स्तर 2^{16},और चरण आमाप $(\Delta) = V_{ref}/2^{16}$ के साथ स्तरों के बीच वोल्टेज अंतर होता है । चित्र 6.8 (b) के लिए $(\Delta) = V_{ref}/2^{16} = 512\ \mu V$ वोल्टेज प्रत्येक स्तर के लिए है । यहाँ नीचे के रेखाचित्रों से भी उल्लेख किया जा सकता है कि

ADC के लिए जितना अधिक रिजोल्यूशन होगा उतनी ही अधिक सटीकता होगी । समाविष्ट क्वांटाइज़ेशन शोर के लिए समान शक्ति घनत्व(uniform power density function /PDF) फलन निम्नलिखित द्वारा दिया जाता है $\sigma_e^2 = \frac{\Delta^2}{12}$.

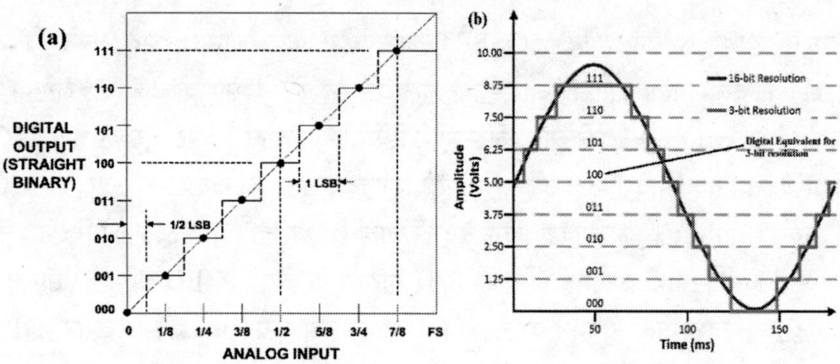

:

चित्र 6.8: (a) क्वांटाइज़ेशन शोर (b) क्वांटाइज़ेशन स्तर और एनकोडिंग

6.5 ADC के लिए विनिर्देश

इस अनुभाग में ADC परिवर्तक के लिए मुख्य निष्पादन प्राचलों पर चर्चा की गई है।

6.5.1 रिज़ॉल्यूशन

ADC का रिज़ॉल्यूशन,अनुरूप निवेश वोल्टेज में परिवर्तन की वो मात्रा है जो अंकीय निर्गत को एक कोड से अगले उच्च कोड में आगे बढ़ाने के लिए आवश्यक । एक घटक को 2^N में N- बिट ADC परिवर्तक द्वारा रिज़ॉल्व/हल किया जा सकता है। इसे बिटों में या वोल्टेज के पूर्ण पैमाने (FSR) के प्रतिशत के रूप में निर्दिष्ट किया जा सकता है। उदाहरण के लिए, 256 में से एक भाग, FSR के 0.4%, या केवल 8 बिट रिज़ॉल्यूशन का उपयोग आठ-बिट एडीसी परिवर्तक के रिज़ॉल्यूशन का वर्णन करने के लिए किया जा सकता है।

6.5.2 लाभ और ऑफसेट (offset) त्रुटियाँ

वास्तविक और आदर्श FSR वोल्टेज के बीच की विसंगति को लाभ त्रुटि के रूप में जाना जाता है। इसे व्यक्त करने के लिए LSB और प्रतिशत FSR दोनों का उपयोग किया जाता है। जब एक ADC परिवर्तक द्विध्रुवीय विधा में काम कर रहा होता है, तो ऑफसेट त्रुटि अनुरूप शून्य पर त्रुटि होती है। यह LSB में या FSR के प्रतिशत में मापा जाता है।

6.5.3 लाभ और ऑफसेट (offset) ड्रिफ्ट

संपूर्ण परिचालन तापमान सीमा के दौरान FSR संक्रमण(transition) वोल्टेज में होने वाले परिवर्तन को लाभ ड्रिफ्ट के रूप में जाना जाता है। द्विध्रुवीय विधा में काम करने वाले एडीसी परिवर्तक के लिए, ऑफसेट ड्रिफ्ट तापमान के कारण अनुरूप शून्य(analog zero) में होने वाला परिवर्तन है। मिसाल के तौर पर यह , FSR के पीपीएम (ppm) या LSB प्रति डिग्री सेल्सियस के रूप में कहा जाता है।

6.5.4 सटीकता

सटीकता S ADC परिवर्तक की क्वान्टाइज़ेशन त्रुटि को निर्दिष्ट करता है, मुख्य रूप से तुलनात्मक और लैडर प्रतिरोधकों में जैसा कि चित्र 6.9. में दिखाया गया है। लाभ, ऑफसेट, और क्वान्टाइज़ेशन समस्याएँ अधिकांश गलतियों का कारण बनते हैं। वास्तविक अनुरूप निवेश और निर्गत कोड के आदर्श समतुल्य, जो वास्तविक अनुरूप निवेश के तत्सम हैं , दोनों को सटीकता से वर्णित किया जाता है।

6.5.5 सैंपलिंग आवृत्ति और एलिआजिंग घटना

सैंपलिंग प्रमेय नायक्विस्ट मापदंडों के अनुसार अनुरूप संकेत को निवेश संकेत की **आधार (base)बैंड आवृत्ति (नायक्विस्ट मानदंड) से कम से कम दोगुने से चयन (सैंपल) किया जाता है**। हालांकि, क्वान्टाइज़ेशन त्रुटि, संकेत के पुनरुत्पादन की सटीकता पर एक सीमा लागू करती है। संकेत की प्रतिकृति मूल संकेत का सटीक प्रतिनिधित्व नहीं है यदि सैंपलिंग दर **नायक्विस्ट मानदंड** का उल्लंघन कर रही है, जिससे इन काल्पनिक संकेतों का निर्माण होता है, जिसे एलियासिस के रूप में भी जाना जाता है। एलिआजिंग समस्या को रोकने के लिए सैंपलिंग दर के आधे से अधिक सभी आवृत्ति घटकों को समाप्त करने के लिए अनुरूप निवेश लो पास फिल्टर (LPF) से पारित किया जाता है । सभी व्यावहारिक ADC परिवर्तक इस अनुरूप फिल्टर का उपयोग करते हैं, उसे एंटी एलिआजिंग फिल्टर के रूप में जाना जाता है।

6.5.6 क्वान्टाइजेशन त्रुटि

अनुभाग 6.4.2 में, क्वान्टाइजेशन त्रुटि पर चर्चा की गई थी । इसे नीचे के चित्र 6.9 से समझा जा सकता है। यह मूल अनुरूप निवेश संकेत और एडीसी (ADC)-(DAC) रूपांतरण से पुनर्निर्मित अनुरूप निवेश संकेत के बीच त्रुटि है। N-bit एडीसी के लिए चरण आमाप (Δ)= $V_{ref}/2^N$ और लागू किए गए क्वान्टाइज़ेशन शोर के लिए ,समान **शक्ति घनत्व फलन (Power Density Function-PDF)** निम्न प्रकार से दिया गया है।

$$\text{by } \sigma_e^2 = \frac{\Delta^2}{12}.$$

6.5.7 एकीकृत अरैखिकता (Integral nonlinearity)

एकीकृत अरैखिकता (INL) इंगित करता है कि वास्तविक निर्गत रैखिक अंतरण वक्र से कैसे विचलित होता है। लाभ, ऑफसेट और क्वान्टाइज़ेशन त्रुटियों को अरैखिक त्रुटियाँ नहीं माना जाता है। इसे LSB में या FSR के प्रतिशत के रूप में व्यक्त किया जा सकता है।

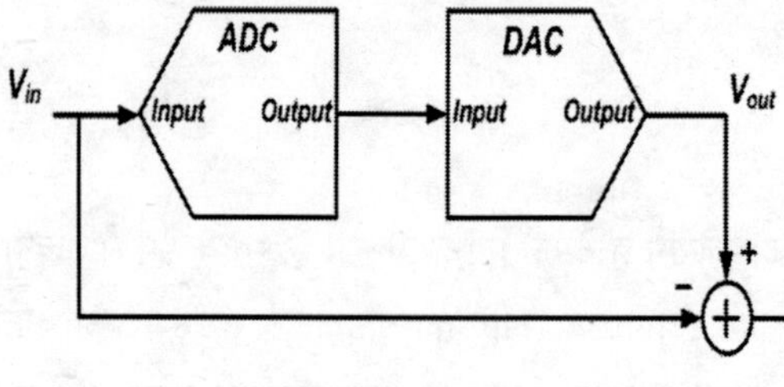

चित्र 6.9 क्वान्टाइज़ेशन त्रुटि वोल्टेज निर्गत

6.5.8 रूपांतरण समय

त्वरित रूपांतरण संकेत प्रारंभ होने से लेकर, रूपांतरण पूर्ण होने का संकेत दिखाई देने के मध्य के अंतराल को रूपांतरण समय कहा जाता है । यह विभिन्न ADC के लिए मिलीसेकंड से नैनोसेकंड तक हो सकता है।

6.5.9 एपर्चर और अधिग्रहण समय

एपर्चर(अपरूपण) समय, S/H परिपथ में होल्ड संकेत के उपस्थित होने के बाद, स्विच (MOSFET) के चालू होने के लिए आवश्यक समय है। स्विच (MOSFET) बंद होने तक का आवश्यक समय और C_H में संकेत को S/H परिपथ के रूप में बनाए रखने के लिए लगने वाले समय को अधिग्रहण समय कहा जाता है। दोनों समयों के लिए आदर्श मूल्य 0 है। इस प्रकार, रूपांतरण समय के साथ साथ, एपर्चर और अधिग्रहण अवधि भी अधिकतम नमूना चयन(सैंपलिंग) आवृत्ति को प्रभावित करती है।

6.6 ADC परिवर्तक के प्रकार

विभिन्न ADC प्रचालन की गति , सटीकता और जटिलता में भिन्न होते हैं। इनमें से कुछ का स्पष्टीकरण यहां दिया गया है। ADC का बाजार बड़ा है और विभिन्न क्षेत्रों में बहुत सारे अनुप्रयोग हैं। मोटे तौर पर, दो प्रकार के ADC होते हैं -

1. **वोल्टेज प्रक्षेत्र एडीसी** जैसे-फ़्लैश ADC, SAR ADC, पाइपलाइन ADC। वोल्टेज प्रक्षेत्र ADC के साथ कुछ समस्याएँ हैं जिन्हें समय प्रक्षेत्र ADC द्वारा दूर किया जा सकता है।

    a. ट्रांज़िस्टर अंकीय अभिकल्प के दृष्टिकोण से अनुकूलित(optimized) होते हैं।

    b. बिजली की आपूर्ति के साथ सीमा (threshold) वोल्टेज रैखिक रूप से नहीं बदलता है।

    c. अत्याधुनिक प्रक्रमों में कम लाभ ट्रांज़िस्टर होते हैं।

d. उच्च गति और रिज़ोल्युशन प्रायः पाइपलाइनिंग का उपयोग करके प्राप्त किया जाता है।

e. पाइपलाइन किये हुए ADC का निष्पादन OPAMP पर निर्भर करता है।

2. **समय प्रक्षेत्र एडीसी** जैसे-दोहरी ढलान (slope) ADC, V से F ADC, V से T ADC आदि उपरोक्त सूचीबद्ध कई मुद्दों को दूर कर सकते हैं।

6.6.1 फ़्लैश ADC

फ्लैश ADC परिपथ, जिसे समानांतर तुलनात्मक ADC के रूप में भी जाना जाता है, वोल्टेज प्रक्षेत्र प्रकार ADC का सबसे सरल और सबसे तेज़ ADC है। इसमें एक प्रतिरोधी वोल्टेज विभाजक(resistive voltage divider) होता है जो

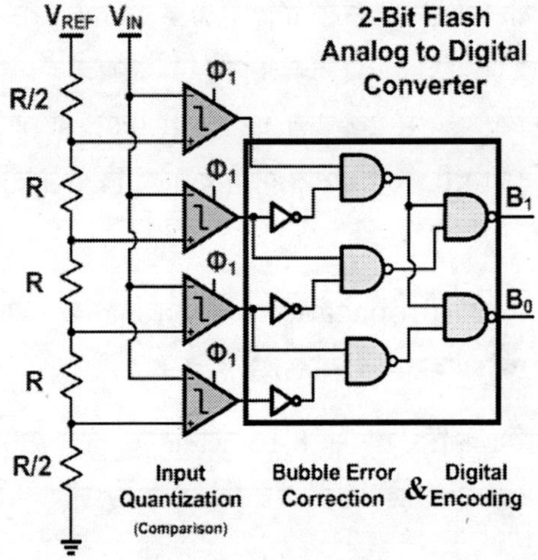

फ्लैश ADC का कार्य

निवेश (Vin)	कोडक निवेश (Y3Y2Y1Y0)	कोडक निर्गत (B1 B0)
<0.5 V	1111	"00"
0.5<Vin<1.5	1110	"01"
1.5<Vin<2	1100	"10"
2.5<Vin<3.5	1000	"11"

चित्र 6.10 दो बिट फ्लैश ADC और उसका कार्य $V_{ref} = 4$ V मानकर

तत्सम संदर्भ स्तर को निर्धारित करता है जिसके बाद तुलानात्मकों का एक समुच्चय होता है, जिसमें से प्रत्येक भिन्न संदर्भ वोल्टेज स्तर के विरुद्ध निवेश संकेत का आकलन करता है जैसा कि चित्र 6.10 में दिखाया गया है।

प्राथमिकता कोडित्र परिपथ, जो द्विआधारी निर्गत उत्पन्न करता है, अपने निवेश पर तुलनात्मक निर्गत से जुड़ा होता है। 2-बिट फ्लैश ADC का एक उदाहरण और प्राथमिकता कोडित्र परिपथ का उपयोग करके इसका कार्य चित्र 6.10 में दिखाया गया है। यहाँ संदर्भ स्तरों को $V_{LSB}/2$ से $V_{ref}-V_{LSB}/2$ तक की सीमा में प्राप्त करने के लिए R/2 प्रतिरोधों को लिया जाता है।

यदि दो R/2 प्रतिरोधों के बजाय, "R" प्रतिरोध नीचे लिया जाता है, तो संदर्भ स्तरों की सीमा 0 से $V_{ref}-V_{LSB}$ तक हो जाएगी जो "0" संदर्भ स्तर के लिए "0.5 LSB" त्रुटि के लिए गुंजाइश नहीं देगा। प्राथमिकता कोडित्र के निवेश सक्रिय निम्न लिए जाते हैं और निर्गत सक्रिय उच्च होते हैं जैसा कि चित्र 6.10 में तालिका में दिखाया गया है।

फ्लैश ADC परिपथ में एक सटीक वोल्टेज नियामक समाविष्ट होता है जो एक स्थिर संदर्भ वोल्टेज V_{ref} की आपूर्ति करता है जिसे योजनाबद्ध आरेख में समाविष्ट नहीं किया जाता है। जब अनुरूप निवेश वोल्टेज प्रत्येक तुलनात्मक पर संदर्भ स्तर के मान से बढ़ जाता है तो तुलनात्मक निर्गत क्रमिक रूप से एक उच्च अवस्था में संतृप्त हो जाता है। उच्चतम क्रम के सक्रिय निवेश का उपयोग प्राथमिक कोडित्र द्वारा एक द्विआधारी संख्या उत्पन्न करने के लिए किया जाता है, जबकि अन्य सभी सक्रिय निवेशों को अनदेखा किया जाता है।

फ्लैश ADC की गति केवल द्वार संचरण(propagation) देरी, तुलनात्मक और लैच द्वारा बाधित होती है। इस N बिट फ्लैश एडीसी के लिए 2^N तुलानात्मकों की आवश्यकता होती है।

यह तीन/चार बिट फ्लैश ADC संस्करण के लिए क्रमशः 8,16 तुलनात्मक लेता है। फ्लैश परिवर्तक में भी एक अरैखिक निर्गत विशेषता है जो एक लाभ है , जो प्रायः छूट जाता है । बिटों की बढती संख्या से फ़्लैश ADC अधिक जटिल परिपथ बनता है ।

फ़्लैश ADC की कमियाँ –

- तुलानात्मकों और प्रतिरोधकों की घातीय (exponential) वृद्धि इसे मेहेंगा बनाती है।
- बबल (बुलबुला)त्रुटी
- कम सटीकता
- निम्नांकित में वृद्धि के कारण लागत बढ़ जाती है- ।
    - तुलनात्मक किकबैक (kickback) शोर जो अवांछित है ।
    - विद्युत् की खपत अधिक संख्या में तुलानात्मकों के कारण अधिक विद्युत् खपत होती है ।
    - निवेश संधारण –रूपांतरण समय और भारण प्रभाव को बढाता है।
    - चिप क्षेत्र और संकेतों का मार्ग बनाने में कठिनाइयाँ ।

6.6.2 उत्तरोत्तर संनिकटन ADC (successive Approximation/SAR ADC)

उत्तरोत्तर संनिकटन प्रकार के ADC परिवर्तक अनुरूप संकेत का अनुमान लगाने के लिए एक समय में केवल एक बिट का प्रयास करते हैं जिसे अंकीय डेटा में परिवर्तित किया जाएगा । यह एक वोल्टेज प्रक्षेत्र प्रकार का एडीसी है। इस अभिकल्प में एक बहुत ही विशिष्ट काउंटर परिपथ एकमात्र संशोधन है जिसे एक उत्तरोत्तर संनिकटन रजिस्टर (SAR) कहा जाता है। SAR एडीसी के लिए खंड आरेख चित्र 6.11 में दिखाया गया है । यह SAR रजिस्टर उन सभी बिट मूल्यों की गणना करता है जो MSB से प्रारंभ होकर LSB पर समाप्त होते हैं और यह एक चक्र में केवल "1" बिट का निर्णय करता है। चित्र 6.12 के अनुसार i^{th} बिट का निर्धारण करने के लिए SAR V_{in} की तुलना i^{th} चक्र में V_{DC} से करता है । रजिस्टर की गिनती उसी पद्धति से होती है जैसे दशमलव से द्विआधारी में संख्याओं को परिवर्तित करने की "ट्रायल और फिट विधि" जिसमे MSB से LSB तक विभिन्न बिट मूल्य समाविष्ट होते हैं जब तक कि एक अंकीय द्विआधारी शब्द प्राप्त नहीं हो जाता जो प्रारंभिक अनुरूप निवेश के बराबर होता ह। इस गणना विधि का लाभ यह है कि यह द्विआधारी खोज अल्गोरिथम की तरह बहुत जल्दी परिणाम देता है ।

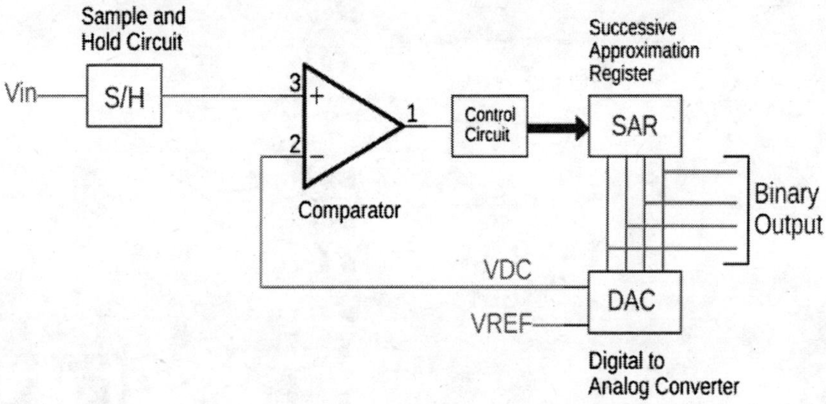

चित्र 6.11उत्तरोत्तर सन्निकटन ADC परिवर्तक

ध्यान दें कि SAR में प्रायः द्विआधारी संख्याओं को क्रमिक प्रारूप में निर्गत करने की क्षमता होती है, जिससे शिफ्ट रजिस्टर की आवश्यकता कम हो जाती है।

SAR एडीसी का कार्य

SAR एडीसी के लिए एल्गोरिदम को निम्नलिखित चरणों में संक्षेप में समझाया जा सकता है (4-बिट ADC मान लें), जिसे चित्र 6.12 में भी समझाया गया है।

1. MSB को "1" करें और अन्य सभी को "0", इस प्रकार 1000 निवेश बिट समुच्चय है जिसमें संबंधित वोल्टेज $V_{DC} = V_{ref}/2$ है जो DAC के निर्गत के रूप में प्राप्त किया जाता है। (यह दो भागों में पूर्ण वोल्टेज सीमा को विभाजित करने के बराबर है)

2. V_{in} की तुलना V_{DC} से करें (मान लीजिए b1 MSB है)

    a. यदि $V_{in} > V_{DC}$ है तो इस बिट को $b_i = 1$ रखें और $V_{DC} = V_{DC} + V_{ref}/2^{i+1}$

    b. अन्यथा $b_i = 0$ को RESET करें और $V_{DC} = V_{DC} - V_{ref}/2^{i+1}$

3. मान लीजिए अगला बिट $b_{i+1} = 1$ है और सभी बिटों के लिए चरण 2 को दोहराएं।

4. अंततः प्राप्त किया गया बिट समुच्चय ADC का निर्गत है।

SAR एडीसी के लाभ	SAR एडीसी की हानियाँ
प्रचालन की मध्यम गति लेकिन अपेक्षाकृत अच्छी सटीकता ।	अभिकल्प की जटिलता ।
कम शक्ति (power)	अधिक लागत -

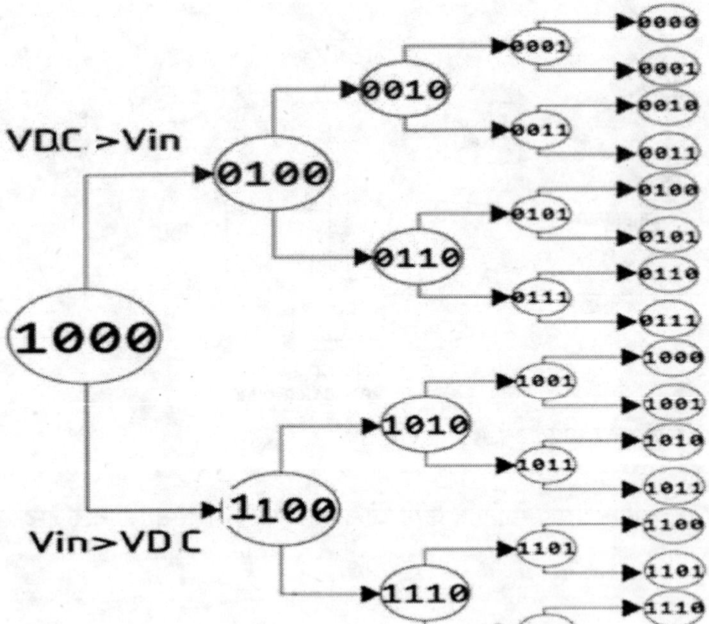

चित्र 6.12 उत्तरोत्तर सन्निकटन ADC परिवर्तक का कार्य

SAR ADC के अनुप्रयोग -

SAR ADC का उपयोग सबसे व्यापक रूप से अपनी अपेक्षाकृत अच्छी गति और सटीकता के कारण किया जाता है। इसका उपयोग सेंसरों में , मरीजों में प्रत्यारोपण के लिए चिकित्सा अनुप्रयोगों के लिए कम विद्युत् खपत के उपयोग के कारण , स्मार्ट

घड़ियों आदि में किया जाता है। इसकी सामान्य गति सीमा 2-5 मेगा सैंपल (नमूने) प्रति सेकंड (MSPS) होती है और यह सामान्यतः 8-16 बिट के रिज़ॉल्यूशन में पाई जाती है।

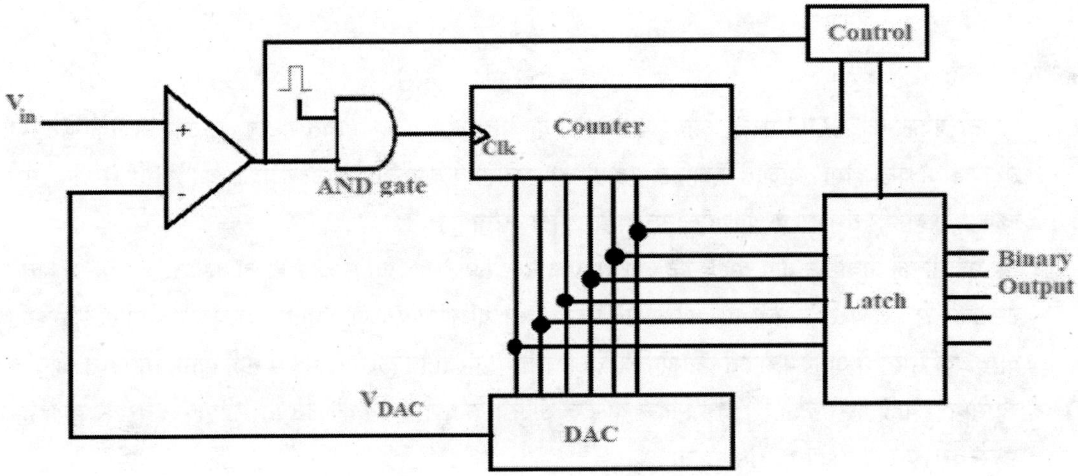

चित्र 6.13 काउंटर प्रकार का ADC परिवर्तक

काउंटर प्रकार के ADC का कार्य

प्रत्येक रूपांतरण नमूने (V_{in}) के प्रारंभ में DAC का निर्गत शून्य ($V_{DAC} = 0$) होता है। इसलिए, तुलनात्मक के सकारात्मक छोर (टर्मिनल) को प्रदान किए गए निवेश वोल्टेज (V_{in}) की परवाह किए बिना तुलनात्मक का निर्गत उच्च होता है। यह उच्च है, जो एंड द्वार को सक्षम करता है और घड़ी स्पंद को पारित करने की अनुमति देता है। **इसके बाद घड़ी की स्पंदों को काउंटर द्वारा गिनना प्रारंभ कर दिया जाता है।** DAC, काउंटर के निर्गत से अपने द्विआधारी निवेश का दशमलव समतुल्य का परिकलन करता है । अब तक, DAC, का निर्गत ,V_{DAC} निवेश, V_{in} से लगातार तुलना किये जाने के साथ चरणवार बढ़ता जाता है । जब तक V_{in} ,V_{DAC} से अधिक रहेगा , काउंटर चालू रहेगा। V_{in}> V_{DAC} होने पर AND द्वार निष्क्रिय हो जाएगा और तुलनात्मक का निर्गत निम्न हो जाएगा , जिससे AND द्वार का निर्गत निम्न हो जाता है, और काउंटर के लिए घड़ी स्पंदों को अवरुद्ध कर देता जिस कारण काउंटर V_{DAC} के मान पर पर कार्य करना बंद कर देता है है।

इसके अतिरिक्त, नियंत्रण खंड, AND द्वार के उच्च से निम्न के इस संक्रमण को पहचान कर, काउंटर के CLEAR पिन पर निम्न संकेत लागू करके काउंटर को रिसेट कर देता है । काउंटर का अंतिम निर्गत , जो विनिर्दिष्ट निवेश वोल्टेज का अंकीय द्विआधारी निर्गत है, उसे साथ ही लैच(पकड़ कर रखता) कर देता है। नतीजतन, काउंटर प्रकार के ADC की मूल कार्य अवधारणा तब तक घड़ी स्पंदों को गिनना है जब तक कि निवेश, DAC निर्गत से अधिक न हो जाए, अर्थात V_{in}> V_{DAC}, जिस बिंदु पर काउंटर RESET होता है और सबसे हाल की गिनती लैच होती है और निर्गत पर ली जाती है।

जब निवेश वोल्टेज कम सीमा में होता है, तो रूपांतरण समय अपने चरम पर होता है। जब सभी बिट मान 1 होते हैं, तो DAC, पूरे पैमाने पर (Full Scale Range –FSR) निर्गत देता है। काउंटर के सारे बिटों के मान शून्य से 1 तक पहुंचाने के लिए 2^N-1 घड़ी स्पंदों की आवश्यकता होती है, जहाँ N बिटों की संख्या है। इस प्रकार, अधिकतम रूपांतरण समय(2^N-1) Tc के बराबर होता है।

लाभ और हानियाँ:

- काउंटर प्रकार का ADC सरल और उपयोगकर्ता के अनुकूल है। यह अत्यंत सटीक है, और अधिक बिट जोड़ने से सटीकता में वृद्धि होगी। बाज़ार में जटिल एडीसी की बहुलता के बावजूद, काउंटर प्रकार का ADC सटीक निर्गत और किफायती हार्डवेयर मूल्यों के बीच एक अच्छा समझौता करता है।
- इस एडीसी का प्राथमिक दोष यह है कि जब भी एक नया रूपांतरण प्रारंभ होता है, तो काउंटर RESET होता है और उसे फिर से शून्य से गिनती प्रारंभ करना पड़ती है । परिणाम स्वरूप रूपांतरण समय महत्वपूर्ण है। क्योंकि यह वास्तविक समय में अनुरूप संकेत को अंकीय द्विआधारी में परिवर्तित करने में सक्षम नहीं होगा, यह उच्च आवृत्ति निवेश का सामना नहीं कर सकता है। जब निवेश वोल्टेज डीएसी के पूर्ण पैमाने की निर्गत सीमा के बराबर होता है, तो यह सबसे बुरा परिदृश्य(scenario) होता है।

6.6.4 दोहरी ढलान (Dual Slope)ADC परिवर्तक

यह एक प्रकार का समाकलक(integrator) प्रकार का ADC है। इसमें कम गति लेकिन उच्च सटीकता है और यह समय प्रक्षेत्र ADC है। यह काफी सस्ता और कम जटिल है। मान लीजिए कि काउंटर के लिए घड़ी अवधि T_{clk} है और घड़ी आवृत्ति f_{clk} है। यह ADC दो चरणों में काम करता है जिन्हें N-बिट दोहरी ढलान ADC के लिए नीचे उल्लिखित किया गया है । रूपांतरण प्रारंभ करने से पहले S_2 का उपयोग संधारित्र C_1 में संग्रहीत किसी भी आवेश को हटाने करने के लिए किया जाता है।

चरण I-इस चरण में, N बिट काउंटर के लिए समय$T1 = 2^N * T_{clk}$ चुना गया है। स्विच S_1, लिए हुए अनुरूप निवेश के नमूने (-V_{in}) से जुड़ा हुआ है और S2 अभी खुला या है जैसा कि चित्र 6.14 में दर्शाया गया है। यह संधारित्र को आवेश करने देता है और निर्गत, व्युत्क्रम विधा OPAMP सूत्र का उपयोग करके निर्धारित किया जाता है ।

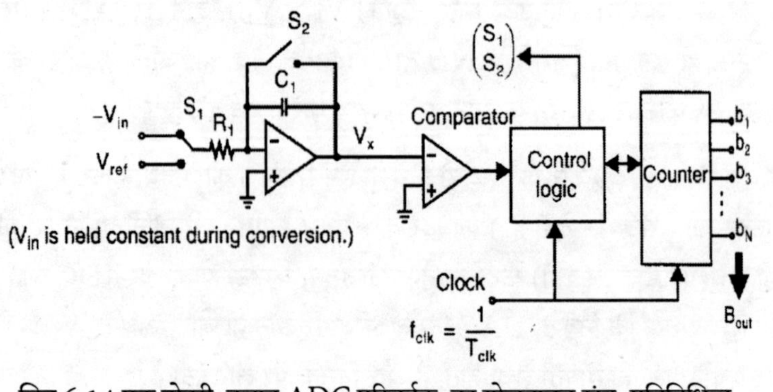

चित्र 6.14 एक दोहरी ढलान ADC परिवर्तक का योजनाबद्ध खंड प्रतिनिधित्व

$$V_x(t) = \int_0^t \frac{(V_{in})}{RC}.dt = \frac{V_{in}}{RC}.t$$

यह एक रेखा का एक समीकरण है जिसकी ढलान का माप $\frac{V_{in}}{RC}$ है। इस प्रकार, चरण-I में रेखा की परिवर्तनशील ढलान होती है जो V_{in} की भिन्नताओं के अनुसार बदलती है, जिसे चित्र 6.15.से समझा जा सकता है।

क्योंकि $V_x(t)<0$ है यह दूसरे OPAMP के लिए उच्च निर्गत देता है और नियंत्रण तर्क काउंटर प्रारंभ करता है। इस प्रकार काउंटर $t = 0$ पर "0" से गिनना प्रारंभ करता है।

जब $t = T_1$ हो तो अधिकतम निर्गत वोल्टेज निम्न प्रकार से दिया जाता है -

$$V_x(Max) = \frac{V_{in}}{RC}.T_1 = \frac{V_{in}}{RC}.2^N.T_{clk}$$

और काउंटर ने इस अवधि में संबंधित 2^N अवस्थाएं गिनी हैं।

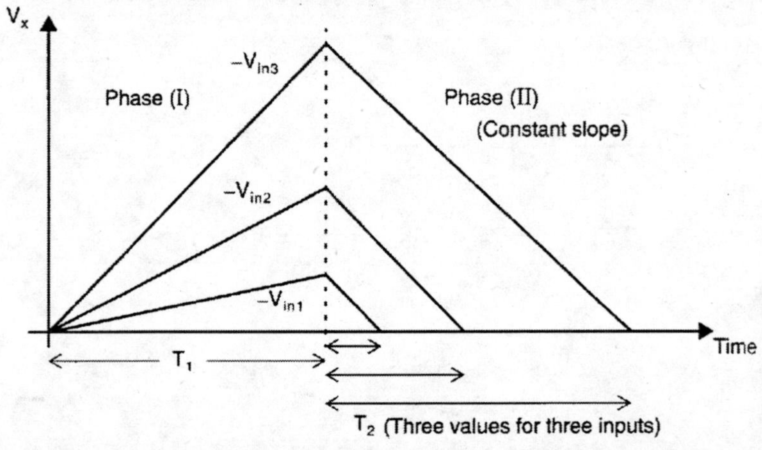

चित्र 6.15 विभिन्न निवेश वोलटेज के लिए दोहरी ढलान ADC का प्रचालन।

चरण II. जब समय t = T1 तक पहुंच जाता है, तो ADC का चरण II, नियंत्रण तर्क का उपयोग कर संदर्भ वोल्टेज (V_{ref}) को S_1 से जोड़कर, प्रारंभ होता है और काउंटर को "0" अवस्था में RESET करता है । क्योंकि "V_{ref}"की ध्रुवता -V_{in} के विपरीत होती है, इसलिए संधारित्र विसर्जित होने लगता है। एक बार जब संधारित्र "0" तक विसर्जित हो जाता है, तो दूसरे तुलनात्मक (OPAMP) का निर्गत निम्न हो जाता है जो नियंत्रण तर्क की मदद से काउंटर को रोकता है। यह चरण II समाप्त करता है।

यदि मान लेते हैं कि संधारित्र को विसर्जित करने में T_2 समय लगता है, इस प्रकार, चरण II में, संधारित्र के निर्गत $V_x(t)$ को निम्न प्रकार से लिखा जा सकता है

$$V_x(t) = -\int_{T_1}^{t} \frac{V_{ref}}{RC} . d\tau + V_x(T_1)$$

$$Vx(t) = \frac{V_{in}}{RC}.2^N.T_{clk} - \frac{V_{ref}}{RC}.(t-T_1)$$

यहाँ यह ध्यान दिया जाना चाहिए कि चरण II रेखा ढलान स्थिर है ($\frac{-V_{ref}}{RC}$)। इसलिए, चरण II को स्थिर चरण भी कहा जाता है।

क्योंकि $V_x(t)=0$, j चरण II का अंत है, जब समय $t = T_1 + T_2$ है। इस प्रकार उपरोक्त समीकरण $t = T_1 + T_2$ के लिए निम्न प्रकार लिखा से जा सकता है -

$$0 = \frac{V_{in}}{RC}.2^N T_{clk} - \frac{V_{ref}}{RC}.T_2$$

$$\Rightarrow T2 = \frac{V_{in}}{V_{ref}}.2N.Tclk = \frac{V_{in}}{V_{LSB}}.T_{clk}$$

या $$\frac{T_2}{T_{clk}} = \frac{V_{in}}{V_{LSB}}$$

या क्योंकि $\frac{V_{in}}{V_{LSB}}$ *अंकीय स्तर* है अतः काउंटर, निवेश के तत्सम, अंकीय गणना अवस्था तक पहुँच गया है ।

दोहरी ढलान ADC में बहुत अच्छी सटीकता और शोर प्रतिरोधक क्षमता होती है, लेकिन गति में धीमा होता है (चरण I में अतिरिक्त T_1समय के कारण)। इसका उपयोग डिजिटल मल्टीमीटर और तापमान ट्रांसड्यूसरों में किया जाता है।

6.6.5 वोल्टेज से आवृत्ति (V से F)ADC परिवर्तक

यह एक समय प्रक्षेत्र ADC है और आवृत्ति से अंकीय परिवर्तक के साथ वोल्टेज नियंत्रित दोलक (Voltage Control Oscillator-VCO) इसमें मुख्य खंड हैं जैसा कि चित्र 6.16 में दिखाया गया है। VCO अनुरूप निवेश वोल्टेज के अनुपातिक आवृत्ति देता है और फिर आवृत्ति से अंकीय परिवर्तक उस अनुपातिक आवृत्ति को अंकीय शब्द में परिवर्तित कर देगा। इसमें सबसे अच्छी बात यह है कि यह पूर्ण अंकीय परिपथ है। इसकी संरचना बहुत ही सरल है। इसके कुछ नुकसान भी हैं-(a) VCO की रैखिकता अनुरक्षण के लिए कठिन है (b) VCO आवृत्तियों की सीमा सीमित है (c) संकेत शोर अनुपात (Signal to Noise Ratio-SNR) के संकेत में सुधार के लिए, इसे पश्च प्रक्रमण(post processing) की आवश्यकता होती है।

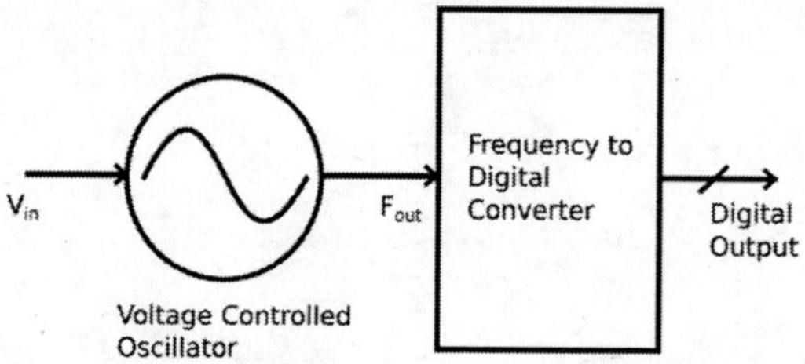

चित्र 6.16 वोल्टेज से आवृत्ति परिवर्तक ADC

6.6.5 वोल्टेज से समय (V से T)ADC परिवर्तक

वोल्टेज- से- समय प्रकार के मूल ADC को चित्र 6.17 में दर्शाया गया है। इसमें दो खंड हैं -(a) वोल्टेज से समय परिवर्तक (Voltage to टाइम Converter-VTC) और (b) समय से अंकीय परिवर्तक (Time to Digital Converter-TDC) । VTC, लिए गए अनुरूप नमूनों को निवेश के रूप में स्वीकार करता है और इसे समय में परिवर्तित करता है (यह द्वि ढलान ADC में दिखाए गए एक समाकल का उपयोग कर सकता है)। जब यह रूपांतरण हो जाता है तो TDC उस समय को अंकीय शब्द में परिवर्तित करता है ।

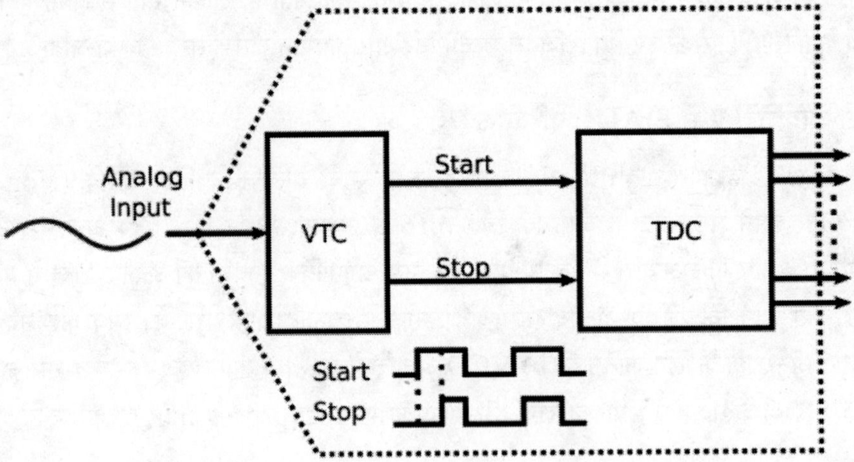

चित्र 6.17: वोल्टेज- से- समय ADC परिवर्तक

V से T ADC के लाभ: -

1. अनुरूप और अंकीय अनुभागों की अपेक्षाकृत अच्छी शोर प्रतिरोधक क्षमता के लिए अलग किया जाता है।
2. अनुरूप अनुभाग को कम जटिल बनाया जा सकता है।
3. कम विद्युत् खपत , उच्च गति वाले ADC को अभिकल्पित किया जा सकता है।

V से T ADC के नुकसान: -

1. VTC अत्यधिक संवेदनशील होता है, इसलिए रैखिक और शोर प्रतिरक्षण दृष्टिकोणों के लिए सावधानीपूर्वक अभिकल्प किया जाता है।
2. उच्च रैखिकता के लिए संकर(hybrid) तकनीक का उपयोग किया जाना चाहिए।

6.7. ADC और DAC परिवर्तक आईसी का उदाहरण

6.7.1 ADC3564

ADC356X श्रृंखला ADC के लिए आधारीय खंड आरेख और पिन आरेख नीचे के चित्र 6.18 में दिए गए हैं। यह एक 40 पिन आईसी है जिसमें अति कम विद्युत् खपत , उच्च गति, कम शोर होता है। ADC3564, 125 MSPS गति के साथ 14-बिट ADC है। इसी प्रकार की संरचना के साथ ADC3561, ADC3562, और ADC3563 अन्य ADC हैं । ये ADC 16-बिट ADC हैं और प्रत्येक के लिए गति क्रमशः 10,25 और 65 MSPS है। ADC3564 में क्रमिक निर्गत डेटा होता है और

व्यापक तापमान सीमा पर काम कर सकता है। इस आईसी के लिए डेटाशीट और अन्य विवरण-ADC3564datasheet|T1.com पर पाए जा सकते है ।

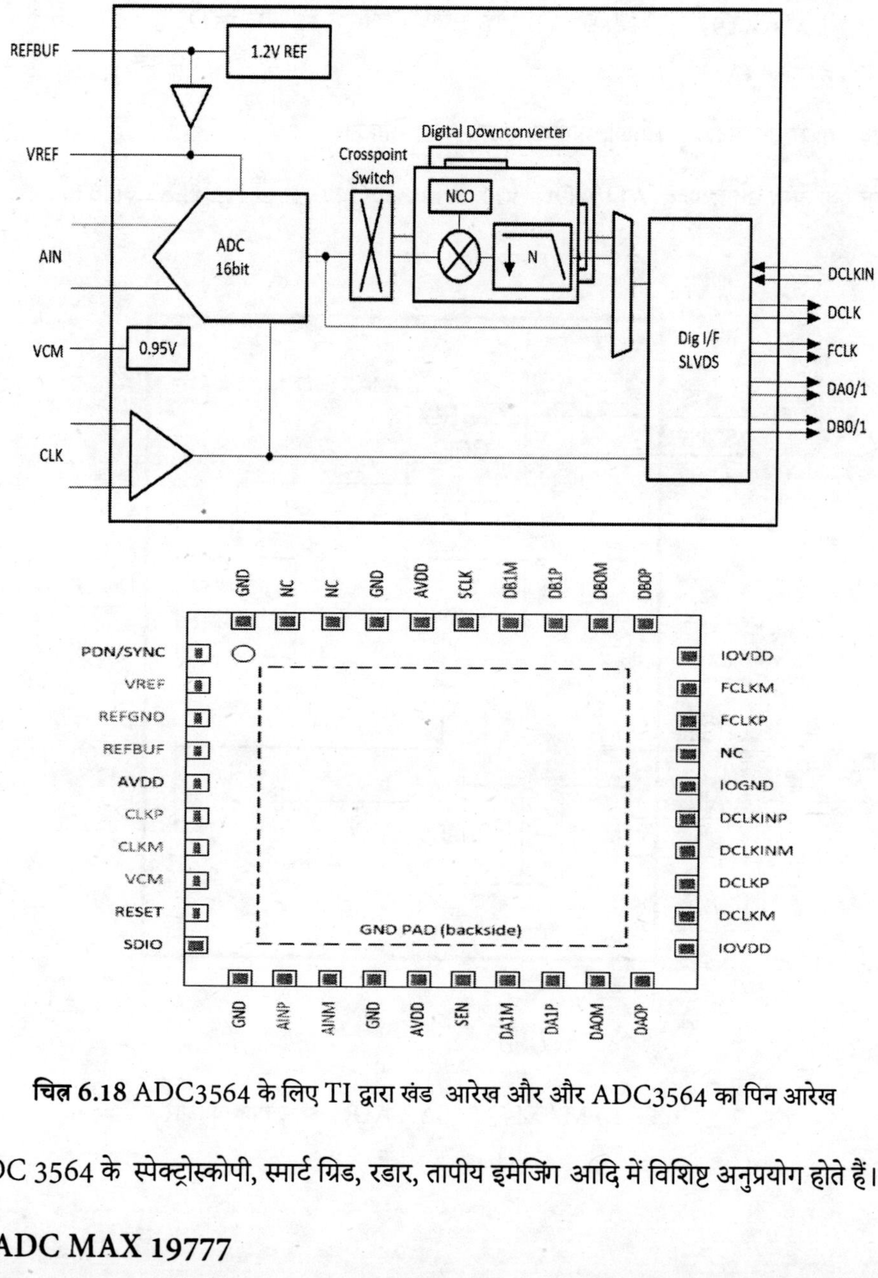

चित्र 6.18 ADC3564 के लिए TI द्वारा खंड आरेख और और ADC3564 का पिन आरेख

अनुप्रयोग : ADC 3564 के स्पेक्ट्रोस्कोपी, स्मार्ट ग्रिड, रडार, तापीय इमेजिंग आदि में विशिष्ट अनुप्रयोग होते हैं।

6.7.2 SAR ADC MAX 19777

यह मैक्सीम द्वारा प्रदान किया जाने वाला SAR ADC है। MAX19777 ADC द्वि चैनल है और किसी एक चैनल का चयन करने के लिए 2X1 MUX का उपयोग करता है। यह एक कम विद्युत् खपत 8-पिन वाला ADC है जो वेफरस्तर पैकेजिं ग

(WLP) में उपलब्ध है। इसके "फिगर ऑफ़ मेरिट" अच्छे हैं । इसका उपयोग सहजता से किया जा सकता है। इसकी विशेषता है-गति- 3 MSPS, व्यापक तापमान सीमा, क्रमिक परिधीय(peripheral) अंतरापृष्ठ, कम विद्युत् खपत । इस आईसी के बारे में अधिक जानकारी-MAX19777-3Msps,कम विद्युत् खपत क्रमिक 12-बिट ADC(, maximintegrated.com) पर पाई जा सकती है।

अनुप्रयोग-चिकित्सा, संचार, डेटा अधिग्रहण, पोर्टेबल डेटा लॉगिंग आदि।

ADC आइसियों के अन्य उदाहरण हैं-AD ADC 800, AD ADC 80, AD ADC 84 आदि।

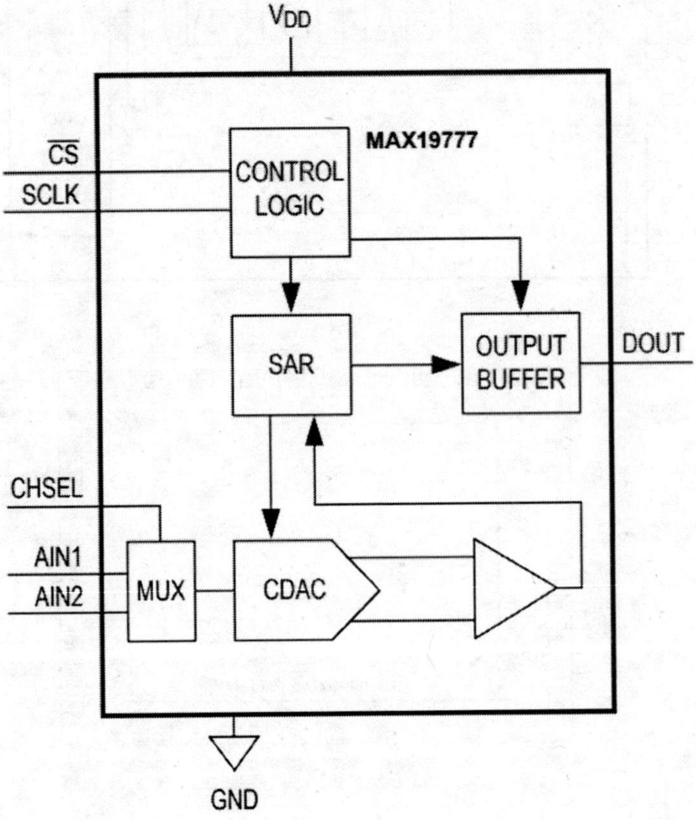

चित्र 6.19 MAXI9777 SAR ADC का कार्यात्मक आरेख।

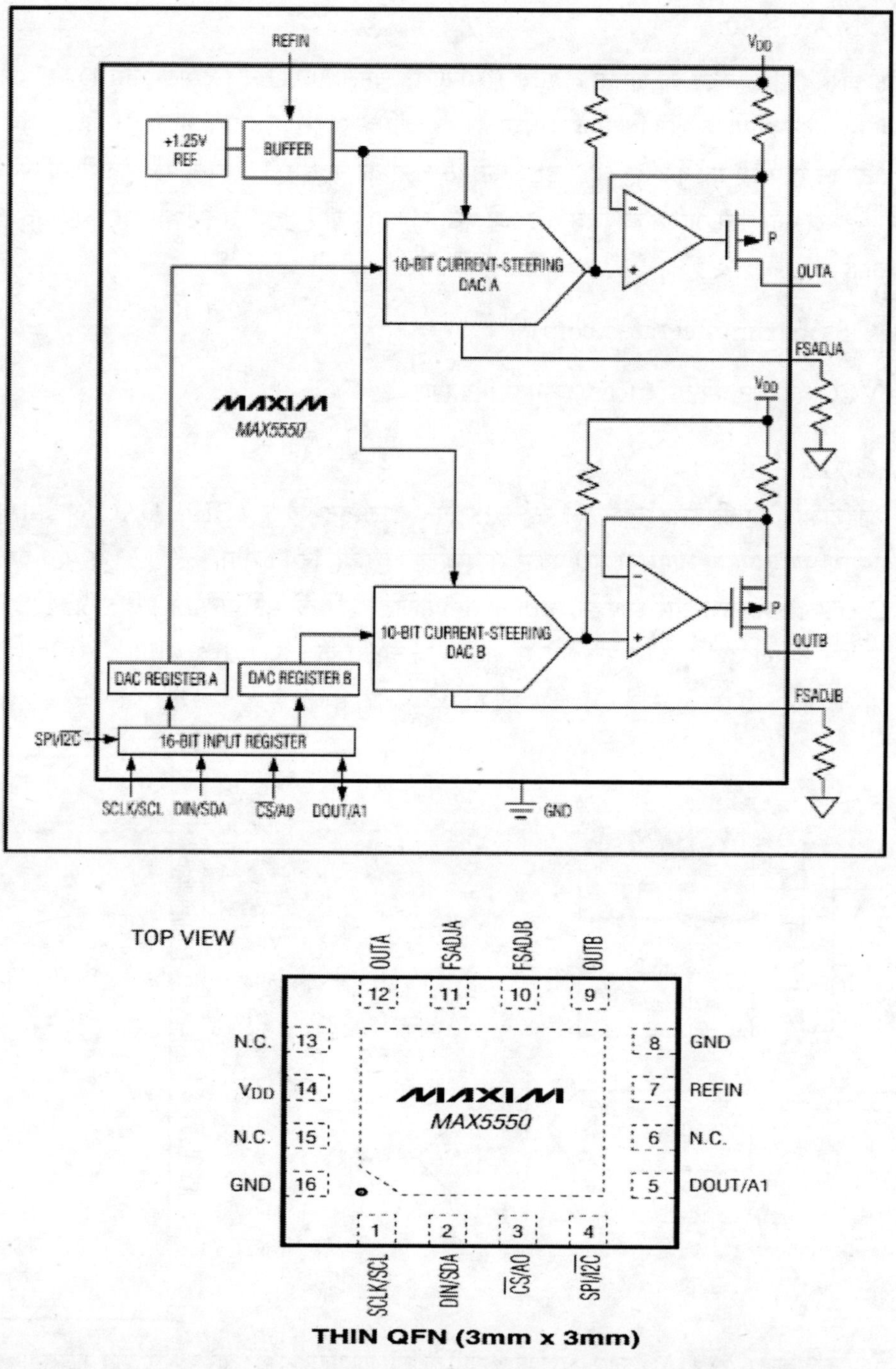

चित्र 6.20 DAC MAX5550 16 पिन आईसी के लिए कार्यात्मक खंड आरेख और पिन आरेख

6.7.3 DAC MAX5550

यह उच्च निर्गत धारा हासिल करने की क्षमता के साथ 10-बिट द्वि चैनल DAC है। इसलिए इस DAC आईसी का उपयोग उच्च निर्गत वर्तमान अनुप्रयोगों के लिए किया जा सकता है। यह क्रमिक अंतरापृष्ठ प्रदान करता है। यह 16-पिन आईसी है और पूर्ण प्रचालन तापमान सीमाओं पर एकदिष्ट है । इसकी निर्गत धारा को बदलने के लिए क्रमादेशित किया जा सकता है। इसके कार्यात्मक खंड आरेख और पिन आरेख को चित्र 6.20 में प्रस्तुत किया गया है। इस आईसी के बारे में विस्तृत विवरण यहाँ प्राप्त किया जा सकता है -

MAX5550 DS (maximintegrated.com)

अनुप्रयोग- - VCO को ट्यून करना , RF एटेन्यूएटर नियंत्रण।

6.7.4. DAC 712

DAC712 आईटीआई कंपनी द्वारा प्रदान की गई 28 पिन ड्यूल-इन-पैकेज (DIP) DAC आईसी है, जो 16- बिट रिज़ॉल्यूशन के साथ पूर्ण तापमान सीमा पर पूरी प्रकार से एकदिष्ट है। यह निर्गत सीमा ±10 V के साथ एक उच्च गति वाला DAC है । DAC712 में लाभ और ऑफसेट त्रुटि को समायोजित करने की सुविधा भी है। चित्र 6.21 DAC712 के लिए कार्यात्मक और पिन आरेख दर्शाता है। इसके बारे में अधिक जानकारी के लिए-https://bit.ly/3EFjXHm पर पाई जा सकती है या अधिक जानकारी के लिए नीचे QR कोड को स्कैन किया जा सकता है।

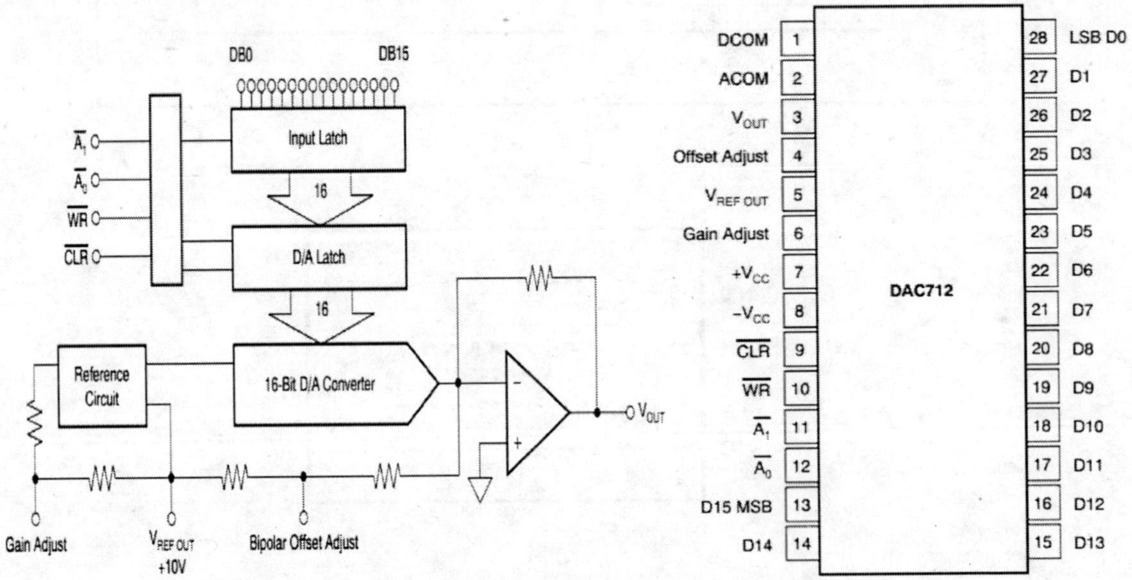

चित्र 6.21 DAC 712-16 पिन आईसी के लिए कार्यात्मक खंड आरेख और पिन आरेख

उदहारण 6.7	
एक विशिष्ट 8-बिट ADC जिसमें पूर्ण पैमाना निवेश वोल्टेज 2.55V है (V_A = 2.55V , निर्गत में अंकीय पैमाने पर 11111111 देता है) । इसमें 0.1 % परिभाषित त्रुटी है।अनुरूप निवेश और V_{AX} निर्गत के बीच अधिकतम संभावित अंतर निकालें ।	**उत्तर एवं स्पष्टीकरण** चरण अमाप 2.55V/2^8-1 है , जो कि 10mV के बराबर है।मतलब यदि DAC में कोई भी अशुद्धियाँ नहीं हैं तो, V_{AX} निर्गत 10mV से भिन्न हो सकता है क्योंकि V_{AX} 10mV के अंतराल में ही बदलता है ; यह क्वांटाइज़ेशन त्रुटी है। दी गई 0.1% पूर्ण पैमाना त्रुटी , 0.1% x 2.55V = 2.55mV है । मतलब घटक अशुद्धियों के कारण V_{AX} का मान लगभग 2.55mV से भिन्न हो सकता है । इसलिए कुल संभावित त्रुटी 10mV + 2.55mV = 12.55mV जितनी हो सकती है ।
उदह्रारण 6.8	
उत्तरोत्तर सन्निकरण प्रकार के 10-बिट ADC का रिजोल्यूशन(या क्वांटाइज़ेशन त्रुटी) 10mV है । अनुरूप निवेश 4.365V के लिए अंकीय निर्गत ज्ञात करें ।	**उत्तर और स्पष्टीकरण** उत्तरोत्तर सन्निकरण प्रकार के ADC में , DAC परिवर्तक भाग में, रिजोल्यूशन में अन्किकृत होने के लिए, अंतिम अनुरूप निर्गत, हमेशा अनुरूप निवेश से कम मान पर स्थिर होगा । • अनुरूप निवेश = 4.365V • रिजोल्यूशन= 10mV • चरण संख्या =4.365/(10x10^{-3}) =436.5 • चरण क्रमांक 436,DAC परिवर्तक के निर्गत पर 436 x10 = 4360mV = 4.364V देगा और चरण क्रमांक 437, DAC परिवर्तक के निर्गत पर 4.37V देगा । • ADC परिवर्तक चरण क्रमांक 436 पर स्थिर होगा । • अंकीय निर्गत , $(436)_{10}$ का द्विअधारी समतुल्य होगा जो 0110110100 है

उदहारण 6.9	
8-बिट काउंटर प्रकार के ADC परिवर्तक और 8-बिट उत्तरोत्तर संनिकटन प्रकार के ADC परिवर्तक के औसत रूपांतरण समय की तुलना करें यदि दोनों 10MHz घड़ी आवृत्ति पर कार्य कर रहे हैं।	**उत्तर और स्पष्टीकरण** घड़ी समय अंतराल = 0.1s • काउंटर प्रकार के ADC परिवर्तक में औसत रूपांतरण समय है - $[(2^8-1)/2 \times 0.1] = 12.75\mu s$ • उत्तरोत्तर संनिकटन प्रकार के ADC परिवर्तक में औसत रूपांतरण समय निम्न प्रकार से दिया है - $8 \times 0.1 = 0.8\mu s$

इकाई सारांश

इस इकाई में, अंकीय और अनुरूप उपकरणों को अंतरफलक (interface) करने वाले आवश्यक घटकों , अंकीय से अनुरूप परिवर्तक (DAC) और अनुरूप से अंकीय परिवर्तक (ADC) आवश्यक घटक हैं। इस अध्याय में परिचालन आधारीय, प्रमुख निष्पादन मानदंड और उनके महत्व के साथ साथ अंकीय से अनुरूप और अनुरुप से अंकीय रूपांतरण के कई रूपों और उपयोगों को समाविष्ट किया गया है।

- DAC का उपयोग मशीन मानव अंतराफलक के लिए अनुरूप निर्गत प्राप्त करने के लिए किया जाता है।

- ADC का उपयोग मानव मशीन अंतराफलक के लिए अंकीय निर्गत प्राप्त करने के लिए किया जाता है।

- R-2R लैडर DAC को केवल दो प्रतिरोधकों का उपयोग करके अभिकल्पित किया जा सकता है।

- DAC या ADC में बिट की संख्या उस परिवर्तक परिपथ की जटिलता को बढ़ाती है।

- दोहरी ढलान ADC बहुत सटीक है लेकिन गति में धीमा है। यह रूपांतरण को पूरा करने के लिए दो चरणों का उपयोग करता है।

- SAR ADC एक चक्र में एक बिट का निर्णय करता है और द्विआधारी खोज एल्गोरिदम की तरह काम करता है।

- SAR ADC में मध्यम गति और मध्यम सटीकता होती है।

-SAR ADC सबसे तेज़ और सबसे सरल है। फ्लैशबैक त्रुटि, बबल त्रुटि और तुलानात्मकों के मिलान फ्लैश ADC को अभिकल्पित करने में कठिनाइयाँ हैं।

-टीआई, मैक्सिम, इंटीग्रेटेड आदि जैसी कंपनियों द्वारा ADC और DAC के लिए व्यवसायिक आइसियाँ उपलब्ध हैं। इन आइसियों का उपयोग आसानी से प्रायोगिक और अन्य उद्देश्यों के लिए किया जा सकता है।

अभ्यास

बहु विकल्पीय प्रश्न

1. संदर्भ वोल्टेज के अतिरिक्त, अनुरूप से अंकीय परिवर्तक में कितनी नियंत्रण रेखाएं हैं।

   (a) 3 (b) 2 (c) 1 (d) कोई नहीं

2. समाकलक (integrating) प्रकार के अनुरूप से अंकीय परिवर्तक का निर्धारण करें?

   (a) काउंटर प्रकार का (b) दोहरी ढलान ADC (c) फ्लैश प्रकार का (d) ट्रैकिंग

3. कौनसा ADC परिवर्तक सबसे सस्ता, सबसे तेज, और सबसे सरल होता है?

   (a) सर्वो प्रकार का (b) काउंटर प्रकार का (c) फ्लैश प्रकार का (d) सभी

4. फ्लैश प्रकार के ADC परिवर्तक का उपयोग करने से क्या लाभ होता है?

   (a) औसत रूपांतरण (b) धीमी गति से रूपांतरण (c) तेज़ गति से रूपांतरण (d) कोई नहीं

5. पूर्ण पैमाने निवेश को 1MHz घड़ी आवृत्ति के साथ 12 -बिट काउंटर प्रकार के ADC का उपयोग करके बदलने के लिए आवश्यक समय निर्धारित करें ।

   (a) 4.095 ms (b) 4.095μs (c) 4.095s (d) कोई नहीं

6. कौन सी स्थिति के कारण एक सर्वो ट्रैकिंग ADC परिवर्तक त्रुटि होती है?

   (a) औसत निवेश रूपांतरण (b) धीमा निवेश रूपांतरण (c) तेज़ निवेश रूपांतरण (d) कोई नहीं

7. कौनसा अनुप्रयोग द्वि ढलान परिवर्तक का उपयोग करता है?

   (a) थर्मोकपल (b) अंकीय पैनल मीटर (c) वज़न पैमाना (d) सभी

8. 12- बिटों के साथ द्वि ढलान रैंप जनित्र के लिए उच्चतम निर्गत वोल्टेज + 12v है। + 6v के अनुरूप संकेत के लिए, संबंधित अंकीय संख्या निकालें ।

   (a) 1000000000 (b) 10000000000

   (c) 100000000000 (d)1000000000000

9. जब यह होता है, तो एक सर्वो ट्रैकिंग एडीसी परिवर्तक का निवेश वोल्टेज डीएएसी निर्गत संकेत की तुलना में अधिक होता है।

(a) गिनती ऊपर (b) गिनती नीचे (c) आगे और पीछे (d) कोई नहीं

10. लगातार सन्निकटन परिवर्तक द्वारा अंकीयनिर्गत का उत्पादन करने के लिए कितनी घड़ी स्पंदों की आवश्यकता होती है।

(a) 12. (b) 16 (c) 8 (d) कोई नहीं

बहुविकल्पीय प्रश्नों के उत्तर

1. (b) 2. (b) 3. (c) 4. (c) 5. (a) 6. (c) 7. (b) 8. (c) 9. (a) 10. (d)

लघु और दीर्घ उत्तरीय प्रश्न

1. द्विआधारी लैडर नेटवर्क के अंकीय से अनुरूप रूपांतरण तंत्र का एक संक्षिप्त स्पष्टीकरण दें। यह समकक्ष मूल प्रतिरोधी नेटवर्क से किस प्रकार भिन्न है ?
2. ADC परिवर्तकों के संबंध में रेजो़ल्यूशन (विभेदीकरण) और सटीकता के बीच अंतर, साथ साथ अरैखिक (NL) और विभेदक अरैखिक (DNL) के बीच अंतर बताएं।
3. एक योजनाबद्ध आरेख का उपयोग करके, अनुक्रमिक सन्निकटन प्रकार के ADC परिवर्तक के कार्य सिद्धांतों को स्पष्ट करें।
4. तेजी से बदलने वाले अनुरूप संकेत विशेष रूप से ट्रैकिंग प्रकार के एडीसी परिवर्तकों के लिए उपयुक्त क्यों हैं?
5. द्वि ढलान समाकलन प्रकार के ADC परिवर्तक की सटीकता एकल ढलान प्रकार के ADC परिवर्तक की तुलना में अधिक क्यों है?
6. एक प्रोग्रामयोग्य समाकलक के रूप में DAC के किसी भी उपयोग को स्पष्ट करें।
7. फ्लैश प्रकार के परिवर्तक के लाभ और हानियाँ क्या हैं?
8. एक गुणन प्रकार का DAC परिवर्तक क्या है?
9. आंतरिक विवरणों के साथ DAC आईसी में से किसी एक पर चर्चा करें।
10. आंतरिक विवरणों के साथ एडीसी आईसी में से किसी एक पर चर्चा करें।

संख्यात्मक प्रश्न

1. क्रमशः 8-बिट और 12 बिट DAC परिवर्तक का प्रतिशत रिज़ॉल्यूशन प्राप्त करें ।

2. 12- बिट DAC परिवर्तक का रिज़ॉल्यूशन 2.44 mV है। 111111000111 के अंकीय निवेश के लिए, यदि सभी "0" के लिए 0V निर्गत हो तो इसके अनुरूपनिर्गत को निर्धारित करें। V_{ref} भी ज्ञात करें ।

3. एक 12-बिट उत्तरोत्तर सन्निकटन प्रकार ADC परिवर्तक का पूर्ण पैमाना अनुरूप निवेश 10 V है। यह 1MHz घड़ी आवृत्ति का पर कार्य करता है। निम्नलिखित अनुरूप निवेश के लिए रूपांतरण की अवधि की गणना करें -
   (a) 1.2 V (b) 2.350 V (c) 4.75 V
   यदि -i) घड़ी आवृत्ति 2 MHz हो(ii) बिटों को 16 बिट ADC तक बढ़ाया जाता है तो क्या होगा , ज्ञात करें।

4. एक धारा- निर्गत DAC परिवर्तक में 20 mA के पूर्ण पैमाना निर्गत और 25 mA से अधिक अच्छे रिज़ॉल्यूशन के लिए, कितने बिट होने चाहिए?

5. अंकीय निवेश 00000010 के लिए, एक 8- बिट DAC परिवर्तक, 12.5 mV का अनुरूप निर्गत उत्पन्न करता है। अंकीय रूप में 00000100 के निवेश के लिए अनुरूप निर्गत निकालें ।

प्रायोगिक

प्रयोग 10. A से D(अनुरूप से अंकीय) और D से A(अंकीय से अनुरूप) रूपांतरण संक्रिया का अध्ययन

-कृपया अंकीय इलेक्ट्रॉनिक्स पुस्तक की इकाई VI को देखें।

प्रयोग 11. अनुरूप से अंकीय परिवर्तक को सॉफ्टवेयर द्वारा सिमुलेट करें (जैसे मल्टीसिम या पीस्पाइस)

-कृपया नीचे दी गई वीडियो लिं कका उपयोग करके प्रयोग करें

https:// youtu.be/4l _ f2WTAGQ

प्रयोग 12. अंकीय से अनुरूप परिवर्तक को सॉफ्टवेयर द्वारा सिमुलेट (जैसे मल्टीसिम या पीस्पाइस)

- कृपया नीचे दी गई वीडियो लिं क-https://youtu.be/zdMk2YpTmp0 का उपयोग करके प्रयोग करें

अधिक जानें

-भारित प्रतिरोधक DAC में अधिक रेजोल्यूशनको समायोजित करने के लिए थोड़ी भिन्न संरचना हो सकती हैं जैसे कि वलयाकार संरचना जिसमे संबंधित वोल्टेज स्तर का चयन करने के लिए विकोडक रेखाओं का उपयोग किया जाता है।

-परिवर्तक आवेश सहभाजन(charge sharing) के सिद्धांत पर भी काम कर सकते हैं जहाँ भारित द्विआधारी DAC के लिए प्रतिरोध की जगह कई संधारित्र लिए जाते हैं।

-वर्तमान सहभाजन DAC परिवर्तकों को थर्मोमीटर कोड परिवर्तकों का उपयोग करके अभिकल्पित करना सरल है।

संदर्भ और पठनीय सुझाव

Johns, David A., and Ken Martin, *"Analog Integrated Circuit Design"*, John Wiley & Sons, 2008

Dynamic QR Code for Further Reading

इकाई में विषयों के साथ QR कोड लगाए गए हैं।

अग्रिम पठन के लिए संदर्भ

कुछ पुस्तकों की सूची नीचे दी गई है जिसका उपयोग विषय को आगे सीखने के लिए किया जा सकता है (सिद्धांत और व्यावहारिक दोनों):

1. M.Morris Mano and Michael Ciletti,"Digital Design", 5th edition, Pearson.
2. Johns, David A., and Ken Martin,"Analog integrated circuit design", John Wiley & Sons, 2008.
3. https://nptel.ac.in/courses/108105132
4. https://nptel.ac.in/course/108105113
5. https://www.edaplayground.com

CO और PO की अटेनमेंट तालिका

इस पाठ्यक्रम के लिए पाठ्यक्रम परिणामों (CO) का पाठ्यक्रम के पूरा होने के बाद कार्यक्रम परिणामों (POs) के साथ मानचित्रण किया जा सकता है और अंतर का विश्लेषण करने के लिए POs की प्राप्ति के लिए सहसंबंध बनाया जा सकता है। PO की प्राप्ति में अंतर के उचित विश्लेषण के बाद अंतर को दूर करने के लिए आवश्यक उपाय किए जा सकते हैं।

कोर्स आउटकम	**प्रोग्राम आउटकमों का अटेनमेंट** (1-कमज़ोर सह सम्बन्ध ; 2-मध्यम सह सम्बन्ध ; 3- मज़बूत सह सम्बन्ध)						
CO-1	**PO-1**	**PO-2**	**PO-3**	**PO-4**	**PO-5**	**PO-6**	**PO-7**
CO-2							
CO-3							
CO-4							
CO-5							
CO-6							

उपरोक्त तालिका में भरे हुए डेटा का उपयोग अंतर के विश्लेषण के लिए किया जा सकता है।

अनुक्रमणिका